QUESTION

特高压直流
运维检修技术问答

QUESTION AND ANSWER OF UHVDC OPERATION AND MAINTENANCE TECHNOLOGY

国网湖南省电力有限公司检修公司 ◎ 组编

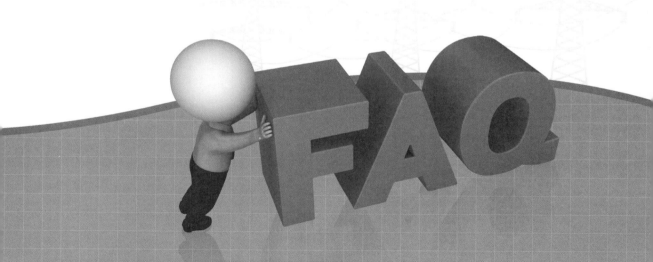

中国电力出版社
CHINA ELECTRIC POWER PRESS

内 容 提 要

本书根据特高压直流运维检修一线技术人员的实际需要，结合相关规程和设备资料，对特高压换流变压器运行检修工作中的技术问题进行了系统解答，本书共有 12 章，主要内容包括特高压直流输电原理、直流控制保护运检技术、换流变压器运检技术、换流阀运检技术、辅助系统运检技术、阀水冷运检技术、站用电运检技术、500kV GIS 运检技术、交流滤波器运检技术、直流场设备运检技术、调相机运检技术、消防系统运检技术。

本书可供电力系统特高压直流运维、检修工作人员及高等院校相关专业师生使用，也可作为特高压直流运维、检修相关岗位的设备巡视、维护性检修、异常处置、相关制度等的自学用书。

图书在版编目（CIP）数据

特高压直流运维检修技术问答 / 国网湖南省电力有限公司检修公司组编 . —北京: 中国电力出版社，2020.8

ISBN 978-7-5198-4828-6

Ⅰ . ①特…　Ⅱ . ①国…　Ⅲ . ①特高压输电 — 直流输电 — 电力系统运行 — 维修 — 问题解答　Ⅳ . ① TM726.1-44

中国版本图书馆 CIP 数据核字（2020）第 134014 号

出版发行：中国电力出版社
地　　址：北京市东城区北京站西街 19 号（邮政编码 100005）
网　　址：http://www.cepp.sgcc.com.cn
责任编辑：杨敏群（010-63412531）　柳　璐
责任校对：黄　蓓　王海南
装帧设计：张俊霞
责任印制：钱兴根

印　　刷：三河市百盛印装有限公司
版　　次：2020 年 8 月第一版
印　　次：2020 年 8 月北京第一次印刷
开　　本：787 毫米 ×1092 毫米　16 开本
印　　张：21.75
字　　数：383 千字
定　　价：70.00 元

《特高压直流运维检修技术问答》
编委会

前　言

随着我国电力事业的飞速发展，特高压工程日益增多，从事特高压换流站运维检修工作的技术人员越来越多。目前，特高压直流运维检修专业仍处于摸索发展阶段，不同设备的运维检修仍存在一定的差异，而从事特高压直流运维检修的一线技术人员的技术水平和技能水平还比较欠缺。面对换流站繁多的设备和复杂的系统，如何尽快提升员工专业技术水平成为亟需解决的问题。目前市面上缺少通俗易懂、系统性强、覆盖面广的书籍帮助运维检修人员系统地了解和学习特高压相关的运检知识。

特高压换流站与传统变电站有着本质的区别。本书从运检角度梳理了特高压换流站所涉及的专业知识点，通过问答的方式介绍了特高压直流输电的基本原理、特高压换流站设备的基础知识，详细描述了特高压换流站的直流控制保护设备、换流变压器、换流阀、站内辅助系统、阀水冷系统、站用电、500kV GIS 设备、交流滤波场设备、直流场设备、调相机系统、消防系统等运维和检修常见缺陷或故障以及诊断分析和处理方法，本书还重点介绍了特高压换流站特有的阀水冷、调相机方面的运检知识。本书能够使从事特高压直流的生产人员熟练掌握特高压直流运维、检修岗位的相关制度、常规工作、设备巡视、异常处置、维护性检修等主要内容，提升一线特高压直流运检技能人员综合素质，推进特高压直流运检专业持续规范开展相关工作，确保电网安全稳定的运行。

本书的作者是直流专业岗位有着丰富经验的专家、生产管理人员和技术人员，具备丰富的理论和实践经验。作者在编写本书时，与生产现场紧密结合，引用了系统最新技术标准和规范要求，相比同类专业书籍知识点比较新；本书在总结 ±800kV 韶山换流站的运维检修经验的基础上，兼顾其他特高压直流站的特点编写，通用性广、实用性强；本书按换流站的设备进行章节排列，让读者由浅入深、循序渐进地了解换流站的概貌、运检知识和应对措施，并且能有效灵活地用到自己的工作中。

本书在编写过程中得到了国网湖南省电力有限公司人力资源部、国网湖南省电力有限公司设备部等单位的大力支持和帮助，谨在此表示衷心感谢。

由于编者水平有限，书中难免存在不足之处，诚恳希望读者批评指正。

编　者

2020 年 6 月

目 录
CONTENTS

第一章
特高压直流输电原理

| 第一节 |
直流输电发展基础知识

 1. 直流输电和交流输电的异同点有哪些?

答: 直流输电是将三相交流电通过换流站整流变成直流电,然后通过直流输电线路送往另一个换流站逆变成三相交流电的输电方式,一般由两个换流站和直流输电线路组成,两个换流站与两端的交流系统相连接。

直流输电和交流输电各有特点,在现代电网中,直流输电和交流输电相互配合,发挥各自的特长。在以交流输电为主的电网中,直流输电具有特殊的作用。除了在采用交流输电有困难的场合必须采用直流输电外,直流输电还能提高系统的稳定性,改善系统运行性能并方便其运行和管理。

直流输电与交流输电技术的比较:

(1)经济性。直流输电线造价低于交流输电线路,但换流站造价却比交流变电站高得多。直流输电需要的电缆较少,对材质的要求也较低,在一定程度上可以有效减少工程的成本。直流输电时,架空的电线只有两根,所以在运输过程中损失的电能少,每年损失的电量可以大大降低。所以,直流架空输电线路在线路建设初投资和年运行费用上均较交流输电少。一般认为架空线路超过 600~800km,电缆线路超过 40~60km,直流输电较交流输电经济。

(2)可靠性。交流输电故障频率较低,严重故障和多重故障后的持续时间较长;直流输电可用率较低,单极故障的频率较高,但故障持续时间短。

(3)适用范围。采用交流输电方式中间可以落点,具有电网功能,输送容量大、覆盖范围广;采用直流输电方式中间不能落点,输送容量大、输送距离长。

(4)稳定性。交流联网时电网之间会相互影响,在电网结构比较薄弱的电网中安全稳定性问题可能比较突出。直流联网不存在系统稳定问题,可实现电网的非同期互联,而交流电力系统中所有的同步发电机都保持同步运行。直流输电的输送容量和距离不受同步运行稳定性的限制,还可连接两个不同频率的系统,实现非同期联网,提高系统的稳定性。直流联网时运行管理简单方便,一侧电网发生故障时不易波及另一侧,两网之间无稳定性问题，还可将不同频率或不同步的系统互联。直流输电控制方便、速度快，但系统比较复杂，其技术要求比交流输电高。

（5）功率损耗。交流线路（包括变压器）有功功率损耗与输送功率的比值较小，路损耗较大；直流线路（包括换流变压器）有功功率损耗与输送功率的比值较大，直流输电线路不输送无功功率，无需并联补偿用的无功补偿装置。

（6）适用地区。交流输电适合于短距离大容量输电，所以在一定情况下可以满足人口密集地区、工业发达地区的电量需求，人们可以通过交流输电的方式把城市的各个方面联结起来，保证城市整体的能源供应。直流输电技术一般适用于长距离大容量输电，如"西电东送"工程可以有效地将西部地区的电能输送到东部地区，一方面带动西部经济发展，另一方面为东部的经济发展提供源源不断的动力。直流输电技术可以有效减少在输送过程中，由于距离过长而造成的电能损耗大的情况，最大限度减少资源的浪费。

2. 直流换流站使用晶闸管换流器替代汞弧阀换流器的原因有哪些？

答：汞弧阀换流器的研制成功并投入运行，为发展高压直流输电开辟了道路。但汞弧阀换流器具有制造技术复杂、价格昂贵、逆弧故障率高、可靠性较差、运行维护不便等缺点。晶闸管换流阀克服了汞弧阀换流器制造技术复杂、价格昂贵、逆弧故障率高、可靠性较低、运行维护不便等缺点，有效地改善了直流输电的运行性能和可靠性，促进了直流输电技术的发展。所以汞弧阀换流器很快被晶闸管换流器所替代。

3. 制约直流输电技术大规模应用的因素有哪些？

答：（1）换流装置较昂贵。这是制约直流输电大规模应用的主要原因，在输送相同容量时，直流线路单位长度的造价比交流线路低，而直流输电两端换流设备造价比交流变电站贵很多。大容量长距离才能突出直流输电不计电感，损耗较小的优势。直流输电主要是线路损耗小，但是换流设备的损耗较大，所以只有输送距离很长时才会体现出直流输电的经济性。而且，直流情况下暂态过程是考虑电感的，由此产生的暂态电压过冲对于脆弱的电力电子设备是致命的。

（2）产生谐波影响。换流器在交流侧和直流侧都产生谐波电压和谐波电流，使电容器和发电机过热、换流器的控制不稳定对通信系统产生电磁干扰直流输电尽管纯粹的直流本无害，但是电力电子设备运行中产生高频谐波要比交流输电严重，尽管它绝大部分也仅仅是谐波污染。直流输电由于两极加直流，产生的电晕比较严重，可能干扰通信。

（3）缺乏直流断路器。直流输电电压没有自然过零，拉弧后难以熄灭，所以直流断路器复杂、庞大。目前把换流器的控制脉冲信号闭锁能起到部分断路器功能的作用，但在多端供电式就不能单独切断事故线路，而要切断整个线路。

（4）直流输电由于技术的原因很不灵活，一般都是点对点远距离输送。

（5）不能用变压器改变电压等级。

（6）消耗无功功率多。一般每端换流站消耗无功功率约为输送功率的 40%～60%，需要无功补偿。

（7）可靠性评估方法和标准体系需要进一步完善。当前我国的电网建设速度远远领先于直流电网的可靠性评估方法和标准体系。对于直流电网而言，其中的部分关键设备尚无产品历史可靠性数据可寻，加之其结构多样、设备多、控制保护技术复杂的特点，相关评估方法、可靠性指标需要重新制定。

（8）现有的交流电网规模与强度无法满足大规模直流运行的要求，电网安全稳定问题始终受到威胁。不但要扩大交流电网规模以承受直流闭锁带来的冲击，同时还应加强其强度以免遭直流故障影响。交流电网要与直流容量及规模相匹配，保障电网安全稳定运行。

4. 直流输电技术未来的发展趋势与发展前景是怎样的？

答： 多种新的发电方式如磁流体发电、电气体发电、燃料电池和太阳能电池等产生的都是直流电，所产生的电能要以直流方式输送，并通过逆变器变换后送入交流电力系统；极低温电缆和超导电缆也更适宜于直流输电等。今后的电力系统必将是交、直流混合的系统。

交流输电相比，高压直流输电应用范围更广泛、效率更高。随着未来微电子技术及电力电子迅速发展，会出现越来越多大功率的半导体器件，高压直流输电技术使用的频率将越来越高。直流输电工程的造价将会降低，性能也会越来越优。高压直流输电技术在"西电东送"以及"南北互送"的过程中发挥了巨大的作用，更有可能实现周边国家的互联。未来，随着计算机技术及互联网技术的不断进步，可再生能源、新能源运用的越来越广泛，高压直流输电将会有更广阔的发展空间。

5. 我国直流输电工程经历了怎样的发展历程?

答：我国的直流输电工程起步较晚，直接越过可控汞弧阀换流器时期，进入晶闸管换流器时期，发展较为迅速。

1987 年，我国第一个直流输电工程舟山直流输电工程投入运行。

1990 年，建成第一条商业运行的 ±500kV 葛南直流输电工程。

2005 年，河南灵宝背靠背直流输电工程投入运行，从工程组织建设、系统设计、工程设计、设备制造采购、工程施工和调试全部由我国完成，实现了国产化的要求，标志着我国直流输电工程的国产化工作迈上新台阶。

以全控型绝缘栅双极型晶体管（IGBT）作为换流器件及其构成的电压型换流器在电力系统中的应用，产生并推动了柔性直流输电技术的发展。国内关于柔性直流输电技术的研究开始得比较晚，经过多年发展，在国际范围内已处于领先水平，目前正处于高速发展阶段。

2007 年 12 月，中国电力科学研究院开始了柔性直流输电技术的前期研究及柔性直流输电的基础理论研究。

2008 年 12 月 24 日，国家电网公司"十一五"重大科技项目之一的柔性直流关键技术研究及示范工程前期研究在北京召开项目合同签约仪式，正式启动了我国柔性直流输电技术的科研攻关。上海南汇风电场柔性直流输电系统并网实验示范工程开工建设。

2010 年 4 月 23 日，我国首个柔性直流输电样机实验圆满完成。

2013 年 12 月，我国自主完成了南澳柔性直流工程投运，该工程是世界上第一个多端柔性直流输电工程，为大规模风电等可再生能源并网、未来直流电网的构建提供了有益的示范和借鉴。

2015 年，柔性直流输电工程厦门 ±320kV 柔性直流输电工程正式投运。同年，中国西电集团公司"±350kV/1000MW 柔性直流输电换流阀装置"主要技术指标达到国际领先水平。

2016 年 6 月 30 日，鲁西背靠背直流工程柔性直流单元建成投运。该工程是世界上首次采用大容量柔性直流与常规直流组合模式，实现云南电网与南方电网主网全部异步联网。

2018 年 2 月 28 日，世界首个柔性直流电网工程，也是世界上电压等级最高、输送容量最大的柔性直流工程——张北柔性直流工程开工建设。

随着直流技术发展，直流输电系统电压等级也逐渐升高，由初始常规直流步入特高压时代。

2009 年 12 月 28 日，我国自主设计建设的南方电网云南—广东 ±800kV 特高压直流输电工程建成单极投运，2010 年 6 月 18 日双极正式投入运行。

2012 年，中国西电集团公司研制的具有自主知识产权的 ±1100kV/5000A 特高压直流输电换流阀成功通过全部型式试验，标志着我国掌握了国际领先水平的换流阀设计、制造和试验技术。

2018 年 12 月 31 日投运的昌吉—古泉 ±1100kV 特高压直流工程，额定功率为 12000MW，直流额定电压为 ±1100kV，直流额定电流为 5455A，从新疆到安徽全程 3284km，该工程的投运刷新并创造了目前世界上传统直流工程的电压等级、输送容量、输送距离、分层接入等多项纪录。

6. 国外直流输电工程的发展历程是怎样的？

答：根据换流器件的不同，直流输电可以分为可控汞弧阀换流器时期、晶闸管换流器时期和新型半导体换流元件构成的换流器时期。

（1）可控汞弧阀换流器时期。1882 年，法国物理学家 M·德普勒将装设在米斯巴赫煤矿中的 3 马力直流发电机所发的电能，以 1500 ~ 2000V 直流电压，送到了 57 km 以外的慕尼黑国际博览会上，完成了第一次输电试验。此后在 20 世纪初，试验性的直流输电的电压、功率和距离分别达到过 125kV、20MW 和 225km。但由于采用直流发电机串联获得高压直流电源，受端电动机也是用串联方式运行，不但高压大容量直流电机的换向困难而受到限制，串联运行的方式也比较复杂，可靠性差，因此直流输电在近半个世纪里没有得到进一步发展。

20 世纪 50 年代，高压大容量的可控汞弧整流器研制成功为高压直流输电的发展创造了条件。同时，随着电力系统规模的扩大，使交流输电的稳定性问题等局限性也表现得更明显，直流输电技术又重新为人们所重视。1954 年，瑞典大陆和哥特兰岛之间建成一条 96 km 长的海底电缆直流输电线，直流电压为 ±100 kV，传输功率为 20 MW，这是世界上第一个采用可控汞弧换流器的商业化直流输电系统。该工程的投入运行标志着高压直流输电的诞生。20 世纪 50 ~ 70 年代是高压直流汞弧阀换流器时期，在此期间世界上共有 12 项汞弧阀换流的高压直流工程投入运行，总容量越 5000MW。

（2）晶闸管换流器时期。由于晶闸管换流阀克服了汞弧阀制造技术复杂、价格昂贵、逆弧故障率高、可靠性较低、运行维护不便等缺点，有效地改善了直流输电的运行性能和可靠性，促进了直流输电技术的发展。所以汞弧阀换流技术很快被晶闸管换流技术代替。1970 年，瑞典首先采用晶闸管换流器叠加在原汞弧换流器上对哥特兰岛直流输电系统进行了扩建、增容，扩建成为 150kV、30MW 的直流输电系统。1972 年投入的加拿大伊尔河非同步联络站是世界上第一个全部采用晶闸管换流器的直流输电工程。1976 年以后，世界上建成的直流输电工程几乎全部采用晶闸管换流器。

（3）新型半导体换流元件构成的换流器时期。随着新的高压大功率可关断器件的出现，基于脉宽调制技术的新型换流技术已开始在输电领域得到部分运用，有可能取代相控换流技术。其中基于电压源换流技术的直流输电技术已较为成熟。1997 年 3 月，世界上第一个采用 IGBT 组成的电压源型换流器的高压直流 Light 工业型实验工程在瑞典中部的赫尔赫尔斯杨和格兰斯堡之间进行了首次工业性试验，标志着直流输电开始新的发展。1999 年，第一个商业化高压直流 Light 工程——瑞典 Got land 地下电缆送电工程投运。

 7. 我国直流输电工程的现状是怎样的？规模如何？

答： 截至 2019 年 7 月，在运特高压直流工程 14 个，换流站 28 座，在建工程 1 个，换流站 3 座，直流线路长度 26994km，输送容量达 10 万 MW 以上。自 2007 年中国电力科学研究院正式进入直流输电技术领域以来，已承担了多项重大工程，具有自主知识产权的特高压直流输电换流阀和柔性直流输电装备均取得的阶段性成果，初步完成了产业布局，并将继续开展高压直流输电产业链建设。通过自主创新，逐步掌握核心技术，形成一批具有自主知识产权的科技成果，高压直流输电系统核心设备的国产化比例越来越高。我国电力装备的部分核心技术达到国际领先水平常规直流和柔性直流输电的换流阀、控制保护系统、交直流核心设备、直流试验装置等装备开始实现完全国产化，高压直流输电产业化。我国的特高压直流输电技术全面超越欧美日等发达国家，达到国际领先水平。

我国的特高压工程技术和装备研制，试验能力建设等方面已处于国际一流水平。直流输电装备核心技术的研发和工程化应用，为实现坚强智能电网提供了重要的技术支撑。中国电力科学研究院完成 ±800kV/4750A 特高压直流输电换流阀技术的自主研发和样机研制，取得了显著成果。第一代特高压直流输电换流阀已研制成功，换流阀模块已通过各项型式试验。中国西电集团公司研制的具有自主知识产权的

±1100kV/5000A 特高压直流输电换流阀，成功通过全部型式试验，标志着我国掌握了国际领先水平的换流阀设计、制造和试验技术。我国自主研发的换流阀技术指标全面超越国际同类设备水平，最大输送容量可达 12000 MW。特高压换流阀的自主研制成功，将成为我国坚强电网建设的里程碑。通过自主装备的开发和工程应用，我国已经成为国际一流高压直流输电工程技术集成商，为我国坚强智能电网的建设和电力科技发展提供持久动力。

 8. 国外直流输电工程的现状是怎样的？规模如何？

答： 1990 年巴西和巴拉圭两国共同开发的伊泰普工程采用了 ±600kV 直流输电技术竣工程投运。巴西 800kV 运行电压等级的 Itaipu 直流工程也已经成功运行了 20 多年。国外在特高压直流输电方面所做的工作主要集中在实验研究。加拿大魁北克水电局进行了 ±1800kV 的直流系统的分裂导线的电晕试验，并对 ±660～±1200kV 直流输电线路的电晕、电场和离子特性进行了研究，在 4、6、8 分裂导线上进行空气动力的风洞测量。乌克兰也在多种直流输电设备的试验和制造方面取得了一定成果。瑞典也于 2006 年底在路得维克建立了特高压试验中心，对 ±800kV 的直流输电技术进行长期测试。目前世界范围内已经规划的特高压直流输电工程约有 50 个，总容量达 320GW 以上，市场规模超过数千亿元。由于受自身地理环境、国情、经济等多方面的影响，国外直流输电输电工程电压等级、输电距离和数量始终无法大幅提升。

20 世纪 60 年代，瑞典某大学开始研究与探索 ±750kV 的导线输电技术，随后特高压直流输电技术诞生。在 1966 年后苏联、巴西、意大利、美国等国家也先后开展了关于特高压直流输电技术的研究工作，20 世纪 80 年代还掀起了一股相关的研究热潮。国际的电气与电子工程师协会以及国际大电网会议都在 80 年代末得出相关结论：根据现有的技术和经验，±800kV 是相对来说最合适的直流输电电压，2002 年又重申了这一点。特高压直流输电的电压相对更高、输送容量更大、与此同时其线路走廊窄，也更加适合这些大功率、远距离输电。20 世纪 80 年代苏联曾动工建设哈萨克斯坦—中俄罗斯的长距离直流输电工程，输送距离为 2400km，电压等级为 ±750kV，输电容量为 6000MW。但由于苏联政局动荡，加上其晶闸管技术不够成熟，该工程最终没有投入运行。1988～1994 年为了开发亚马孙河的水力资源，巴西电力研究中心和 ABB 组织了包括 ±800kV 特高压直流输电的研发工作，后因工程停止而终止了研究工作。巴西将亚马孙河的水力资源开发列入议事日程，准备恢复特高压直流输电的研究工作。由巴西和巴拉圭两国共同开发的伊泰普工程采用了 ±600kV 直流和 765kV 交流超高压输电技术，第一期工程已于 1984 年完成，1990 年竣工，目前运行正常。

9. 直流输电在增强网架结构，推动各级电网协调发展中的作用有哪些？

  答： 特高压直流输电系统是进行大规模，远距离、跨区域电力传输的重要方式，是大型电网互联的重要手段，是促进网架结构更加稳固的主要因素之一。

  特高压直流输电装备是形成坚强电网的核心设备，是进行各大区域电网互联的纽带，也是增强我国电网骨干网架建设的必要基础。

  特高压直流输电中大功率电力电子装置的应用，提高了电网电力传输的可靠性、经济性、环保性，是网架结构的安全可靠性的保障。

10. 直流输电如何推动大范围资源的优化配置？

  答： 直流输电可以使分散不均的能源进行合理整合，促进资源的高效开发利用。我国能源资源与用电需求呈逆向分布，能源分布不均，我国大型能源基地与能源消费地之间的传输输送距离较远。直流输电促进大型能源基地的建设，加快大型能源基地与能源消费地之间的电能传输，有利于分散资源的整合和大范围的优化配置。

  直流输电可以促进能源基地集约化开发和利用，随着能源输送距离和规模越来越大，必须通过远距离大规模输电在全国范围内优化配置电力资源，来满足大煤电、大水电、大核电等大型可再生能源基地集约化开发和利用。

  直流输电提高能源的开发效率和竞争力来推动大范围资源的优化配置。特高压直流输电具有输送距离远、输送容量大、损耗低、占地省的特点，对于远距离大容量的电量输送具有非常显著的技术优势。电能是清洁、高效、便捷的二次能源，终端利用率高，特高压直流输电的优势进一步降低终端能源的成本，提高开发效率和竞争力，促进能源结构转型，推动能源向更优、更合理的分配方式发展。

11. 直流输电如何促进可再生能源的高效开发利用？

  答： 发展直流输电实现了可再生能源发电的并网和传输的可能。我国用于发电的可再生能源主要以水能、风能为主，太阳能和海洋能为辅。我国发电能源资源和用电负荷的分布极不均衡，呈逆向分布。全国约 2/3 的可开发水电资源分布于西部，西北部可利用的风能和太阳能较为丰富，而经济发达的用电负荷中心约占全国的 2/3 的中东部和东南沿海地区，发电能源资源却严重不足。直流输电为金沙江、澜沧江、雅砻江等流域的电力资源提供外送通道，使我国四川、云南、西藏水电资源的大规模开发成为可能；为新疆、甘肃、青海等地的风电、光伏等清洁能源提供输送通道，从而为推动能源供给侧改革、能源结构转型创造有利条件。通过发展直流输电，可以将西部省区的电力资源优势转化为经济优势，改变东西部能源与经济不平衡的状况，加快我国能源结构调整，促进东西部地区经济协调发展。

直流输电增加可再生能源的市场竞争力，增加电能在终端能源的比重，开拓可再生能源的市场空间。电能是清洁、高效、便捷的二次能源，终端利用率高，使用过程清洁、零排放。在能源消费上用电能替代，可以提高终端利用效率。特高压直流输电远距离、大容量的优势可以减少可再生能源开发的成本，增加可再生能源的市场竞争力，增加电能在终端能源的比重，开拓可再生能源的市场空间。加速我国以电代煤、以电代油、以电代气的进程，推动可再生能源的大规模开发。

12. 特高压直流输电的优缺点有哪些?

答：（1）特高压直流输电的优点。

1）直流输电的接入不会造成原电力系统的短路容量的增加。特高压直流输电技术能够有效限制短路电流，传统的交流电输电方式则增加了短路电流或更换断路器。而采用直流输电线路连接则可以快速地限制短路电流，使其保持在额定功率附近，而不会产生因互联造成短路容量增加的问题。

2）不存在稳定性问题。直流输电不会因为静态或暂态稳定性能变差等问题而使得输送容量降低。其输送容量由换流阀电流允许值决定，输送距离也不受两端交流系统同步运行的限制，有利于远距离大容量输电的实施。

3）有利于电网互联。交流输电系统中各个系统若不保持同步运行，则可能在设备中产生过大的循环电流从而造成对设备的损坏或停电事故的发生。而采用特高压直流输电的系统之间则不要求同步运行，互联的系统额定频率也不需要相同，且可以保持各自的频率和压强独立运行，提高交流系统的稳定性。

4）可实现快速控制和调节。直流输电输送的有功功率和换流器吸收的无功功率均可方便快速地控制。高压直流输电系统可快速调整有功功率，从而可以改变功率流动方向，并稳定输出，直流的一极发生故障时另一极仍可继续运行，同时还可以采用健全系统对故障系统进行紧急支援。

5）长距离直流输电的经济性。由于大容量长距离直流输电不计电感，直流输电线路损耗小，节省线路走廊，所以输送距离很长时更能体现出直流输电的经济性。

（2）特高压直流输电的缺点。

1）特高压直流输电换流站设备多，结构复杂，造价高，损耗较大，对运行人员要求高。

2）换流器产生交直流谐波，需要装设相应滤波器。换流器在交流和直流侧都产生谐波电压和谐波电流，电晕也比较严重干扰通信。

3）换流器消耗大量的无功功率，需要装设大量无功补偿设备。

4）直流电流没有自然过零点，灭弧问题突出，直流断路器结构复杂，昂贵。

5）单极大地回线运行时，入地电流可能引起金属构架腐蚀、对周围设备电磁污染的问题。

6）换流阀对交流系统依赖严重，易受交流系统扰动影响。

 13. 我国发展特高压直流输电的必要性和意义有哪些?

答：（1）发展特高压电网的必要性。

1）发展特高压电网是满足电力持续快速增长的客观需要。由于近年来我国电源超常发展，电网建设严重滞后，输电能力不足，电网与电源发展不协调的矛盾十分突出。现有 500kV 跨区同步互联，电网联系薄弱，输电能力严重不足，大电网的优越性难以发挥，区域电网这件水火互济和跨流域补偿能力明显不足。现有电网难以满足远距离大容量输电的需要，发展特高压电网是满足电力持续快速增长的需要。

2）发展特高压电网是电源结构调整和优化布局的必然要求。因为我国能源资源分布和电力负荷分布极不平衡的状况，"西电东送""南北互供"和全国联网势在必行。能源资源与生产力布局不平衡的基本国情，要求加快电网技术升级，实现电力资源大范围优化配置。采用特高压输电有利于实现电力资源在较大范围优化配置，有利于节省线路走廊和节约土地资源，有利于节省电网建设，投资和运行费用，有利于减少没电对环境污染的影响。

3）发展特高压电网是解决环境污染问题的必然要求。为了应对气候变化和能源变革，要求建设统一坚强智能电网，推动能源、资源的清洁高效的开发利用。

4）发展特高压是保障能源供应安全的重要途径。我国是世界上最大的能源消费国，但能源资源相对匮乏，石油、天然气对外依存度达到 60% 和 30% 左右。发电能源资源和用电负荷的分布也极不均衡，全国约 66.5% 的可开发水电资源分布于西部，煤炭储量的 66.5%，分布在山西、陕西、内蒙古三省。而经济发达，用电负荷约占全国 2/3 的东南沿海地区，发电能源资源却严重不足。能源供应能力的提升受到"两个不均衡"的制约。在我国能源供应能力的提升受到两个不平衡的制约，一是能源资源分布不平衡，东中部资源较为稀少，而西部却很丰富；二是各地区的经济发展不均衡，东中部经济相对发达，对能源需求量较大，而西部经济总量较小，能源需求量也相对较小。发展特高压有利于合理利用能源资源，是能源供应安全的重要保障。

（2）发展特高压电网的意义。

1）缓解环境污染问题，保护生态环境。由于特高压输电技术能够满足远距离、大容量的输电需求，因此发展特高压电网，可以促进水电、风电等清洁能源跨区外送和开发。

2）提升社会效益增强能源供给安全性。长期以来，我国"远距离、大规模、多环节"地将西部和北部地区的煤炭"搬运"至东中部地区，致使煤电运紧张状况反复出现，成为不断困扰东中部地区电力稳定供应的主要因素。发展特高压电网，实际上节约了燃煤运输资源，能够更好地保障电力供应。随着未来东中部地区煤炭资源的逐渐枯竭和环境条件制约，煤炭生产建设重点逐步西移、北移，煤炭运输距离将越来越远，规模将越来越大。发展特高压电网，输煤输电并举，加快发展输电是解决我国煤电运综合平衡难题的关键举措，对提高能源生产、转换、输送和利用效率，优化利用全国环境资源，增强能源供给的安全性意义重大。

3）电网互联可以提高供电的可靠性和经济性，特高压电网是其实现的必然选择。水能资源和煤炭作为我国两大主要发电能源，开发主要集中在西部，并有逐渐向西部和北部地区转移的态势，能源产地与能源消费地区之间的距离越来越大，从而使得长距离、大容量输电成为必然。交流输电联网技术可能产生随电网扩大而短路容量增大、潮流控制困难，事故范围扩大等问题，因此特高压直流输电技术则成为我国电力跨区域大规模输送的必然选择。采用特高压直流互联则不会存在此类问题，同时也可提高全国电网互联的安全稳定性。

4）采用特高压输电有利于节省线路走廊和节约土地资源。发达地区土地资源较为紧张，城市的供电空间日渐狭窄，随着负荷不断增加供电压力日趋加大。同时，环保理念的逐渐增强使得高压远距离地下电缆输电逐渐成为城市供电主流。但供电容量的扩大必然会造成电网的短路容量增大，从而导致对供电系统的安全性和稳定性的影响。采用直流输电技术和直流电缆不会产生电容电流，并且可以限制短路容量，从而提高供电网的稳定性。

5）特高压直流输电更符合电力市场化运作的要求。电力市场化运作要求提供安全、可靠、经济的电力，因此需要更加灵活的电网控制技术，在交流电网中难以严格按计划对输电网进行实时控制，而直流输电系统则可以有效实现，并且不会受两端交流电网运行情况的影响。

14. 特高压直流输电在加快我国电网向坚强智能化转变中的作用有哪些？

答：坚强智能电网是以坚强网架为基础，以智能控制和智能化装置为手段，包含电力系统的发电、输电、变电、配电、用电、调度六大环节，覆盖所有电压等级的现代化电力网络。它是具有智能响应和系统自愈能力，能够显著提高电力系统安全性和运行效率的新型现代化电网。特高压直流输电在加快我国电网向坚强智能化转变中的作用主要表现在以下几方面：

（1）特高压直流输电的接入不会造成原电力系统短路容量的增加。特高压直流输电技术能够有效、快速地限制短路电流，使其保持在额定功率附近，而不会产生因互联造成短路容量增加的问题。

（2）特高压直流输电不存在稳定性问题。直流输电不会因为静态或暂态稳定性能变差等问题而使得输送容量降低。其输送容量由换流阀电流允许值决定，输送距离也不受两端交流系统同步运行的限制，有利于远距离大容量输电的实施。

（3）特高压直流输电有利于电网互联。采用特高压直流输电的系统之间不要求同步运行，互联的系统额定频率也不需要相同，且可以保持各自的频率和电压独立运行，提高交流系统的稳定性。

（4）特高压直流输电可实现快速控制和调节。特高压直流输电系统可以快速地调整有功功率，从而可以对功率流动方向进行改变并稳定输出，直流的一极发生故障时另一极仍可继续运行，同时还可以采用健全系统对故障系统进行紧急支援。

（5）特高压直流输电技术是解决能源紧张、环境污染、气候变化等世纪难题和推动全球能源互联网发展的关键。

综上所述，特高压直流输电系统是形成坚强电网骨干网架的核心装备，相关装备的研发和工程化应用是推动电网向坚强化智能化转变的重要手段。特高压直流输电的优势将增强我国电网的网架结构的稳定性，加快我国电网向坚强智能电网转变。

15. 特高压直流输电如何提升我国在世界电力领域的技术引领作用？

答：我国目前已经在全球率先建立了特高压技术标准体系，形成特高压国际标准4项，国家标准27项，行业标准23项，特高压交流电压成为国际标准电压。我国已经全面掌握特高压交流和直流输电核心技术和整套设备的制造能力，在大电网控制保护、智能电网、清洁能源接入电网等领域取得一批世界级创新成果，建立了系统的特高压与智能电网技术标准体系，编制相关国际标准19项。我国的特高压输电技术处于世界领先水平，拥有完全的自主知识产权。我国已全面掌握了特高压直流规划设计、试验研究、设备研制、工程建设和运行管理等关键技术，并在国内国际上全面推广应用，输送容量和输送距离不断提升，先进性、可靠性、经济性和环境友好性得到了全面验证，实现了"中国创造"和"中国引领"。

我国特高压直流输电技术已处于世界领先地位，需要继续开展自主研究，实现全面技术引领。

柔性直流输电技术作为最先进的电力系统电力电子应用技术，我国与世界目前发展基本同步，通过积极快速的推进，在部分领域实现技术引领。

16. 直流输电的主要用途或应用场景有哪些？

答：直流输电目前主要应用于以下方面：

（1）远距离大容量输电。

（2）联系不同频率或相同频率而非同步运行的交流系统。

（3）作为网络互联和区域系统之间的联络线（便于控制又不增大短路容量）。

（4）以海底电缆作跨越海峡送电或用地下电缆向用电密度高的大城市供电。

（5）在电力系统中采用交、直流输电线的并列运行，利用直流输电线的快速调节、控制、改善电力系统的运行性能。

随着电力电子技术的发展，大功率晶闸管制造技术进步、价格下降、可靠性提高，换流站可用率的提高，直流输电技术的日益成熟，直流输电在电力系统中必然得到更广泛的应用。当前，高压直流断路器研制、多端直流系统的运行特性和控制研究、多端直流系统的发展、交直流并列系统的运行机理和控制研究，受到广泛关注。

17. 限制直流输电工程发展的因素有哪些?

答： 一直以来，直流输电的发展与换流技术（特别是高电压、大功率换流设备）的发展有密切的关系。近年来，随着大量直流工程的投入运行，直流输电的控制、保护、故障、可靠性等多种问题也显得愈发重要，对于换流设备的要求也越来越高。多种新技术的综合应用使得直流输电工程的发展面临挑战。

（1）控制保护技术的研究。研究表明，直流电网的响应时间常数比交流电网至少要小 2 个数量级，由换相失败产生的非特征谐波不但会降低传统交流保护方法的有效性，而且会对线路保护造成影响，这对直流电网的控制系统提出了严峻的挑战。此外，直流电网还存在电力电子设备多、结构复杂的特点，相对应的保护方式也极度复杂，当前的两端直流输电保护方式还不能满足直流电网的需求。

（2）大容量电力电子设备的研制。直流输电离不开电力电子设备，而电力电子设备，尤其是可靠性要求高的大容量电力电子设备控制比较复杂。随着用电量的增加，区域之间的电力传输容量要求也越来越大，这就需要发展大容量电力电子设备的研制生产与制造水平。

（3）设备耐压水平的提高。目前国内投运直流输电工程电压水平已经达到 ±1100kV，为了使直流输电系统能够安全可靠运行，对换流设备、直流线路的耐压和绝缘水平提出了较高的要求。

18. 直流输电工程的分类方法有哪些?

答：（1）按不同的换相方式分类，可分为电网换相和器件换相。

（2）按不同端子数目分类，可分为两端直流输电和多端直流输电。

（3）按照输电电压等级分类，可分为常规直流工程和特高压直流工程。

（4）按照直流线路数量分类，可分为单极类、双极类和背靠背工程。

19. 如何比较直流输电和交流输电的经济性?

答：（1）线路造价低，输送能力强。传统的交流输电需要三根导线，而直流输电则仅需两根，若将大地或海洋作为回路时则只需一根，可极大地降低建设成本。杆塔的构造相对简单，有利于降低建筑成本，并且其线路走廊窄，在直流输电的每极导线和截面积与交流输电线路的每根导线相同的情况下，输电容量相同时直流输电所需线路走廊是交流输电的 2/3，在土地资源越来越紧张的今天，特高压直流输电线路可以节省走廊的优点更加突出。此外,就电缆的最大工作电压而言,直流电缆约是交流的 3 倍,相比交流电缆而言直流所需投资少得多。

(2) 电能损耗少。当线路运输距离和输送功率相同的情况下直流输电的线路损耗约为交流输电的 2/3,大幅提高了输电线路的经济性,可以节省大量的能源,提高能源的利用率。

(3) 输送容量大、经济输电距离远。高压直流输电与高压交流输电相比,800kV 的特高压直流输电与 600、500kV 的高压直流输电的输电容量分别为 6400、3800、3000MW,具有明显的优势。在输送距离方面,特高压直流输电的经济输电距离能够突破 2500km。这对于一些对输送容量、输送距离要求较高的输电工程来说无疑是一个巨大的优势。

20. 如何提高直流输电的安全可靠性?

答: 当高压直流输电处于稳定运行状态时,线路没有电容电流,沿线电压分布稳定,不会出现当轻载、空载时长线中部及受端发生电压异常升高的问题,也不需要并联电抗补偿装置。高压直流输电不存在输电系统稳定问题,可以进行电网非同期互联,而交流电力系统中所有的同步发电机都保持同步运行。在输电电压一定的情况下,交流输电在很大程度上受到网络结构、输送功率、输电距离及输电参数等因素的限制,所以必须采取有效措施确保输电系统稳定,从而提高输电成本。高压直流输电不受距离和容量的影响,便于实现同步运行,而且高压直流输电能实现两个不同频率的输电系统的联接,形成非同期联网,可以有效提高系统运行的稳定性和可靠性。

| 第二节 |
特高压直流输电系统构成

1. 高压直流输电系统按系统结构可分为哪些类型?

答: 高压直流输电系统结构可分为两端直流输电系统和多端直流输电系统。其中,两端直流输电系统是只有一个整流站和一个逆变站的直流输电系统,只有一个送端和一个受端，可分为单极系统、双极系统和背靠背直流系统三种类型。多端直流输电系统与交流系统有三个或三个以上的连接端口，有三个或三个以上的换流站。

 2. 特高压直流输电系统由哪些部分组成?

　　答：直流输电系统由整流站、直流输电线路和逆变站三部分组成。整流站将交流电整流为直流电；逆变站将直流电逆变为交流电；直流输电线路为直流电流提供通道。

 3. 特高压直流接地极由哪些部分构成? 各部分的作用是什么?

　　答：特高压直流接地极是在特高压直流输电系统中为实现正常运行或故障时以大地或海水作为电流回路运行而专门设计和建造的一组装置的总称，主要由接地极、接地极线路和导流系统组成。接地极及线路是直流输电系统的一个重要组成部分，在双极运行时，地中无电流，接地极起钳制换流器中性点电位的作用。在双极不对称方式和单极大地回线回线方式运行时，不但起着钳制换流器中心点电位的作用，而且还为直流电流提供通路。

 4. 高压直流联络线的分为哪几类?

　　答：高压直流联络线大致可以分为单极联络线、双极联络线、同极联络线几类。

 5. 单极联络线的基本结构有哪些?

　　答：单极联络线的基本结构通常采用一根负极性的导线，而由大地或水提供回路，这类结构是建立单极双极系统的第一步。当大地电阻率过高，或不允许对地下水（水下）金属结构产生干扰时，可用金属回路代替大地回路，形成金属性回路的导体处于低电压。

 6. 双极联络线的基本结构有哪些?

　　答：双极联络线结构有两根导线，一正一负，每端有两个为额定电压的换流器串联在直流侧，两个换流器间的连接点接地。正常时，两极电流相等，无接地电流，两极可独立运行，若因一条线路故障而导致一极隔离，另一极可通过大地运行，能承担一半的额定负荷，或利用换流器及线路的过载能力，承担更大的负荷。

7. 同极联络线的基本结构有哪些？

答： 同极联络线结构导线不少于两根，所有导线同极性，通常最好为负极性，以使电晕引起的无线电干扰较小。同极联络线结构采用大地作为回路，当一条线路发生故障时，换流器可为余下的线路供电。这些导线有一定的过载能力，能承受比正常情况更大的功率。相反，对双极系统来说，重新将整个换流器连接到线路的一极上要复杂得多，通常是不可行的。在考虑连续的地电流是可接收的情况下，同极联络线具有突出的优点。

8. 特高压换流站主要设备有哪些？

答： 在特高压直流输电系统中，为了完成将交流电变换为直流电或者将直流电变换为交流电的转换，并达到电力系统对安全稳定及电能质量的要求，换流站中应包括的主要设备有换流阀、换流变压器、平波电抗器、交流开关设备、交流滤波器及交流无功补偿装置、直流开关设备、直流滤波器，控制与保护装置、站外接地极、远程通信系统等。

9. 特高压换流站中主要设备的作用分别是什么？

答： 换流器的主要功能是进行交直流转换，从最初的汞弧阀发展到现在的电控和光控晶闸管阀，换流器单位容量在不断增大。换流变压器是直流换流站交直流转换的关键设备，其网侧与交流场相联，阀侧与换流器相联，因此其阀侧绕组需承受交流和直流复合应力。由于换流变压器运行与换流器的换向所造成的非线性密切相关，在绝缘、谐波、直流偏磁、有载调压和试验方面与普通电力变压器有着不同的特点。交直流滤波器为换流器运行时产生的特征谐波提供入地通道。换流器运行中产生大量的谐波，消耗换流容量 40%～60% 的无功功率。交流滤波器在滤波的同时还提供无功功率，当交流滤波器提供的无功功率不够时，还需要采用专门的无功补偿设备。平波电抗器能防止直流侧雷电和陡波进入阀厅，从而使换流阀免于遭受这些过电压的应力，还能平滑直流电流中的纹波。另外，在直流短路时，平波电抗器可通过限制电流快速变化来降低换向失败概率。

10. 直流输电线路有哪些基本类型？

答： 就其基本结构而言，直流输电线路可分为架空线路、电缆线路以及架空 – 电缆混合线路三种类型。直流架空线路因其结构简单、线路造价低、走廊利用率高、运行损耗小、维护便利以及满足大容量、长距离输电要求的特点，在电网建设中得到越来越多的运用。因此直流输电线路通常采用直流架空线路，只有在架空线线路受到限制的场合才考虑采用电缆线路和混合线路。

 11. 建设特高压直流输电线路需要研究哪些关键技术问题？

答： 直流输电线路与交流输电线路相比，在机械结构的设计和计算方面并没有显著差别，但在电气方面，则具有许多不同的特点，需要进行专门研究。对于特高压直流输电线路的建设，尤其需要重视以下三个方面的研究：

（1）电晕效应。直流输电线路在正常运行情况下允许导线发生一定程度的电晕放电，由此将会产生电晕损失、电场效应、无线电干扰和可听噪声等，导致直流输电的运行损耗和环境影响。特高压工程由于电压高，如果设计不当，其电晕效应可能比超高压工程的更大。通过对特高压直流电晕特性的研究，合理选择导线类型和绝缘子串、金具组装类型，可以降低电晕效应，减少运行损耗和对环境的影响。

（2）绝缘配合。直流输电工程的绝缘配合对工程的投资和运行水平有极大影响。由于直流输电的"静电吸尘效应"，绝缘子的积污和污闪特性与交流的有很大不同，由此引起的污秽放电比交流的更为严重，合理选择直流线路的绝缘配合对于提高运行水平非常重要。由于特高压直流输电在世界上尚属首例，国内外现有的试验数据和研究成果十分有限，因此有必要对特高压直流输电的绝缘配合问题进行深入的研究。

（3）电磁环境影响。采用特高压直流输电，对于实现更大范围的资源优化配置，提高输电走廊的利用率和保护环境，无疑具有十分重要的意义。但与超高压工程相比，特高压直流输电工程具有电压高、导线大、铁塔高、单回线路走廊宽等特点，其电磁环境与 ±500kV 直流线路有一定差别，由此带来的环境影响必然受到社会各界的关注。同时，特高压直流工程的电磁环境与导线类型、架线高度等密切相关。因此，认真研究特高压直流输电的电磁环境影响，对于工程建设满足环境保护要求和降低造价至关重要。

 12. 直流输电线路的绝缘配合设计要解决哪些问题？

答： 直流输电线路的绝缘配合设计就是要解决线路杆塔和档距中央各种可能的间隙放电，包括导线对杆塔、导线对避雷线、导线对地以及不同极导线之间的绝缘选择和相互配合，其具体内容是针对不同工程和大气条件等选择绝缘子类型、确定绝缘子串片数、确定塔头空气间隙和极导线间距等，以满足直流输电线路合理的绝缘水平。

13. 如何进行特高压直流输电线路导线类型的选择?

答： 在特高压直流输电工程中，线路导线类型的选择除了要满足远距离安全传输电能外，还必须满足环境保护的要求。其中，线路电磁环境限值的要求成为导线选择的最主要因素。同时，从经济上讲，线路导线类型的选择还直接关系到工程建设投资及运行成本。因此特高压直流导线截面和分裂形式的研究，除了要满足经济电流密度和长期允许载流量的要求外，还要在综合考虑电磁环境限值以及建设投资、运行损耗的情况下，通过对不同结构方式、不同海拔高度下导线表面场强和起晕电压的计算研究，以及对电场强度、离子流密度、可听噪声和无线电干扰进行分析，从而确定最终的导线分裂形式和子导线截面。对于 ±800kV 特高压直流工程，为了满足环境影响限值要求，尤其是可听噪声的要求，应采用 $6 \times 720 \ mm^2$ 及以上的导线结构。

14. 特高压直流输电线路上有哪些故障?

答： 特高压直流线路故障的主要原因包括雷击故障、冰害、设备原因、外力破坏等。

15. 特高压直流线路故障再启动的典型控制逻辑是什么?

答： 在直流线路保护动作之后，执行再启动程序。整流器立即紧急移相至逆变状态，迫使直流电流下降到零，让故障点熄弧，经一定去游离时间后进行再启动。再启动时，在直流线路电压升至全压过程中又发生故障，则认为第一次再启动失败，间隔一定去游离时间后，第二次再启动，过程与第一次相同，若仍然失败，间隔一定去游离时间后，进行第三次再启动，与第二次再启动一样，直流线路电压升至降压运行电压，若仍失败，则闭锁直流系统。

16. 特高压直流输电无功设备有哪些?

答： 目前特高压换流站的无功补偿设备主要有三类：

（1）机械投切的电容器和电抗器。其中电容器由于滤波要求是必需的，最小滤波电容容量约占换流容量的 30%。

（2）静止无功补偿装置。当换流站所在电网较薄弱时，电网控制困难，有时甚至可能发生电压稳定问题，此时可以考虑装设静止无功补偿装置。

（3）调相机。当换流站所连接的交流电网相对直流输电系统的容量太弱时，需要在换流动站装设调相机。

 17. 特高压直流输电技术的优缺点有哪些？

答： 直流输电的优点有：

（1）线路造价低；

（2）输电损耗小；

（3）输送容量大；

（4）能够限制短路电流；

（5）线路故障时的自防护能力强；

（6）节省线路走廊；

（7）实现非同步电网互联；

（8）功率调节控制灵活；

（9）特别适合电缆输电。

直流输电的缺点有：

（1）换流设备较昂贵；

（2）消耗无功功率多；

（3）产生谐波影响；

（4）换流器过载能力低；

（5）某些运行方式对地下或（海中）物体产生电磁干扰或电化学腐蚀；

（6）缺乏直流开关；

（7）不能用变压器改变电压等级。

 18. 特高压直流系统的运行方式有哪些？

答： ±800kV 特高压直流输电工程采用（400＋400）kV 换流器接线方案，每极高、低端 12 脉动换流器两端设计电压相同，12 脉动换流器两端连接直流旁路断路器，通过直流旁路断路器操作可以投入或者退出该 12 脉动换流器，因此，运行方式非常灵活，可根据实际情况合理组合达 46 种，包括完整双极平衡运行方式、1/2 双极平衡运行方式、一极完整、一极 1/2 不平衡运行方式、完整单极大地回线运行方式、1/2 单极大地回线运行方式、完整单极金属回线运行方式、1/2 单极金属回线运行方式和融冰模式等。

19. 特高压直流输电的并联融冰功能如何实现?

答: 并联融冰模式即双极高端阀组通过专门的直流场接线并联,使得双极直流电流由极 1 线路流出由极 2 线路流回,线路上将流过两倍的额定电流,用于直流线路某些出现了较为严重覆冰现象的区域。

20. 特高压直流输电的阻冰功能如何实现?

答: 循环阻冰模式即一极正送、一极反送线路上流过额定的电流,用于直流线路沿线某些出现了较为轻微的覆冰现象或有覆冰趋势的区域。

| 第三节 |
特高压直流输电换流原理

1. 什么是整流?

答: 整流电路与逆变电路相对应,将交流电变换为直流电,即 AC/DC 变换,称为整流。

2. 什么是逆变?

答: 逆变电路与整流电路相对应,将直流电变换为交流电,即 DC/AC 变换,称为逆变。

3. 什么是基本换流单元?

答: 直流输电换流站由基本换流单元组成。基本换流单元是在换流站内允许独立运行、进行换流的换流系统,主要包括换流变压器、换流器、相应的交流滤波器、直流滤波器和控制保护装置等。

4. 基本换流单元有哪几种？它们有什么区别？

答： 目前工程上所采用的基本换流单元有 6 脉动换流单元和 12 脉动换流单元两种，它们的主要区别在于所采用的换流器不同，前者采用 6 脉动换流器（三相桥式换流回路），后者则采用 12 脉动换流器（由两个交流侧电压相位差 30° 的 6 脉动换流器所组成）。

 5. 什么是换流器？

答： 换流器是直流输电系统中执行交直流间变换的核心设备，直流输电系统的运行都是通过对换流器的控制来实现的。换流器将交流转换为直流时被称为整流器，将直流转换为交流时被称为逆变器；换流器作为整流器或逆变器运行取决于对其施加的控制。通常采用的换流器基本单元是三相桥式电路，见图 1-1。

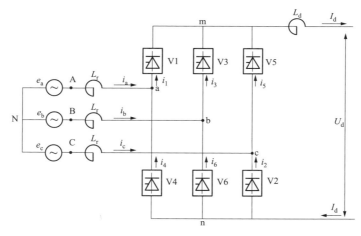

图 1-1 6 脉动换流器原理接线

 6. 换流器有哪些作用？

答： 换流器是用以实现交、直流电能相互转换的设备。换流阀是能实现换流桥臂功能的可控或不可控开关设备，是换流器的最基本的组成单元。换流器由一个或者多个三相桥式换流电路（也称 6 脉动换流器）串联构成。换流阀可改变触发相位，既可运行于整流状态，也可运行于逆变状态。

 7. 换流器为什么要吸收无功功率？

答： 换流器工作过程中存在换相重叠，会引起直流输出电压下降。由于这时交流电压、电流没有发生变化，所以会导致直流功率降低，可看作是交流侧有滞后的功率因数，从而使变压器一次侧输出的有功功率下降。换相滞后和换相重叠导致电流的相位要比原来滞后一个 φ 角，这是要求交流系统供给滞后无功功率的原因，也是换流器在换相时吸收无功功率的原因。

8. 晶闸管换流阀有哪些特点?

答:（1）换流阀只能在阳极对阴极为正电压时，才单方向导通，不可能有反向电流，即直流电流不可能有负值。

（2）换流阀的导通条件是阳极对阴极为正电压和控制极对阴极加能量足够的正向触发脉冲两个条件，必须同时具备，缺一不可。换流阀一旦导通，只有在具备关断条件时才能关断，否则将一直处于导通状态。

（3）换流阀的控制极没有关断能力，只有当流经换流阀的电流为零时，才能关断（唯一的关断条件），且是靠外回路的能力关断的。换流阀一旦关断，只有在具备上述两个导通条件时，才能导通，否则一直处于关断状态。

9. 脉动换流单元的结构是什么?

答: 6脉动换流单元由换流变压器、6脉动换流器以及相应的交流滤波器、直流滤波器和控制保护装置组成，其原理接线见图1–2。6脉动换流单元的换流变压器既可以采用三相结构，也可以采用单相结构；其阀侧绕组的接线方式既可以是星形接线，也可以是三角形接线。6脉动换流器在交流侧和直流侧分别产生（6K±1）次和6K次的特征谐波（K为正整数）。因此，在交流侧需要配备（6K±1）次的交流滤波器，而在直流侧除平波电抗器以外，对于架空线路通常还需要配备6K次的直流滤波器。除上述主要设备外，还有相应的交直流避雷器和交流开关设备以及测量设备等。

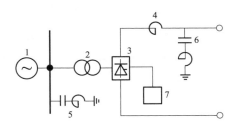

图1-2　6脉动换流单元原理接线

1—交流系统；2—换流变压器；3—6脉动换流器；4—平波电抗器；5—交流滤波器；6—直流滤波器；7—控制保护装置

10. 脉动整流器的工作原理是什么?

答：整流器在正常工作时，主要各点的电压和电流波形见图 1-3，等值交流系统的线电压为换流阀的换相压。规定线电压由负变正的过零点，为换流阀 V1 触发角计时的零点，其余线电压过零点则分别为 V2～V6 触发角的零点（V1～V6 为组成 6 脉动换流器的 6 个换流阀的代号，数字 1～6 为换流阀的导通序号）。在理想条件下，认为三相交流系统是对称的，触发脉冲是等距的，换流阀的触发角也是相等的。6 脉动整流器触发脉冲之间的间距为 60°（电角度）。

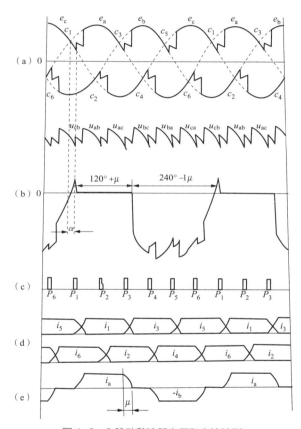

图 1-3 6 脉动整流器电压和电流波形

（a）交流电动势和直流侧 m 点和 n 点对中性点的电压波形；（b）直流电压和 V1 上的电压波形；
（c）触发脉冲的顺序和相位；（d）阀电流波形；（e）交流侧 A 相电流波形

 11. 6 脉动逆变器的工作原理是什么?

答：与整流器一样，逆变器也是由 6 个换流阀所组成的三相桥式接线。由于换流阀的单向导电性，逆变器换流网的可导通方向必须与整流器的相一致，这样才能保证直流电流的流通。脉动逆变器电压和电流波形见图 1-4。

换流器作为逆变器运行时，其共阴极点 m 的电位为负，共阳极点 n 的电位为正，与其作为整流器运行时的极性正好相反。逆变器的 6 个阀 V1 ~ V6，也是按与整流器一样的顺序，借助于换流变压器阀侧绕组的两相短路电流进行换相。6 个阀规律性的通断，在一个工频周期内，分别在共阳极组和共阴极组的三个阀中，将流入逆变器的直流电流交替地分成三段，分别送入换流变压器的三相绕组，使直流电转变为交流电。

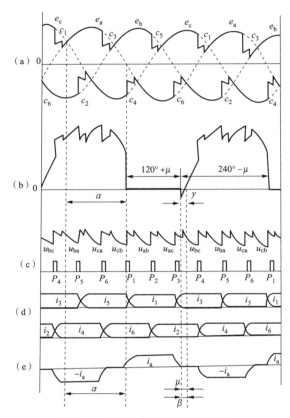

图 1-4　脉动逆变器电压和电流波形
（a）交流电动势和直流侧 m 点和 n 点对中性点的电压波形；（b）直流电压和阀 V1 上的电压波形；（c）触发脉冲的顺序和相位；（d）阀电流波形；（e）交流侧 a 相电流波形

12. 12 脉动换流器的工作原理是什么?

答：12 脉动换流器由两个 6 脉动换流器在直流侧串联而成，其交流侧通过换流变压器的网侧绕组而并联。换流变压器的阀侧绕组一个为星形接线，而另一个为三角形接线，从而使两个 6 脉动换流器的交流侧，得到相位相差 30° 的换相电压。12 脉动换流器可以采用两组双绕组的换流变压器，也可以采用一组三绕组的换流变压器。当采用两组双绕组变压器时的 12 脉动换流器原理接线见图 1-5。

12 脉动换流器由 V1 ~ V12 共 12 个换流阀所组成，图 1–5 中所给出的换流序号为其导通的顺序号。在每一个工频周期内有 12 个换流阀轮流导通，它需要 12 个与交流系统同步的按序触发脉冲，脉冲之间的间距为 30°。

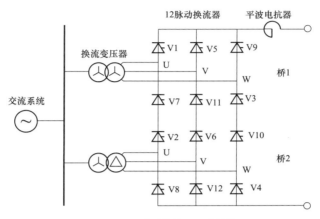

图 1-5　12 脉动换流器原理接线

 13. 12 脉动换流器有哪些优点?

答：12 脉动换流器的优点之一是直流电压质量好，所含谐波成分少。其直流电压为两个换相电压相差 30° 的 6 脉动换流器的直流电压之和，在每个工频周期内有 12 个脉动数，因此称为 12 脉动换流器。直流电压中仅含有 $12K$ 次的谐波，而每个 6 脉动换流器直流电压中的 $6（2K+1）$ 次的谐波，因彼此的相位相反而互相抵消，在直流电压中则不再出现，因此有效地改善了直流侧的谐波性能。

12 脉动换流器的另一个优点是其交流电流质量好、谐波成分少。交流电流中仅含 $12K + 1$ 次的谐波，每个 6 脉动换流器交流电流中的 $[6（2K − 1）±1]$ 次的谐波，在两个换流变压器之间环流，而不进入交流电网，12 脉动换流器的交流电流不含这些谐波，因此也有效地改善了交流侧的谐波性能。对于采用一组三绕组换流变压器的 12 脉动换流器，其变压器网侧绕组中也不含 $[6（2K − 1）±1]$ 次的谐波，因为这种次数的谐波在两个阀侧绕组中的相位相反，因此在变压器的主磁通中互相抵消，在网侧绕组中则不再出现。因此，大部分直流输电工程均选择 12 脉动换流器作为基本换流单元，从而简化滤波装置，节省换流站造价。

 14. 12 脉动换流器的选择方案有哪些?

答：12 脉动换流单元是由两个交流侧电压相位相差 30° 的 6 脉动换流单元在直流

侧串联而交流侧并联所组成的，其原理接线见图 1-6。

12 脉动换流单元可以采用双绕组换流变压器或三绕组换流变压器，为了得到换流变压器阀侧绕组的电压相位相差 30°，其阀侧绕组的接线方式必须一个为星形接线，另一个为三角形接线。换流变压器可以选择三相结构或单相结构。因此，对于一组 12 脉动换流单元的换流变压器，可以有 1 台三相三绕组变压器、2 台三相双绕组变压器、3 台单相三绕组变压器、6 台单相双绕组变压器四种选择方案。

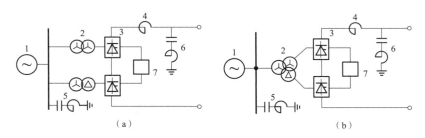

图 1-6 12 脉动换流单元原理接线
（a）双绕组换流变压器；（b）三绕组换流变压器
1—交流系统；2—换流变压器；3—12 脉动换流器；4—平波电抗器；
5—交流滤波器；6—直流滤波器；7—控制保护装置

15. 哪些情况下需要考虑采用每极两组基本换流单元接线方式?

答：以下情况下，需要考虑采用每极两组基本换流单元接线方式：

（1）当直流输送容量大，而交流系统相对较小时，为了减轻直流单极停运对交流系统的影响，可考虑将一极分为两个基本换流单元，这样在换流设备故障时，则可只停运单极容量的一半。

（2）当换流站的设备（主要是换流变压器），对于每极一组基本换流单元来说，在制造上或运输上有困难时，需要考虑采用每极两组基本换流单元的方案。

（3）根据工程分期建设的要求，每极分成两期建设在经济上有利时，则可考虑在一极中先建一个基本换流单元，然后再建另一个，例如当送端电源建设周期较长时。

16. 两组基本换流单元的接线方式有哪几种?

答：每极两组基本换流单元的接线方式，有串联方式和并联方式两种（见图 1-7），串联方式每组基本换流单元的直流电压为直流极电压的 1/2，其直流电流为直流极电流；并联方式每组基本换流单元的直流电流为直流极电流的 1/2，其直流电压为直流极电压。

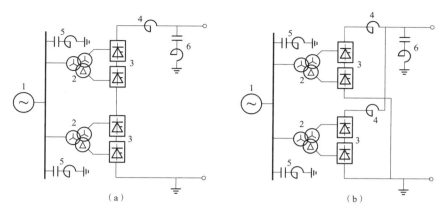

图 1-7 每极两组 12 脉动换流单元原理接线

（a）串联方式；（b）并联方式

1—交流系统；2—换流变压器；3—12 脉动换流器；4—平波电抗器；5—交流滤波器；6—直流滤波器

17. 什么是 6 脉动理想不可控整流器？

答： 如图 1-8 所示，整流器在任一时刻都同时有两个阀导通，这两个阀分别属于阳极平桥与阴极平桥，V1、V3 和 V5 属于阴极半桥，V2、V4 和 V6 属于阳极半桥，在交流电压的作用下，6 个阀不断按顺序开通关断，在一个周期内整流器两端输出的电压波形是由 6 个线电压段构成的，该线电压段波形已接近直流电压，即该整流器将三相电压整流成了一个周期由 6 个脉动组成的直流电压，故该整流器被称为 6 脉动整流器。

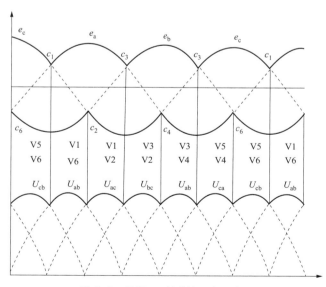

图 1-8 理想不可控整流器电压波形

假定在直流平波电抗器足够大的条件下，直流电流是平直的，在一个工频周期内，每个阀流过电流的时间是 1/3 周期，对于交流三相来说，每相连接上下两个换流阀，这两个阀对应于相电流的方向分别是流入与流出，即一个周期内，交流系统每相流入电流与流出电流的时间各持续 1/3 周期，故每相每周期内有 2/3 的时间流过电流，流入或流出的电流等于直流电流。整流器输出电压在经过一个足够大的平波电抗后，将成为平滑的直流电压。

18. 什么是双 12 脉动换流器串联？

答："西电东送"需要采用大容量、长距离输送电能的方式，提高直流输送功率的方式有增大电流和提高电压两种。如采用增大电流的方式，输送电压仍采用 ±800kV 直流，则电流增大一倍，线路截面积也增加一倍，其线路损耗为采用特高压输电的两倍，且线路成本将增加，此外，如果需要进一步增大输送电流，则只能采用两组换流器并联运行，但是并联换流器系统的控制系统也比较复杂，综合而言采用升高电流的方案并不经济；如提高直流电压，即采用特高压直流输电，如果采用直接增加换流器直流额定电压的方式来升高直流电压，则会使换流变压器、换流阀设备尺寸增加，超过实际交通可运输极限。此外，电压等级升高对设备的绝缘等级和均压设计提出更高的要求，使设备制造成本成倍增加，且单台大容量设备在因故障退出运行时会对系统造成大的冲击，不利于系统稳定运行。升高电压等级的另一个思路是采用多个换流器串联，虽然这种方案对处于高端的换流变压器绝缘要求较高，但其克服了上述方案的其他缺点，综合而言也是最经济的方案。因此，在特高压直流输电中通常采用两组电压相等的 12 脉动换流器串联。

相对于高压直流输电的单 12 脉动换流器，特高压双 12 脉动换流器串联对控制系统要求更高，两组 12 脉动换流器需单独进行控制，同时运行的两组控制系统需要紧密配合才能保证系统稳定运行。±800kV 特高压直流系统中设备的电压等级复杂，从高至低有 ±800kV、±600kV、±400kV、±200kV 以及中性母线五组主要设备电压等级，各电压等级及等级间都有相应的绝缘配合。在换流器发生短路故障时，故障部分牵涉有故障换流器与正常换流器，故障状态时的暂态特性比上 500kV 直流系统更复杂。此外，在系统故障时，高电压等级的设备有可能连接到低电压等级设备上，高低电压等级差比常规高压直流系统更大，故障后果也更加严重。

19. 特高压直流输电的运行方式是什么？

答：双极两端中性点接地的常规直流系统见图 1-9。它由整流站、直流输电线路和逆变站三部分组成，采用两个可独立运行的单极大地回线系统的接线方式。这种接线方式运行灵活方便、可靠性高，被大多数直流输电工程所采用。在直流输电系统中，整流站和逆变站统称为换流站，换流站内的整流器和逆变器统称为换流器。两端直流输电系统的工作原理为：交流功率经整流站变换成直流功率，然后经直流输电线路把直流功率传输到受端逆变站，在逆变站将直流功率变换成交流功率送入受端交流系统。对于功率可以反送的两端直流输电系统，送端换流器与受端换流器采用相同的结构，任一侧的换流器既可以作整流器，也可以作逆变器运行。因此，功率反送时，整流站对应为功率正送时的逆变站，逆变站对应为功率正送时的整流站。

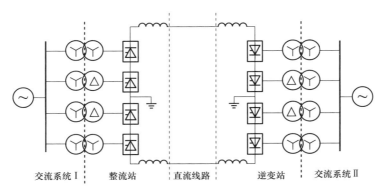

图 1-9 特高压换流站接线

 20. 直流输电系统换流新技术有哪些?

答：（1）光直接触发晶闸管应用。大多数直流输电工程采用由电触发晶闸管所组成的换流阀进行换流。这种换流网通常是在地电位将触发脉冲转换成光脉冲，经光导纤维传送到高电位在高电位将光脉冲再转换成电脉冲。然后送到每个晶闸管的控制极，对晶闸管进行控制。这种触发方式比较复杂，故障率也比较高。采用光直接触发晶闸管的换流阀，在高电位则不需要将光脉冲再转换为电脉冲，可以直接用光脉冲对换流阀进行控制，从而使触发系统得到简化。

（2）电容换相换流器。电容换相换流器是在常规换流器和换流变压器之间串联换相电容器而构成。换相电容器接在换流器和换流变压器之间，使得流经它的运行电流和故障电流均能受到换流器的控制，从而可大大降低电容器上承受的应力。

（3）轻型直流输电。轻型直流输电与常规直流输电的基本不同点是，它采用具有关断能力的高频绝缘栅双极型晶体管（IGBT）器件以及脉冲宽度调到（PWM）技术而组成的电压源换流器；而常规直流输电则是采用无关断能力的低频晶闸管所组成的电网换相换流器来进行换流。这种新技术的应用解决了常规直流输电中所碰到的一些技术难题，如向弱交流系统以及无电源的负荷区的送电问题换流站的无功补偿以及有功和无功控制的相互影响、交流侧和直流侧的滤波问题等。采用 IGBT 的电压源换流器是直流输电换流技术的新突破。由于采用这种新技术可以减少换流站的设备、简化换流站的结构，故称之为轻型直流输电。

21. 什么是电容换相换流器？

答：电容换相换流器（CCC）是在常规换流器和换流变压器之间串联换相电容器而构成的。采用 CCC 的单极换流站接线原理见图 1–10。换相电容器接在换流器和换流变压器之间，使得流经它的运行电流和故障电流均能受到换流器的控制，从而可大大降低电容器上承受的应力。

采用自然换相的常规换流器，在运行中要消耗大量的无功功率（直流输送功率的 40%～60%）。早在 20 世纪 50 年代就有人提出在换流器和换流变压器之间串联电容器进行强迫换相的方法来降低换流器消耗的无功功率。由于受当时技术条件的限制，在工程中未能得到应用。近年来，由于电容器的制造水平和质量的大幅度提高以及计算机控制技术，自动调谐滤波器和氧化锌避雷器在直流输电工程中的应用，电容换相换流器逐渐在工程中得到了应用，2000 年投入运行的巴西和阿根廷之间的加勒比背靠背直流工程（1100MW，±70kV）即采用了电容换相换流器。电容换相换流器能够有效降低换流器所消耗的无功功率（有时还可以提供无功功率），提高换流器运行的稳定性，改善换流器的运行性能，特别是对于受端为弱交流系统及长距离电缆直流输电工程，其优越性更加明显。

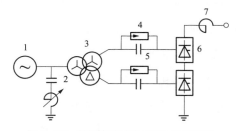

图 1-10 单极直流输电 CCC 接线原理

1—交流系统；2—自动调谐滤波器；3—换流变压器；4—氧化锌过电压保护器；
5—换相电容器；6—换流器；7—平波电抗器

22. 电容换相换流器如何改善换流器的无功功率特性?

答: CCC 在触发角 $\alpha \leqslant 0°$、关断角 $\beta \leqslant 0°$ 时仍能稳定运行,从而降低了换流器消耗的无功功率。其次,由于换相电容参与换相,加快了换相过程,减小了换相角 μ,也使换流器消耗的无功功率降低。另外,换相电容器上附加电压的大小和换相电压相位后移的多少,取决于直流电流的大小。随着直流电流的升高,电容器上附加电压也升高,换相电压相位后移更多,从而使 CCC 消耗的无功功率随直流电流的升高变化不大。当直流电流较小时,随着直流电流的升高,CCC 消耗的无功功率有所增加,在直流电流升到一定数值后,消耗的无功功率将降低。如直流电流还继续升高,则 CCC 可能由消耗无功功率变为发出无功功率。

采用 CCC 的换流站只需装设小容量高性能的自动调谐滤波器,即可同时满足滤波和无功补偿的要求,妥善解决了滤波和无功补偿问题。

 23. CCC 型换流器如何提高逆变器的稳定性?

答: 换流器在逆变状态运行时,为了满足关断的要求,使刚刚关断的阀不会回到导通状态,要求关断后阀上的电压必须保持一段时间为负值。这一负电压的时间,通常用关断角 γ 表示,也称为换相裕度。在给定的触发角 α 下,当直流电流升高时,换相电容器上的电压升高,相位后移,使 CCE 逆变器的换相角 μ 变化不大,而换相电压则滞后得更多,从而可得到一个较大的换相裕度 (γ),使逆变器运行更加稳定。同理,当逆变站交流母线电压降低时,换相电容器上的电压成正比升高,换相角 μ 变化不大,换相裕度 γ 变大。即使母线电压瞬时降到接近于零,换相还有可能成功,因为换相电压可以全部由电容器上的附加电压提供。因此,CCC 逆变器在直流电流升高和交流母线电压降低时,引起换相失败的可能性很小,从而有效防止换相失败。

常规逆变器通常在恒 γ 角控制方式运行。当直流电流升高时,为保持 γ 不变,必须加大超前触发角 β,这将引起逆变器消耗的无功增加,从而使交流母线电压降低,同时也使直流电压降低,因此逆变器具有负阻外特性。当受端为弱系统时,系统阻抗大,其负阻特性更强。此外,可能由于瞬时的直流电流升高,使逆变器比整流器直流电压降低更多,进一步引起直流电流升高,从而破坏直流系统的稳定运行。通常可采用整流器装设快速电流调节器来保持直流电流恒定,而避免这种情况的发生。CCC 逆变器在 γ 角恒定方式时,由于换相电容器提供一个正比于直流电流的相位滞后的换相电压,当直流电流升高时,换相裕度 (γ) 增大,为保持 γ 恒定,可减小 β 角,这将使消耗的无功降低，交流母线电压升高。直流电压也相应升高，使逆变器具有正阻外特性，这将大大改善直流系统的动态稳定性。

24. CCC 型换流器如何降低换流站甩负荷过电压?

答：换流站的甩负荷过电压，是决定换流站绝缘水平的重要因素。CCC 换流站只需装设小容量高性能的滤波器即可满足滤波和无功补偿的要求，当直流输电突然停运时，由于换流站多余的无功较少，由此引起的过电压也较低。常规换流站需要装设大量的无功补偿设备，当直流输电停运时，多余的无功功率较多，引起的过电压也高。特别是当换流站与弱交流系统相连时，系统电压对无功功率的敏感性较强，引起的过电压更高。当过电压高于 1.3 ~ 1.4 倍时，通常需要采取一定的措施。

25. CCC 型换流器如何降低换流阀短路电流?

答：换流阀的桥臂短路电流和桥端短路电流是选择晶闸管元件截面的重要依据。采用常规换流器连接强交流系统时，由于系统阻抗很小，导致短路电流很大，有时不得不因此选择更大截面的晶闸管。采用 CCC 后发生此类故障时，短路电流对换相电容器充电，产生一个反向电压，从而降低暂态短路电流。与常规换流器相比，其短路电流峰值可降到一半以下。另外，CCC 还可以避免当交流系统发生接地故障时由于大的零序电流而产生的铁磁谐振。

| 第四节 |
直流输电稳态特性

1. 什么是额定直流功率?

答：额定直流功率是指在规定的系统条件和环境条件的范围内，在不投入专用设备的情况下，直流输电工程连续输送的有功功率。直流输电工程以一个极为一个独立运行单位。每个极的额定直流功率为极的额定直流电压和额定直流电流的乘积。直流输电的主回路系统通常包括整流站、逆变站和直流输电线路三部分，每一部分都有损耗，因此额定直流功率的测量点需要做出规定。通常规定额定直流功率的测量点在整流站的直流母线处。

2. 什么是额定直流电流?

答:额定直流电流是直流输电系统中直流电流的平均值,它应能在规定的所有系统条件和环境条件下长期连续运行,不受时间的限制。额定直流电流对选择设备类型、参数以及换流站冷却系统的设计具有重要意义。当额定直流功率确定后,额定直流电流通常由额定直流电压确定。在选择额定直流电压时,要对直流输电工程进行综合技术经济论证工作,并且要考虑到额定直流电流在设备制造上的可行性和经济性。通常情况下,背靠背直流输电工程由于无直流输电线路,可以选择较低的额定直流电压和较大的额定直流电流,远距离输电直流输电工程则选择较高的额定直流电压和较小的额定直流电流。

3. 什么是额定直流电压?

答:额定直流电压是在额定直流电流下输送额定直流功率所要求的直流电压的平均值。对于远距离直流输电工程,由于两端换流站的额定直流电压不同(逆变站的低于整流站),通常规定送端整流站的额定直流电压为工程的额定直流电压。

4. 为什么直流输电工程有最小直流电流限值?

答:直流输电工程的最小输送功率主要取决于工程的最小直流电流,而最小直流电流则是由直流断续电流决定的。直流输电换流器的直流输出电压由多段交流正弦波电压所组成,如 6 脉动换流器的直流电压,在一个工频周期内有 6 段正弦波电压,每段 60°;而 12 脉动换流器的直流电压,每周期内有 12 段正弦电压,每段 30°。直流电流也不是平直的,而是叠加有波纹的。电流波纹的幅值取决于直流电压的波纹幅值、直流线路参数以及平波电抗器电感值等。

当直流电流的平均值小于某一定值时,直流电流波形可能出现间断,即直流电流出现断续现象,这种电流断续的状态对于直流输电工程是不允许的。因为电流断续将会在换流变压器、平波电抗器等电感元件上产生很高的过电压。因此,直流输电工程规定有最小直流电流限值,不允许直流运行电流小于此限值。考虑到留有一定的安全裕度,通常取工程的最小直流电流限值等于或大于连续电流临界值(即不产生断续的电流临界值)的两倍。

5. 什么是直流输电过负荷能力？其决定因素是什么？

　　答：直流输电过负荷通常是指直流电流高于其额定值，其过负荷能力是指直流电流高于其额定值的大小和持续时间的长短。在过负荷情况下，可能需要考虑可接受的设备预期寿命的降低以及备用冷却设备和低于所规定的环境温度的利用等。过负荷也可用功率规定，但功率为电压和电流的乘积，在运行中当电压变化时，电流也随之而变化。在同样的功率下，对于不同的直流电压，则有不同的直流电流值。对于换流设备，其过负荷能力主要取决于直流电流。如果在过负荷条件下，要求保持额定直流电压则换流器和换流变压器的空载电压将升高，这将使换流变压器容量和换流阀额定电压值升高。如果在这种情况下要求换流器触发角 α 保持在额定值，则换流变压器带负荷调抽头的范围要加大。如果设计成在额定功率下有较大的额定触发角，则将引起换流站的无功补偿量、损耗及换流器所产生的谐波增大。以上这些因素均会使换流站的造价增加，因此通常是对工程的直流电流过负荷额定直接做出规定。

6. 直流过负荷包括哪几种？

　　答：（1）连续过负荷。连续过负荷（也称固有过负荷）是指直流电流高于其额定直流电流连续送电的能力，即在此电流值下运行无时间限制。连续过负荷主要在双极直流输电工程中，当一极故障长期停运或者当电网的负荷或电源出现超出计划水平时采用。在连续过负荷时，设备的应力（如换流变压器绕组与平波电抗器绕组热点温度、晶闸管结温等）一般也不允许超过其所规定的允许数值。投入备用冷却设备时的连续过负荷电流值约为额定直流电流的 1.05 ~ 1.10 倍；随着环境温度的降低，其连续过负荷电流还会明显提高，但由于受无功功率补偿、交流侧或直流侧的滤波要求以及甩负荷时的工频过电压等因素的限制，通常取连续过负荷额定值小于额定直流电流的 1.2 倍。如果工程有特殊需要，对连续过负荷有更高的要求，可另行规定，但这将引起换流站造价相应提高。

　　（2）短期过负荷。短期过负荷是指在一定时间内，直流电流高于其额定电流的能力。在大多数情况下，大部分设备故障和系统要求，只需要直流输电在一定的时间内提高输送能力（通常选择为短期过负荷持续时间），而不需要连续过负荷运行。在此时间内，故障的设备可以修复，或通过系统调度采取处理措施。在进行晶闸管换流阀及其冷却系统的设计时需要考虑短期过负荷的要求如无特殊要求，通常短期过负荷额定值取直流电流额定值的 1.1 倍。

　　（3）暂时过负荷。暂时过负荷是为了满足利用直流输电的快速控制来提高交流系统暂态稳定的要求，在数秒钟内直流电流高于其额定值的能力。当交流系统发生大扰动时，可能需要直流输电快速提高其输送容量来满足交流系统稳定运行的要求，或者需要利用直流输电的功率调制功能来阻尼交流系统的低频振荡。暂时过负荷的持续时间一般为 3~10s。当需要阻尼交流系统的低频振荡时，直流输电的过负荷是周期性的。暂时过负荷的大小、持续的时间以及周期的长短均需根据每个工程的具体情况，由系统研究的结果来决定。要求在数秒钟内提高输送能力，晶闸管是唯一的限制因素。对于常规的设计，晶闸管换流阀 5s 的过负荷能力可到额定直流电流的 1.3 倍，我国部分直流工程所用的换流阀已达 1.5 倍。通过增加冷却系统的容量，其暂时过负荷能力还可以再提高。

 7. 直流系统降压运行有哪些情况？

答：直流输电工程降低直流电压运行有两种情况：

（1）由于绝缘问题需要降低直流电压。在恶劣的气候条件或严重污秽的情况下，直流架空线路如果仍在额定直流电压下运行，会产生较高的故障率，为了提高输电线路的可靠性和可用率，可以采用降压方式运行。降压方式是工程规定的一种运行方式，如果工程需要降压运行方式，则在工程设计时需要对降压方式的额定直流电压、额定直流电流以及此时的过负荷额定值等做出规定。

（2）由于无功功率控制需要降低直流电压。当直流输电工程被用于进行无功功率控制时，需要加大触发角 α 以增加换流器消耗的无功功率，此时直流电压相应降低。在这种情况下，直流电压不是一个固定的值，它随无功控制的要求而变化，其变化范围由无功控制的范围决定。进行无功功率控制时，直流电压低于额定直流电压。

 8. 什么是潮流反转？

答：交流输电线路在运行中输送功率的大小和方向取决于线路两端的电压及其相位，是由电力系统本身的运行情况自然形成的。直流输电的潮流方向和输送功率的大小则是人为的，由控制系统进行控制，因此直流输电输送功率的大小和方向均是可控的。直流输电的功率反送也称潮流反转，潮流反转需要改变两端换流站的运行工况，将运行于整流状态的整流站变为逆变运行。

 9. 潮流反转是通过什么方式实现的？

答：由于换流阀的单向导电性，直流回路中的电流方向是不能改变的。因此直流输电的潮流反转不是改变电流方向，而是通过改变电压极性来实现。例如对于双极直流输电工程，假定正向送电时极 1 为正极性，极 2 为负极性；而在反向送电时，极 1 为负极性，极 2 为正极性。对于单极直流输电工程，如正向送电时为正极性，则反向送电时为负极性。

10. 直流输电工程的潮流反转分为哪几类?

答：直流输电工程的潮流反转有以下两种类型：

（1）正常潮流反转。在正常运行时，当两端交流系统的电源或负荷发生变化时，要求直流输电进行潮流反转。正常潮流反转通常由运行人员进行操作，也可以在设定的条件下自动进行。为了减小潮流反转对两端交流系统的冲击，一般反转速度较慢，可在几秒或更长的时间内完成。必要时也可以在反转前将输送功率逐步降低到其最小值，反转后的输送功率也可以逐步升高。

（2）紧急潮流反转。当交流系统发生故障，需要直流输电工程进行紧急功率支援时，则要求紧急潮流反转。此时，反转的速度越快，则对系统的支援性能越好。直流输电的潮流反转是直流电压极性的反转。在直流电压一定的情况下，潮流反转需要的时间主要取决于直流线路的等值电容，即直流电压由额定值降到零以及由零又升到其反向额定值，在线路电容上的放电时间和充电时间。对于架空线路，通常在几个周波内即可完成（上百毫秒）；对于直流电缆线路，为了防止当电压极性反转较快时对电缆绝缘产生的损伤，反转速度将受到限制。

11. 潮流反转的过程是什么?

答：控制系统接到潮流反转的指令后，潮流反转方式可以按预定的顺序由控制系统自动进行：

（1）由整流站的电流调节器将直流电流按预先整定的速率降到其最小值（通常为额定直流电流的 10%）。

（2）由逆变站的电压调节器将直流电压按预先整定的速率降到零。与此同时，为保持直流电流恒定，整流站的电流调节器将加大 α 角，使其直流电压也相应降低（略高于逆变站的直流电压）。

（3）由功率方向控制回路将两换流站的功率方向标志反转，使两换流站控制保护系统中的调节器和保护功能配置相应切换，此时，原来的整流站变为逆变站，原来的逆变站变为整流站。

（4）由现在的逆变站电压调节器将直流电压按预先整定的速率反向上升到其整定值。

（5）由现在的整流站电流调节器将直流电流按预先整定的速率上升到其整定值，至此完成整个潮流反转的过程。潮流反转的时间可由控制系统中预先整定的直流电压和直流电流变化的速率控制。

12. 换流器的控制方式有哪几种？

答：（1）定触发角控制。在运行中换流器的触发角恒定不变，即无自动控制功能，整流器为定 α 角控制，逆变器为定 β 角控制。

（2）定直流电流控制。在运行中由直流电流调节器自动改变触发角 α（或 β），来保持育流电流等于其电流整定值。整流侧和逆变侧通常均设有电流调节器。为了保证在运行中只有一侧的电流调节器工作，两侧的电流整定值不同。整流侧的整定值比逆变侧大一个电流裕度值 Δ，通常 Δ 取额定直流电流的 10%。

（3）定直流功率控制。在运行中由功率调节器，通过改变电流调节器的整定值，自动调节触发角，来改变直流电流，从而保持直流功率等于其功率整定值。直流功率控制通常是装在整流侧。

（4）定 γ 角控制。由 γ 角调节器在运行中自动改变 β 角而保持 γ 角等于其整定值，γ 角调节器只在逆变侧装设。

（5）定直流电压控制。由直流电压调节器在运行中自动改变换流器的触发角 α 或 β，来保持直流电压等于其整定值。通常直流输电工程的直流电压由逆变侧的电压调节器来控制。

（6）无功功率控制（或交流电压控制）。由无功功率（或交流电压）调节器，通过自动改变直流电压调节器（或定 γ 角调节器）的整定值，来调节换流器的触发角（α 或 β），从而保持换流站和交流系统交换的无功功率（或换流站的交流母线电压）在一定范围内变化。

13. 采用单极大地回线运行的条件是什么？

答：要求非故障极两端换流站的设备和直流输电极线完好，两端接地极系统完好，两端换流站的故障极或直流线路的故障极可退出工作进行检修。运行电流的大小和运行时间的长短受单极过负荷能力和接地极设计条件的限制。这种运行方式的线路损耗比双极方式下一个极的损耗略大。

14. 两极两端中性点接地的正常运行状态是什么?

答: 双极两端中性点接地直流输电工程的直流侧接线是由两个可独立运行的单极大地回线方武所组成的,两极地回路中的电流方向相反。这种接线方式运行灵活方便,可靠性高,是大多数直流输电工程所采用的接线方式。正常运行时,两极的电流相等,地回路中的电流为零;当一极故障停运时,非故障极的电流自动从大地返回,自动转为单极大地回线方式运行,可输送单极的额定功率,必要时可按单极的过负荷能力输送。为了降低单极故障停运对两端交流系统的冲击和影响,通常当单极停运时,非故障极自动将其输送功率升至其最大允许值,然后根据具体情况逐步降低。由于双极两端中性点接地方式在正常运行时地中无电流流过(只有小于额定直流电流 1% 的不平衡电流),此类工程对接地极的要求不高。当一极停运后工程转为单极大地回线方式运行时,地回路中才有大的直流电流流过(最大为单极的过负荷电流值)。

15. 采用单机金属回线运行的条件是什么?

答: 非故障极两端换流站的设备及直流输电极线完好,故障极的直流输电极线能承受金属返回线绝缘水平的要求,两端换流站的故障极和接地极系统可退出工作进行检修,其运行电流只受单极过负荷能力的限制而与接地极系统无关。运行中的线路损耗约为双极运行时一个极损耗的两倍,其直流回路的电阻约为正、负两极线电阻之和。当接地极系统故障需要检修或进行计划检修时,可选择这种接线方式,因其线路损耗和运行费用最大,一般应尽量避免采取这种方式长期运行。

16. 单极大地回线转金属回线方式是什么?(以极 1 为例)

答: 单极大地回线和金属回线方式带负荷相互转换接线见图 1–11。S1、S5 和 MRTB 为闭合状态,S2、S3、S4、S6、S7、S8 和 GRTS 为断开状态。

极 1 大地回线方式转为金属回线方式的步骤:

(1)合上 SS8 和 GRTS,使极 2 导线(金属返回线)和大地回线并联连接。此时两并联回线中的电流与其回线的电阻成反比,如当大地回线中的电阻为 10Ω,金属回线的电阻为 9Ω 时,大地回线中的电流为运行电流的 9/10,而金属回线中的电流则为运行电流的 1/10。

（2）断开 MRTB，将大地回线中的电流转移到金属回线中去。当 MRTB 完全断开时，方式转换过程结束，形成单极金属回线运行方式。

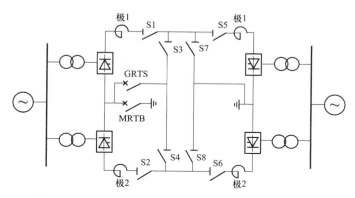

图 1-11 单极大地回线和金属回线方式带负荷相互转换接线
MRTB—金属回线转换断路器；GRTS—大地回线转换开关

 17. 单极金属回线转大地回线方式是什么？（以极 1 为例）

答： 单极大地回线和金属回线方式带负荷相互转换接线见图 1-11。S1、S5、S4、S8 和 GRTS 为闭合状态，S2、S3、S6、S7 和 MRTB 为断升状态。

极 1 金属回线方式转为大地回线方式的步骤：

（1）合上 MRTB，使大地回线与金属回线并联连接，两并联回路中的电流与其回路电阻成反比。

（2）断开 GRTS，将金属回线中的电流转移到大地回线中去。当 GRTS 完全断开后，将 S4、S8 断开，则极 1 又回到大地回线方式运行。

 18. 什么是双极对称方式运行？

答： 双极对称运行方式有双极全压对称运行和双极降压对称运行两种方式。前者双极电压均为额定直流电压，而后者双极均降压运行。全压运行比降压运行输电系统的损耗小，换流器的触发角 α 小，换流站设备的运行条件好，直流输电系统的运行性能也好。因此能全压运行时，不选择降压方式。双极对称运行方式两极的直流电流相等，接地极中的电流最小（通常均小于额定直流电流的 1%），其运行条件也最好。长期在此条件下运行，可延长接地极的寿命。因此，双极直流输电工程在正常情况下均选择双极全压对称运行方式，这种运行方式可充分利用工程的设计能力，直流输电系统设备的运行条件好，系统的损耗小，运行费用小，运行可靠性高。只有当一极输电线路或换流站一极的设备有问题，需要降低直流电压或直流电流运行时，才会选择双极不对称运行方式。

19. 双极不对称运行方式有哪些？

答： 双极不对称运行方式有双极电压不对称方式、双极电流不对称方式、双极电压和电流均不对称方式。

双极电压不对称方式是指一极全压运行另一极降压运行的方式；双极电流不对称方式是指两个极的电流不相等，接地极线路存在接地电流的运行方式；双极电压和电流均不对称方式是指一极全压另一极降压运行的同时，两个极的电流不相等，接地极线路存在接地电流的运行方式。通常不采用双极电流不对称的运行方式。

20. 直流输电工程的控制方式有哪几种？

答： 直流输电工程的控制方式主要有定功率控制方式、定电流控制方式；、无功控制方式。

21. 什么是定功率控制？

答： 在定功率控制方式下，直流输送功率由整流站的功率调节器保持恒定，并等于其整定值。在运行中，当直流电压升高时，功率调节器将相应地降低直流电流值，

当直流电压降低时，会相应地升高直流电流值，从而保持直流电压和直流电流的乘积为功率整定值。

22. 什么是定电流控制？

答： 在定电流控制方式下，直流电流由整流站的电流调节器保持恒定，并等于其整定值。直流输送功率不能恒定，它随着直流电压的变化而变化，当直流电压降低时，直流输送功率也降低；当直流电压升高时，直流输送功率相应升高。

23. 什么是无功功率控制？

答： 由换流原理可知，晶闸管换流阀组成的换流器，由于换流阀无关断电流的能力，其触发角 α 角只能在 $0° \sim 180°$ 范围内变化，换流器在运行中需要消耗大量的无功

功率。换流器消耗的无功功率与直流输电的输送容量成正比，其比例系数为 tanψ，其中 ψ 为换流器的功率因数角。因此，直流输电在运行中两端换流站需要的无功功率随其输送的有功功率而变化。

24. 无功控制方式通过哪些方式控制？有哪些区别？

答： 换流站的无功功率控制方式通常有无功功率控制和交流电压控制两种。前者的控制原则是保持换流站和交流系统交换的无功在一定的范围内；后者则是保持换流站交母线电压的变化在一定的范围。交流电压控制方式主要在换流站与弱交流系统连接的情况下采用，而一般的直流输电工程均采用无功功率控制方式。无功功率控制方式通常设有手动方式和自动方式，在正常情况下均运行在自动方式，必要时可转为手动方式。

25. 换流站损耗特点有哪些？

答： 直流输电换流站的主要设备有换流阀、换流变压器、平波电抗器、交流和直流滤波器、无功功率补偿设备等。这些设备的损耗机制各不相同，如换流阀的损耗就不是与负荷电流的平方成正比，同时当换流站处于热备用状态时，换流阀是闭锁的，其损耗机制与其在正常运行时也不相同；其次，换流器在运行中，交流侧和直流侧均产生一系列的特征谐波，谐波电流通过换流变压器、平波电抗器和交直流滤波器均将产生附加的损耗。另外，在不同的负荷水平下，换流站投入运行的设备也不完全相同，因而损耗也不相同。因此，换流站的损耗计算比较复杂。通常需要在空载和满载之间选择若干负荷点对换流站的损耗进行计算，同时把换流站的损耗分为热备用损耗（也称空载损耗或固定损耗）和运行总损耗（包括热备用损耗和负荷损耗，后者也称可变损耗）进行分析。

换流站的热备用状态是指换流变压器已经带电，但换流阀处于闭锁状态，一旦换流阀解锁，即可进行直流输电的状态。在此状态下，不需要投入交流滤波器和无功功率补偿设备，平波电抗器和直流滤波器也没有带电。但是站用电和冷却设备则需要投入，以便使直流系统在必要时可立即投入运行。换流站在热备用状态下的损耗称为热备用损耗，它相当于交流变电所的空载损耗。

换流站的运行总损耗是指换流站在传输功率下的损耗，包括空载损耗和负荷损耗两部分。每个直流输电工程的直流电流都有一个最小值和最大值。换流站的运行总损耗通常在最小直流电流和最大直流电流之间选择若干负荷点计算。在不同的负荷水平下，换流站投入运行的设备可能不同。例如，在轻负荷时投入的交流滤波器组数较少，而到大负荷时投入的组数则需要增多。对于不同的负荷水平，在计算运行总损耗时，只需考虑在该负荷水平下投入运行的设备。运行总损耗减去热备用损耗即为负荷损耗。

第二章

直流控制保护运检技术

| 第一节 |
直流控制保护系统设计特点

1. 直流控制保护系统为何采用分层控制结构？

答：一般来说，复杂的控制系统采用分层结构，可以提高运行的可靠性，使任一控制环节故障所造成的影响和危害程度最小，同时还可以提高运行操作和维护的方便性和灵活性。

2. 特高压直流控制保护系统分层设计应满足哪些原则要求？

答：特高压直流控制保护系统的分层设计应满足以下原则要求：

（1）控制保护以每个 12 脉动换流器单元为基本单元进行配置，各 12 脉动换流器单元的控制功能的实现和保护配置相互独立。

（2）控制保护系统单一元件的故障不能导致直流系统中任何 12 脉动换流器单元退出运行。

（3）在极控制单元故障时，12 脉动控制单元仍然能维持直流系统的当前运行状态继续运行。

（4）任何一极／换流单元的电路故障及测量装置故障，不会通过换流单元间信号交换接口、与其他控制层次的信号交换接口，以及装置电源而影响到另一极或本极另一换流单元。

（5）当一个极／换流单元的装置检修（含退出运行、检修和再投入三个阶段）时，不会对继续运行的另一极或本极另一换流单元的运行方式产生任何限制，也不会导致另一极或本极另一换流单元任何控制模式或功能的失效，不会引起另一极或本极另一换流单元的停运。

3. 特高压直流工程控制保护设备的总体分层结构是怎样的？

答：特高压直流工程控制保护设备总体分层结构为：

（1）与远方调度中心的接口；

（2）运行人员控制系统；

（3）站层控制保护设备；

（4）极层控制保护设备；

（5）阀组层控制保护设备。

 4. 直流控制系统按功能可分为哪几个层级？

答：依据 IEC60633：1998 对直流控制系统的分层结构的定义，换流站内的控制系统按功能分为双极控制层、极控制层和换流器控制层等三个层次。

 5. 换流站控制层设备功能如何配置的？

答：换流站控制层设备的典型功能配置方案为：双极层控制与极层控制系统一体设计，不设置独立的双极控制主机，将无功控制等双极层功能配置在两极的极控主机（PCP）中实现。

双极/极控制主机（PCP）与换流器控制主机（CCP）间主要传递电流指令和控制信号，对直流电流、直流电压、熄弧角等的闭环控制，以及换流器的解、闭锁等功能，布置在换流器控制主机（CCP）里。

 6. 直流保护系统是如何分层的？

答：直流保护系统可分为双极层、极层和换流器层，其层次结构可以概括如下：

（1）每个换流器有独立的保护主机，完成本换流器的所有保护功能（含换流变电气量保护），另由独立的极保护主机完成极、双极部分保护功能（含直流滤波器保护）。

（2）I/O单元按换流器配置，当某一换流器退出运行，只需将对应的保护主机和I/O设备操作至检修状态，就可以针对该换流器做任何操作，而不会对系统运行产生任何影响。

（3）双极保护设置在极一层，无需独立设置。这遵循了高一层次的功能尽量下放到低一层次的设备中实现的原则，提高系统的可靠性，不会因双极保护设备故障时而同时影响两个极的运行。

 7. 站层控制保护设备如何配置？

答：站层控制保护设备主要包括：

（1）交流场测控屏 ACC；

（2）主变压器测控 ATC 屏；

（3）交流场接口屏 ACT；

（4）交流滤波器测控屏 AFC；

（5）交流滤波器保护屏 AFP 及滤波器操作箱屏 AFI；

（6）辅助系统控制主机屏 ASC；

（7）辅助系统接口屏 ASI；

（8）站用电控制主机屏 SPC；

（9）站用电接口屏柜 STV；

（10）谐波监视屏柜 OHM；

（11）通信屏柜 COM；

（12）就地控制屏柜 ALC。

8. 交流场控制主要实现哪些功能?

答：交流场控制功能由 ACC 屏柜实现，一套 ACC 屏柜可以实现对一个 500kV/750kV 完整间隔的监控功能，由两个前后开门的独立单柜组成。ACC 全部采用冗余配置，每个交流串需配置两套共 4 面屏。

在交流场控制上主要实现的功能包括：

（1）所有交流断路器、隔离开关的监视和控制联锁；

（2）交流电流电压的测量；

（3）与保护、故障录波器等的接口；

（4）与交流场设备（包括断路器、隔离开关、测量设备）的接口。

9. 交流滤波器场控制主要实现哪些功能?

答：交流滤波器场的控制功能由 AFC 屏柜实现，一套 AFC 屏柜可以实现对一个大组交流滤波器的接口。由两个前后开门的独立单柜组成。AFC 全部采用冗余配置，每个大组滤波器需配置两套共 4 面屏。在交流滤波器场控制上主要实现的功能包括：

（1）所有交流断路器、隔离开关的监视和控制联锁；

（2）交流电流电压的测量；

（3）与保护装置、故障录波器等的接口。

10. 交流滤波器保护如何配置？

答： 交流滤波器保护按大组配置，每个交流滤波器大组配 2 套保护装置，每套包含母线保护和交流滤波器保护功能，单柜设计（含一台保护单元），故每大组共计 2 面屏柜提供完全双重化的保护。此外，每大组滤波器还需要单独配置操作箱屏，实现与交流滤波器小组断路器的控制接口。

11. 辅助系统控制设备如何配置？

答： ASC 为辅助系统控制主机屏，主要实现与主控楼内需以电气信号（空触点、模拟量等）接入的辅助系统接口，采用前后开门单柜设计。每站 2 面屏。ASI 为辅助系统接口屏。分布于交流小室的 ASI 接入交流场辅助信号，每个交流小室配置一套，冗余 A/B 系统共组一面屏。

12. 站用电控制设备如何配置？

答： 站用电控制主机 SPC 屏配有主控单元，实现站用电系统的控制与监视，采用前后开门单柜设计，冗余系统共 2 面屏。可放置于站及双极控制设备室，也可放置于任意交流小室中。SPT 屏为站用电接口屏，通过光纤接入站用电控制主机 SPC 屏柜。采用前后开门单柜设计，冗余配置。

13. 谐波监视主要作用是什么？

答： 谐波监视屏柜配置一台谐波监视主机和相关 I/O 接口，谐波监视主机不单独采集数据，和其他控制主机通过总线共享数据。该屏柜主要实现各谐波监测点的测量、监视和分析。接地极阻抗监视功能也在本屏柜实现。每站配置 1 面屏。

14. 极层控制保护设备如何配置？

答： 极层控制保护设备主要包括：

（1）极控制主机屏 PCP，每极 2 面；

（2）极保护主机屏 PPR，每极 3 面；

（3）极开关场接口屏 PSI，每极 2 面；

（4）极测量接口屏 PMI，每极 3 面；

（5）本极双极区开关场接口屏 BSI，每极 2 面。

15. 换流器层控制保护设备如何配置?

答: 换流器层控制保护设备主要包括:

(1)换流器控制主机屏 CCP,每个换流器 2 面;

(2)换流器保护主机屏 CPR,每个换流器 3 面;

(3)换流器开关接口屏 CSI,每个换流器 4 面;

(4)换流器测量接口屏 CMI,每个换流器 3 面;

(5)换流变压器非电量接口屏 NEP,每个换流器 3 面;

(6)阀冷却接口屏 VCT,每个换流器 2 面;

(7)辅助系统接口屏 ASI,每个换流器 1 面;

(8)站用电接口屏 AXI,每个换流器 1 面;

(9)通信接口屏 COM,每个换流器 2 面。

16. 特高压直流控制主机的故障等级是如何设置的?

答: 控制主机故障分为轻微故障、严重故障和紧急故障三级故障;典型的轻微故障包括装置单电源故障、单网通信故障;典型的严重故障包括 I/O 节点故障、I/O 双电源故障;典型的紧急故障包括主机板卡故障、阀控单元故障。

17. 直流控制系统切换原则是什么?

答: 系统切换遵循如下原则:在任何时候运行的有效系统应是双重化系统中较为完好的那一重系统。轻微故障是指不会对正常功率输送产生危害的故障,因此轻微故障不会引起任何控制功能的不可用;发生严重故障的系统在另一系统可用(处于 Active 或 Stand by 状态)的情况下应退出运行,若另一系统不可用(不是处于 Active 或 Stand by 状态),则该系统还可继续维持直流系统的运行;发生紧急故障的系统将无法继续控制直流系统的正常运行。当两个系统处于相同故障等级的情况下,系统不发生切换。

18. 运行人员控制系统及远动设备主要有哪些?

答: 运行人员控制系统及远动设备主要包括:

(1)服务器 SCM 屏;

(2)远动 TCWS 屏;

(3)辅助系统规约转换 ASPT 屏;

（4）培训 SIM 屏；

（5）远程监控通信接口 RCM 屏；

（6）控制台设备。

19. 典型特高压换流站工程系统总线与网络类型有哪些？

答： 整个换流站控制保护系统通过系统总线与网络相互连接，完成换流站内主机与主机之间、主机与 I/O 之间数据传输，典型特高压工程中系统总线与网络类型有：

（1）站 LAN 网；

（2）就地控制 LAN 网；

（3）现场控制 LAN 网；

（4）站层控制 LAN 网；

（5）实时控制 LAN 网；

（6）IEC60044-8 总线；

（7）CAN 总线。

20. 站 LAN 网的原理和结构是什么？

答： 全站控制保护系统、运行人员工作站、服务器、远动工作站都采用冗余网口连接到站 LAN 网（SCADALAN），它们都可以以 10/100/1000Mbit/s 可靠运行。站 LAN 网采用星型结构连接，为提高系统可靠性，站 LAN 网设计为完全冗余的 A、B 双重化系统，LAN 网络与交换机均为冗余，单网线或单硬件故障都不会导致系统故障。两底层 OSI 层通过以太网（IEEE 802.3）实现，而传输层协议则采用 TCP/IP。SCADA 服务器通过站 LAN 网接收控制保护装置发送的换流站监视数据及事件 / 报警信息，同时通过站 LAN 网下发运行人员工作站发出的控制指令到相应的控制保护主机。SCADA 功能模块将对接收到的数据进行处理并同步到 SCADA 服务器和各 OWS 上的实时数据库。各控制保护装置之间并不通过站 LAN 网交换信息。即使在站 LAN 网发生故障时，所有控制、保护系统也可以脱离 SCADA 系统而运行。站 LAN 采用冗余的以太网。同时，为了与对站 SCADA 系统进行通信，配置 WAN 网桥通过站间通信的 SCADA 通信通道与对站的站 LAN 网连接。培训网段一般独立，也可以通过防火墙隔离接入站 LAN 网。站 LAN 网络覆盖整个 AC 与 DC 场、换流阀厅与控制大楼，以及站内其他需要的设备或区域。主控楼、辅控楼和各个继电小室都配置有冗余站

LAN 的交换机，继电小室、辅控楼与主控制室之间的级联交换机采用光纤网络联接。

21. 就地控制 LAN 网的基本原理和系统结构是怎样的？

答： 在主控楼设备间和各个继电小室内配置分布式就地控制系统，本室内的控制系统通过独立于站 LAN 的网络接口接入就地控制 LAN 网，与就地控制工作站进行通信。就地工作站与运行人员控制系统的人机操作界面基本一致，就地控制 LAN 网与站 LAN 网完全相互独立。该分布式就地控制系统既能满足小室内就地监视和控制操作的需求，也可以作为站 LAN 网瘫痪时直流控制保护系统的备用控制。同时，就地控制系统提供一种硬切换的方法来实现运行人员控制系统与就地控制系统之间控制位置的转移。

就地控制屏柜 ALC 按交流系统区域配置，每小室一面。交流站控系统的就地运行人员控制系统实现交流场、交流滤波场区域的分别组网就地控制。

直流就地控制屏柜 DLC 按极配置，每站 2 面，柜内配置工控机、交换机、液晶显示器及鼠标键盘，通过就地 LAN 网与本小室内的主控单元连接。直流控制系统的就地运行人员控制系统按极配置，极 1 和极 2 分别组网。

22. 现场控制 LAN 网的系统结构是怎样的？

答： 交流控制主机和 I/O 屏柜采用单网连接；直流控制主机和现场控制 LAN 网交换机双网连接。I/O 屏柜则采用单网连接的方式；直流保护主机和 I/O 采用点对点的连接方式。

冗余的现场总线彼此间完全隔离，分布式 I/O 系统被连接到各自控制柜。切换只在主计算机层产生，分布式 I/O 系统总处于运行状态。

23. IEC60044-8 总线有何特点？

答： PCS-9550 系统中，模拟量采样后通过 IEC60044-8 总线传送到直流控制保护设备中。该总线有如下特点：

（1）IEC60044-8 协议总线用于传输模拟量，是点对点通信，不分层。控制保护系统中的 IEC60044-8 总线是单向总线类型，用于高速传输测量信号。两个数字处理器的端口按点对点的方式联接（DSP-DSP 联接）。

（2）IEC60044-8 标准总线具有传输数据量大、延时短和无偏差的特点，对于利用大量实时数据来实现 HVDC 控制保护功能来说是必需的。

（3）IEC60044-8 总线的传输速率是 10MHz（时钟频率）。

（4）IEC60044-8 总线采用双重化实现冗余。

24. CAN 总线的基本原理是什么？

答： CAN（controller area network）总线是现场总线的一种，用于传递系统状态与控制命令，如开关位置、开关分合命令等。CAN 总线是国际标准总线，在特高压换流站工程中，CAN 总线主要用于主机单元与同一屏柜内 I/O 机箱间的连接通信，它们之间通过屏蔽双绞线进行连接。

25. 什么情况下采用降压运行方式？

答： 降压运行方式主要用于当直流线路绝缘能力降低，不能经受全压运行的情况。通常情况下由运行人员手动从工作站发出降压运行指令启动，也可以由直流线路保护自动启动。

26. 高压直流输电自由控制量有哪几个？

答： 高压直流输电自由控制量有两个，即触发角和交流电压。

27. 换流站对时系统如何配置？

答： 换流站主时钟系统采用冗余配置，接收全球定位系统 GPS 或北斗卫星系统的时间信号。主时钟系统提供网络时间服务器 NTS 并接入站 LAN 网，SCADA 服务器、远动工作站、告警图形网关工作站和各类工作站等都安装相应的对时应用软件，并作为客户端采用网络时间协议（NTP）进行对时。

直流控制保护系统及其 I/O 系统通过 IRIG-B 接收完整的时间信息并对时，直流控制保护主机采用双绞线接收主时钟系统提供的 IRIG-B 对时信号，I/O 系统通过光纤接收主时钟系统提供的 IRIG-B 对时信号，规约转换装置采用双绞线接收主时钟系统提供的 IRIG-B 对时信号。

28. 直流控制系统和保护系统是如何配合的？

答：（1）当直流系统稳态无故障运行时，直流控制系统负责将整流侧功率维持稳定向逆变侧输送。直流保护系统则不间断地对直流输电系统的各项模拟量、开关量状态进行保护逻辑运算、判断。

（2）当直流系统出现故障后，保护系统负责完成故障判断，当满足保护动作条件后，一方面将保护装置动作状态信号送往直流控制系统，另一方面触发对交、直流开关（视保护动作类型而定）的动作命令，直流控制系统根据保护双重化或三取二配置形成最终保护动作信号，触发不同类型的闭锁时序（常规闭锁方式如 X、Y、Z 闭锁），最终完成直流安全平稳停运。

（3）当直流运行时，直流控制系统与保护系统实时通信，交互必需的模拟及数字信号，并相互监视彼此的运行状态。在直流控制与保护系统通信全部失去情况下，直流控制系统将会产生紧急故障，立即闭锁直流。

| 第二节 |
站控系统

1. 什么是主控站?

答：直流系统分为整流站和逆变站，两者通过通信传送大量直流系统的数据以配合控制直流系统，如控制模式、直流功率定值等，此时控制级别可以分为系统级和站控级。在系统极下，两站可以分为主控站和从控站，控制级别控制在两站互相切换。在主控站的换流站可以进行系统级别的操作，如设置功率设定值、电流设定值、闭锁 / 解锁操作、在线金属回线与大地回线的转换。

2. 直流站控系统的主要功能是什么?

答：直流站控执行各自站级以及需与对站配合完成的典型高压直流控制功能，控制范围为：

（1）对高压直流场设备、直流线路、接地极线路的控制和监视；

（2）对换流站无功设备、交流母线电压的控制和监视。

3. 站控系统的配置原则有哪些?

答：（1）采用分散式结构，按面向物理对象的原则进行各站控子系统的设置，不同子系统之间尽可能少地交换信息，某一对象异常不影响其他对象功能的正确运行。

（2）采用分布式 I/O 系统，I/O 采用按对象设计的原则，即关闭某一对象相关 I/O 的电源不影响系统及其他对象的运行；双极 I/O 完全独立设计，关闭另一极 I/O 不会影响本极控制系统的运行。

（3）采用标准总线 CAN 和 TDM。通信介质采用光纤，提高系统抗干扰能力。CAN 总线用于信号量及控制命令的传输，TDM 总线用于电压和电流信号的传输。

（4）站控系统从 I/O 接口至系统主机整个环节均采用完全双重化设计，双重化设计确保不会因为任一系统的单重故障而发生停运，也不会因为单重故障而失去对换流站的监视。

（5）站控系统具有完整的自身内部监视和自诊断能力，以便在故障时容易定位问题所在；站控系统具有足够高的可靠性、可用率和可维护性。

4. 站层控制保护设备有哪些?

答：站层控制保护设备主要包括交流场控制 ACC、交流滤波器控制 AFC、站用电控制 SPC、辅助系统控制 ASC。

5. 运行人员控制系统主要包含哪些设备?

答：运行人员控制系统设备主要包括服务器 SCM 屏、辅助系统规约转换 ASPT、培训 SIM 屏、远程监控通信接口 RCM 屏、控制台设备（包括工作站、打印机等）。

6. 站控监控系统包含哪些监控功能?

答：几乎所有在运行人员控制系统（OWS）上所监视的信号，都是在站控系统内完成信号采集、汇总和上传工作的，主要包含以下几个方面：

（1）所有控制操作指令；

（2）全站所有一次设备的运行状态（如交 / 直流断路器、隔离开关的分 / 合，换流变压器的油温、绕组温度、分接头位置等）；

（3）全站所有一次系统回路的运行参数（如电压、电流、功率等）；

（4）换流站辅助系统（站用电、阀冷却、消防、空调等系统）的运行状态和运行参数；站控系统内部所产生的事件（包括告警和故障）；

（5）在线谐波监视检测的结果；

（6）站控系统自身的运行状态（如主、备投入状态等）。

7. 直流顺序控制的控制目标是什么?

答: 直流顺序控制的控制目标包括:

(1)实现直流系统的平稳启动和停运;

(2)实现直流系统各运行状态之间的平稳转换;

(3)实现安全可靠地操作断路器、隔离开关和接地开关;

(4)实现安全可靠的控制模式或运行方式转换。

 8. 极顺序控制包含哪些内容?

答: 极顺序主要处理极一层的顺序操作,主要包括模式转换、两站间的启停协调等,通常包括以下内容:

(1)极连接/隔高;

(2)极启动/停运;

(3)功率/电流模式控制;

(4)正常/反向功率方向;

(5)正常/降低直流电压;

(6)连接/隔离直流滤波器;

(7)空载加压试验;

(8)极隔离并接地/极不接地;

(9)阀厅钥匙联锁;

(10)阀厅接地开关顺序控制;

(11)准备充电顺序;

(12)充电/断电;

(13)准备运行顺序。

9. 直流站控自动顺序配置时有何要求?

答: 直流站控进行自动顺序配置时,必须满足以下要求:

(1)直流站控在自动方式以及与远方站的通信正常;

(2)用于直流站控屏柜的信号指示开关已经合上;

(3)没有任何正在执行的操作顺序;

(4)之前的顺序故障已经清楚并且确认。

10. 交流设备与直流设备的联锁有哪些区别？

答： 交流设备的联锁条件主要以电力系统"五防"为标准。直流设备的联锁是以直流系统特有的运行状态和接线方式为主，并结合电力系统的"五防"为标准。

 11. 直流输电系统的控制级别有哪些？如何实现控制级别的转换？

答： 直流输电系统的控制级别有站控级和系统级两种，在站控级下，本站只能对本站的高压设备进行控制，由整流站调整直流输送功率，如需进行涉及整个直流系统的操作，如解锁、金属回线 / 大地回线转换必须与对站配合；在系统级下，主站则能进行涉及整个直流系统的操作，如解锁、金属回线 / 大地回线转换只需由主站完成即可，由主站调整直流输送功率。

控制级别的转换由直流站控系统控制。运行人员可在工作站上选择站控级或者系统级。

 12. 换流站运行有哪些基本控制模式？

答： 换流站运行在以下基本控制模式：

（1）双极功率控制模式；

（2）单极功率控制模式；

（3）单极电流控制模式。

 13. 哪些因素会影响母线电压和无功？

答： 换流站内，影响母线电压和无功的因素有：

（1）连接的交流滤波器（或可用的交流滤波器）及电容器小组；

（2）换流器消耗的无功。

 14. 无功控制 RPC 的主要控制目标是什么？

答：（1）满足换流器消耗无功功率需要，使直流系统与交流系统交换的无功功率为设定值；

（2）满足谐波滤波需要，使直流系统注入交流的谐波达到允许范围；

（3）控制交流电压在设定值。

15. 直流站控进行无功控制的方法有哪些?

答：直流站控通过投切交流滤波器和电容器小组来满足设定的无功范围，其无功控制主要有两种控制模式，即定无功功率控制和定交流母线电压控制。

16. 无功控制中交流滤波器自动投退的原则是什么?

答：按优先级由高到低排序为：Abs Min Filer（绝对最小滤波器控制）；U_{max}/U_{min}（最高/最低电压限制）；Q_{max}（最大无功交换限制）；Min Filter（最小滤波器控制）；$Q_{control}/U_{control}$（无功功率交换/电压控制）。

17. 同类型的小组交流滤波器投切原则是什么?

答：由于直流系统需要频繁调整负荷，交流滤波器的投切也变得非常频繁。为使各断路器投切的频率大致相等，同时使小组中的电容器、电阻器、电抗器受到的应力大致平衡，对于每一种类型的小组滤波器或电容器，投切的原则是"先投、后退"。

18. 母线电压控制的判据是什么?

答：在电压控制中，为进行交流电压控制，测量母线电压 U。高设定值 U_{max_UMIT} 和低设定值 U_{min_UMIT} 将在运行人员工作站调整。当 $U < U_{min\_UMIT}$，延时一定时间后，投入滤波器或电容器组。当 $U > U_{max\_UMIT}$，延时一定时间后，切除滤波器或电容器组。

19. 部分小组交流滤波器不可用，对直流系统有何影响?

答：直流系统将会根据负荷对无功功率的要求和对谐波的要求而确定正常运行时的滤波器小组数，如果由于滤波器小组不可用，不能满足正常运行负荷所要求的无功功率和谐波，将会发出"电流限制"的告警信号，这个告警信号将在一定延时之后会将降低电流的信号送到极控，极控收到信号后将会执行降低单极或双极传输功率。

20. 极层顺序控制主要内容有哪些?

答：（1）换流极连接/隔离；

（2）极/双极启动/停运；

（3）功率/电流模式控制；

（4）正常 / 反向功率方向；

（5）正常 / 降低直流电压；

（6）大地 / 金属回线转换；

（7）连接 / 隔离直流滤波器；

（8）空载加压试验。

 21. 换流器层顺序控制主要内容有哪些?

答：（1）换流器接地 / 不接地；

（2）换流器充电 / 断电；

（3）换流器连接 / 隔离；

（4）换流器投入 / 退出。

 22. 换流站的全压模式和降压模式有何要求?

答：高压直流输电系统既可以在正常直流电压模式下运行，也可以在降低直流电压模式下运行，直流电压最低可以运行在额定值的 70%。

一般当直流输电设备无法承受正常的电压时，采用降低直流电压的运行模式。降压运行既可由运行人员启动，也可由保护启动。

全压运行只能由运行人员启动。联合控制下的全压 / 降压的手动切换在主控站发出，由相应的顺序程序自动完成两站间的协调。

独立控制下，电压模式切换命令只会影响本站，必须由运行人员人为协调两站。

 23. 电流 / 功率控制 PPC 的主要目的和特点是什么?

答：功率 / 电流模式控制系统的主要目的是在交流和直流扰动下仍保持本极直流输送功率或直流电流恒定。功率控制以运行人员或自动功率曲线整定的功率参考值为目标，电流控制以运行人员整定的电流参考值为目标。

 24. 双极功率控制有哪两种模式?

答：双极功率控制有手动模式和自动模式两种模式，手动模式由运行人员输入双极功率参考值，自动模式按实现指定的自动功率曲线运行。

25. 直流站控系统 LAN 网的作用是什么？

答： 直流站控系统 LAN 网是用来与下列系统通信的：

（1）AC/DC 工作站，Operator 工作站，远方工作站；

（2）交流站控系统；

（3）极控系统；

（4）RCI（远程控制接口）；

（5）主时钟；

（6）对站直流站控系统。

26. 直流站控系统 FieldBus 的作用是什么？

答： 直流站控系统 FieldBus 用于连接各继电器室的交流滤波器 I/O 设备和主控楼的主控制器，主要传输事件记录、命令和校验信号等。通过直流站控系统交流滤波器现场总线，直流站控完成对直流开关场高压设备（如断路器、隔离开关、接地开关）的控制和监视以及实现对换流站无功设备的控制和监视。

27. 直流与远方站的通信故障对直流站控有何影响？

答： 如果与远方站的通信故障，远方站将显示为不定义的状态，同时，直流站控将会送一个通信故障信号到极控，这个信号会闭锁极控中的相关功能。

| 第三节 |
直流极控系统

1. 直流输电系统的分层结构是指什么？

答： 直流控制系统的分层结构是指在控制功能上将直流输电换流站和直流输电线路的全部控制功能按等级分为若干层次。

2. 直流极控系统主要负责哪个层次？

答： 直流极控主要负责完成双极层、极层和换流器层功能。

3. 什么是换流变压器分接头定电压控制?

答: 分接头定电压控制是通过调整换流变压器分接头位置,把直流线路电压控制在指定范围内的控制方式。

4. 直流极控系统双极层的主要功能有哪些?

答: 双极层接功率指令,并根据两个极的实际运行工况,计算本极电流指令。通常,双极电流应达到平衡以减少接地极电流。但如果某一极的功率传输受到限制,双极的电流指令也可以不相等,以维持恒定的功率传输。

5. 直流极控系统极层的主要功能有哪些?

答: 极层接收到电流指令,经过本层的控制及限制功能后,再输出电流指令至换流器层,此外,极层还负责分接头的闭环控制功能。

6. 极控系统切换逻辑的主要功能有哪些?

答: 当极控系统以及相应的 VBE(阀基电子设备)检测到故障后,切换逻辑会自动启动,切换到备用系统。如果备用系统也发生故障,切换逻辑则会启动跳闸命令将换流器紧急停机。

7. 极控系统切换逻辑有哪些运行模式?

答: 切换逻辑有两种运行模式,一种是自动系统选择模式,另一种是手动模式。

8. 什么是直流功率控制模式?

答: 直流功率控制模式是指控制器按照给定的双极功率进行调节,并按两个极的直流电压将直流电流分配给各个极。

9. 什么是直流电流控制模式?

答: 直流电流控制模式的功能仅与极控相关,可以独立设置极的电流指令与极电流的升降率。

10. 什么是电流指令设定功能?

答: 每一极从功率指令计数器输出双极功率指令至电流指令计算器,双极功率指令除以双极直流电压得到当前的电流指令，该指令同时保证不平衡电流最小。

11. 什么是极间功率转移？

答：双极运行时，当一个极由于某种原因受到限制，则另一个极将增大直流输送功率，以维持双极输送功率恒定。

12. 什么是电流平衡控制？

答：电流平衡控制用于平衡两个极的实际直流电流，并补偿各级极电流指令的累计误差。

13. 什么是电流裕度补偿？

答：电流裕度补偿功能指在整流侧受到限制，而逆变侧进行定电流控制时，维持电流恒定的功能。

14. 什么是极电流指令配合？

答：极电流指令配合是指根据对站传送过来的电流指令和本站计算的电流指令，来决定最终的电流指令。

15. 什么是低电压限流？

答：低电压限流是指在某些故障发生时，当发现直流电压低于某一定值时，自动降低直流电流调节器的整定值，待直流电压恢复后，再自动恢复整定值的控制功能。

16. 什么是空载加压试验？

答：空载加压试验指换流器处于闭锁状态，且对侧直流线路开路，此时不断提高直流电压测试直流线路的绝缘强度的一种接线方式。

17. 什么是解锁顺序？

答：解锁顺序是 VBE 将向阀发触发脉冲，相对应的，对侧站此时已准备导通电流并维持电压恒定的一种直流自动顺序控制。

18. 什么是闭锁顺序?

答:闭锁顺序是指当极处于闭锁状态时,换流器仍与直流线路及交流系统相连,但此时没有触发脉冲给晶闸管阀,也没有直流电流和直流电压的一种自动顺序控制。

19. 极控系统直流电流控制的基本原理是什么?

答:直流电流控制又称定电流控制,它可以控制直流输电的稳态运行电流,并控制直流输送功率,由此实现各种直流功率调制功能,以改善交流系统的运行性能。当系统发生故障时,它又能快速限制暂态故障电流值以保护阀和其他设备。

20. 极有哪几种状态?

答:极有接地、停运、备用、闭锁、解锁及空载加压等状态。

21. 极控系统顺序控制的主要功能有哪些?

答:启停顺序完成换流站的启动和停止。极控启停顺序可以实现每个极所有设备的正确投切,并对各种设备状态进行监视。双极闭锁或解锁时,在两个极同步执行各种操作,本站与对站各极的启停顺序相同。

22. 极控系统换流器层主要包括哪些功能块?

答:极控系统中换流器层主要包括换流器控制功能块 [直流电压基值整定、整流器电压计算、直流电压控制、低电压电流限值(VDCL)、直流电流控制、电流误差控制、熄弧角控制],换流器级顺序功能块(解锁 / 闭锁顺序、ESOF 顺序、直流线路故障恢复顺序)等功能块。

23. 低电压限流 VDCL 的作用是什么?

答:(1)交流网扰动后,提高交流系统的电压稳定性;

(2)帮助直流系统在交直流故障后可以快速可控地恢复;

(3)避免连续换相失败而引起的阀应力。

24. 直流线路再启动功能的作用是什么?

答:极控系统中的再启动功能的作用是在直流线路故障后,恢复其运行。当直流线路故障时，极控将在一个去游离时间后尝试恢复功率传输，其作用与交流系统中的线路重合闸功能一样。

25. 极控系统中紧急停机顺序是怎样的?

答：紧急停机顺序主要用于严重故障，需要以最快速度将断路器跳闸，使交流系统与直流系统隔离的情况。ESOF（直流紧急停运程序）启动后，极控将直流系统隔离，同时发出跳闸命令到直流保护，由直流保护将交流断路器跳开，使交流系统隔离。

| 第四节 |
直流保护系统

1. 什么是直流保护系统?

答：针对高压直流输电系统、设备的不同故障类型、不同设备分区所配备的，具有实时检测设备上的电压、电流、频率等数据量，并按照设定的保护定值进行计算和判断故障类型，可靠、快速、有选择地切除故障电流、危险电压的直流继电保护硬件和软件系统，称为直流保护系统。

2. 配置直流保护的意义是什么?

答：高压直流设备承受着超高电压、强大电流、所连接的交流系统故障、天气环境、雷电等应力的影响，因此设备寿命及绝缘水平都是有限的，不可避免会发生故障。为了避免直流设备遭受严重破坏，必须依靠直流保护，迅速、可靠、有选择地切除故障，从而保证高压直流输电系统的安全稳定运行。

3. 直流保护系统的保护对象有哪些?

答：高压直流保护系统保护对象有换流器、换流变压器、直流母线、直流线路、接地极线路、交流滤波器、直流滤波器以及平波电抗器等所有直流设备及相关交流设备。

4. 直流保护系统的主要作用是什么?

答：高压直流保护系统的主要作用是采集直流侧的电压、电流、触发角等控制量，在高压直流系统或设备出现各种不同类型故障的情况下，按照一定的逻辑计算所采集的参数，并按设定的动作定值出口，能快速、可靠、有选择地切除故障，保护高压直流设备、减少设备故障及降低异常运行方式对电网安全稳定运行的影响。

5. 直流保护系统的特点有哪些?

答：（1）采用多处理器技术，实现了微机化。具有集成度高、判断准确、软件和定值便于修改、经济性好等特点。

（2）与直流控制系统关系密切。直流控制和保护系统配合密切，既能快速抑制故障的发展，迅速切除故障，又能在故障消除后快速恢复直流系统的运行。

（3）多重保护系统冗余配置。

6. 高压直流保护的设计原则有哪些?

答：（1）直流保护系统应针对所有可能的故障，配置完善的保护功能；

（2）直流保护独立于其他的设备，在物理上和电气上独立于控制系统；

（3）采用完全冗余设计，各冗余系统同时运行；

（4）不同的保护区域互相重叠，不允许存在保护死区；

（5）直流保护应具有高度的安全性，具有完善的自检功能；

（6）直流保护不应依赖于两换流站之间的通信系统；

（7）直流保护与极控系统之间应正确地协调配合。

7. 直流保护系统的配置方式有哪几种?

答：由于高压直流保护系统使用了大量的电子元件，容易发生故障，且一套设备不能保证系统长期运行所要求的可靠性，因此需要冗余配置。其配置方式有"三取二"配置、"四取二"配置。在一些特殊情况下，直流保护系统会出现"二取二"配置、"二取一"配置。

8. 什么是直流保护的"三取二"配置?

答："三取二"配置方式是通过三套硬件和电源独立的，功能完全相同的保护通道，采用"三选二"方式来进行保护出口。即三套冗余的直流保护系统同时采集各点数据量，只有三套中的两套以上同时出口，直流保护指令才发出到相应回路。在一套保护故障时，剩下的两个通道能自动变成"二取一"。保护输出逻辑电路在硬件上应与保护设备分开，并采取冗余措施。

 9. 直流保护系统采用"三取二"配置有何优点？

答："三取二"方式的误动率和拒动率都较低，相对于"四取二"配置低一个数量级，能保证在一个测量系统故障时不会导致高压直流系统的不必要中断。

 10. 直流保护系统采用"三取二"配置有何缺点？

答："三取二"配置的缺点为：保护实现复杂，逻辑判断回路的可靠性是瓶颈，且依靠外部保护的动作行为，每一套保护不独立，实际设备很难维护，保护拒动的可能性增大，不易实现高速的保护。

 11. 什么是直流保护的"四取二"配置？

答："四取二"配置是结合直流换流器控制系统的冗余通道切换组成的，每个换流器控制通道有两套功能不相同的直流保护处理器，安置在一个设备柜中。一个保护功能动作时，先启动换流器控制通道切换。此时如果另一换流器控制通道的保护也动作，则执行紧急停运。

 12. 直流保护系统采用"四取二"配置有何优点？

答：两套主系统中的任何一套都由两个主机构成，每一套保护独立，自身采取措施保证单一元件损坏本套保护不误动，保证安全性；两套保护同时运行，任意一套动作即可出口，保证可靠性，每套保护的防误不依赖于它套保护，使设备之间关系简单，易维护。

 13. 直流保护系统采用"四取二"配置有何缺点？

答：由于同一设备柜的两套保护功能不完全相同，而且采用同一个电源供电，实际可以看作"二取二"。这不能很好地防止因保护设备故障而造成的拒动，需要保护装置有很好的自检功能。另外，当任何一套保护中的阀短路保护或换流变压器保护动作时，为了快速停运直流，不经过控制通道切换就立即出口，这样保护系统就相当于失去了冗余，若此时保护装置本身故障，可能造成直流系统停运。

 14. 直流保护系统"三取二"配置如何实现?

答： "三取二"配置就是三重化的保护在三个不同的保护屏中实现，三个系统实现同样的保护功能，各个系统从单独的电流互感器线圈和单独的传感器得到信号，从而得到直流实际测量值。一个保护系统中包含主保护和辅助保护，在三个通道中至少两个启动了保护跳闸，直流保护系统才最后启动跳闸。

 15. 直流保护系统的保护策略有哪些?

答： 高压直流输电保护系统保护策略主要有：

（1）闭锁触发脉冲；

（2）ESOF（紧急停运）；

（3）直流线路故障再启动；

（4）换相失败恢复；

（5）降电流；

（6）投旁通对禁止投旁通对；

（7）切换极控系统；

（8）直流开关动作。

 16. 直流保护系统闭锁触发脉冲的过程如何实现?

答： 当极的电压、电流在闭锁以后能恢复正常，便启动极控中的闭锁顺序。只有当闭锁不能消除故障时，才会启动 ESOF 顺序，跳开交流侧的开关，隔离相应极的一种方法是闭锁触发脉冲是通过发令至 VBE，直接闭锁触发脉冲；另一种是发令到极控，进行紧急移相后闭锁脉冲。

 17. 直流保护换相失败恢复的过程如何实现?

答： 换相失败恢复策略主要用于逆变器换相失败后恢复。对于一次换相失败，保护不用采取策略，就能自动恢复；对于多次换相失败，总延时可以达到保护定值。此时，保护正确动作降低电流，电流的降低，会大大减小逆变器换相失败的概率。如果换相失败是由于交流电压下降引起的，保护Ⅰ段动作降低电流后仍不能恢复正常，则

Ⅱ段动作后延时增加到 1s，这样可以防止直流停运且便于直流的恢复。

 18. 直流保护降电流保护策略的过程如何实现？

答： 降电流保护策略应用于交流滤波器配置不足和换相失败保护等。交流滤波器不可用将导致直流输送功率受限，甚至直流停运。降低直流电流，能加速换相失败的恢复，减少换流器差动保护的误动。

 19. 高压直流开关保护有哪些特点？

答： 直流开关动作主要是在接线方式转换和接地极过电压保护中使用。当直流系统接线方式由大地回线方式和金属回线方式相互转换时，要分合金属转换开关、金属返回开关。此时收到指令合上的开关，将闭锁另一个开关。由于开关所具有的断流能力有限，当开关不能完全开断运行电流时，应重合开关，以免造成开关损坏。

 20. 阀不开通时会出现哪些情况？

答： 阀不开通故障是由于触发脉冲丢失，或门极控制回路的故障所引起的。整流侧发生不开通时，整流器形成旁路，直流电压下降。直流电压变化，直流电流也随之变化。直流电压中出现工频分量，可能引起设备的工频谐振。对于逆变器，不开通使先前导通的阀继续导通，与换相失败相似。不开通的特征为：整流侧，直流电压和电流下降；逆变侧，直流电压下降，直流电流上升。

 21. 阀误开通时会出现哪些情况？

答： 整流器在阀关断期间，大部分时间承受反向电压，反向击穿或误开通的概率较小，即使发生误开通也仅相当于提早开通，对正常运行影响不大。整流侧发生误开通时，直流电压会稍有上升。对于逆变侧，阀在关断期间大部分时间承受正向电压，如出现过电压、阀控制触发回路故障或电压上升率过快，则可能造成阀的误开通。逆变器的误开通故障和一次换相失败相似，只要加以控制，便可能恢复正常。误开通的特征是：整流侧，电压、电流稍有上升；逆变侧，直流电压下降或换相失败，直流电流增加。

 22. 什么是换相失败？

答： 在两个桥臂之间换相结束后，刚退出导通的阀在反向电压作用的时间内，如果未能恢复阻断能力，或者在反向电压期间换相过程一直未进行完毕，此时当阀电压转变为正向，那么被换相的阀都将向原来预定退出导通的阀倒换相，称为换相失败。

23. 高压直流逆变器换相失败的特征有哪些？

答：（1）关断的时间小于换流阀恢复阻断能力的时间；

（2）6脉动逆变器的直流电压在一定时间内降到零；

（3）直流电流短时增大；

（4）交流侧短时开路，电流减小；

（5）基波分量在直流侧出现；

（6）换流变压器持续流过直流电流而产生偏磁。

24. 高压直流线路可能出现的故障有哪些？

答：（1）直流线路对地短路；

（2）直流线路间短路；

（3）直流线路开路；

（4）直流线路掉线；

（5）直流线路与交流线路碰线；

（6）直流线路高阻接地。

25. 换流站交流侧可能出现的故障有哪些？

答：（1）换流变压器及其辅助设备故障；

（2）换流站交流侧三相接地故障；

（3）换流站交流侧单相接地故障；

（4）交流滤波器故障；

（5）站用电系统故障。

第三章

换流变压器运检技术

| 第一节 |
换流变压器设计特点

1. 换流变压器的基本原理是什么?

答：换流变压器由铁芯、一次绕组和二次绕组等组成，当在一次绕组上加交流电压时，铁芯中产生交变磁通，交变磁通在一、二次绕组中的感应电动势与在单匝线圈上的感应电动势大小相同，但由于一、二次侧绕组的匝数不同，其感应电动势的大小就不同，从而实现变压的目的。一、二次侧感应电动势之比等于一、二次侧绕组匝数之比。

当二次侧接负载时，二次侧电流产生磁动势。由于外加电压不变，主磁通不变，在一次侧增加电流可使磁动势达到平衡，这样，一次侧和二次侧通过电磁感应实现了能量传递。

2. 换流变压器与普通变压器的区别有哪些?

答：换流变压器利用交流侧与直流侧的磁耦合传送功率，实现交流系统和直流系统的电气绝缘和隔离。在物理结构上，换流变压器和普通变压器基本相同，但是由于换流变压器的运行与换流器的换相所造成的非线性密切相关，所以在绝缘、漏抗、谐波、有载调压、直流偏磁和试验等电气特性上与普通变压器有很大的不同。

3. 换流变压器有哪些重要参数?

答：换流变压器的重要参数主要包括额定容量、绕组的额定电压、额定电压比、绝缘水平、空载损耗及空载电流、负载损耗和短路阻抗、总损耗、绕组连接组标号、零序阻抗、绕组温升等。

4. 换流变压器的额定容量是指什么?

答：换流变压器的额定容量用以表征换流变压器所能传输能量的大小，以视在功率表示。双绕组变压器的额定容量即绕组的额定容量。

5. 换流变压器一般包括哪些主要部分?

答：换流变压器一般包括铁芯、绕组、油箱、绝缘套管、有载分接开关和冷却系统等主要部分。

6. 换流变压器的组件包括哪几方面?

答：换流变压器的组件包括如下方面：

（1）对换流变压器运行起到安全保护的组件，主要包括气体继电器、油温绕温表、油位计、压力继电器、六氟化硫密度继电器、压力释放阀等；

（2）油保护装置，主要包括储油箱、呼吸器等；

（3）冷却装置，主要包括散热器、风冷却器等；

（4）各类绝缘套管，包括阀侧套管、网侧套管、中性点套管等；

（5）调压装置即分接开关，主要包括油浸式分接开关或真空型分接开关等。

7. 换流变压器型号 ZZDFPZ-378600/500-400 代表什么意义?

答：第一个 Z 表示直流，第二个 Z 表示自耦，D 表示单相，F 表示风冷，P 表示强迫油循环，Z 表示有载调压，378600 表示容量为 378600kVA，500 表示交流侧额定电压为 500kV，400 表示直流侧额定电压为 400kV。

8. 换流变压器有哪些特点?

答：（1）短路阻抗大。为了限制阀臂或直流母线短路造成的短路电流，以免损坏换流阀的晶闸管器件，换流变压器应具有足够大的短路阻抗。但短路阻抗也应适当，不能太大，否则会使换流器正常运行时所吸收的无功功率增加，导致换相压降过大，增加无功补偿设备容量。换流变压器的短路阻抗百分数通常为 12% ~ 18%。

（2）绝缘要求高。换流变压器阀侧绕组同时承受交流电压和直流电压，因此换流变压器的阀侧绕组除了承受正常交流电压产生的应力外，还要承受直流电压产生的应力。此外，直流全压启动和极性反转等都会使换流变压器的绝缘结构远比普通变压器复杂。

（3）噪声大。换流器产生的交流谐波全部会流过换流变压器，这些谐波频率低、容量大，导致换流变压器磁滞伸缩而产生噪声，且这些噪声一般处于人的听觉比较灵敏的频带，故换流变压器外一般设置降噪板，以减弱换流变压器产生的可听噪声。但近年因消防隐患，各站已将这些降噪板逐渐拆除。

（4）损耗高。大量谐波流过换流变压器，使得变压器的漏磁增加，杂散损耗加大，有时会让换流变压器的某些金属部件及油箱局部过热。

（5）有载调压范围宽。换流变压器一般采用有载调压式，将换流器触发角控制在适当的范围内以保证直流输电运行的安全性和经济性，同时满足换流变压器交流母线电压变化要求。换流变压器有载调压分接开关的调压范围很宽，高达 20%~30%。

（6）直流偏磁严重。运行中由于交直流线路的耦合、换流阀触发延迟角的不平衡、接地极电位的升高以及换流变压器网侧存在二次谐波等原因，将导致换流变压器阀侧及网侧绕组的电流中产生直流分量，使得换流变压器产生直流偏磁现象，导致换流变压器损耗、温升及噪声都有所增加。

（7）试验复杂。换流变压器除要进行与普通变压器一样的型式试验和例行试验之外，还要进行直流方面试验，如直流电压试验、直流电压局部放电试验、直流电压极性反转试验等。

9. 换流变压器有哪些主要功能？

答：（1）实现交、直流系统的电气隔离，参与交流电与直流电之间的相互交换。

（2）实现高、低电压变换。

（3）抑制直流故障电流。换流变压器的漏抗限制了阀臂短路和直流母线短路时的故障电流，能有效保护换流阀。

（4）减少换流器注入交流系统的谐波。换流变压器的漏抗对换流器产生的谐波电流具有一定的抑制作用。

（5）削弱交流系统入侵直流系统的过电压。

10. 换流变压器有哪些结构类型？

答：换流变压器有即三相三绕组式、三相双绕组式、单相双绕组式和单相三绕组式四种结构类型。换流变压器具体采用何种结构类型，应综合考虑换流变压器容量、换流变压器交/直流侧的系统电压要求以及换流站的布置等现场因素。其具体结构类型示意见图3-1。

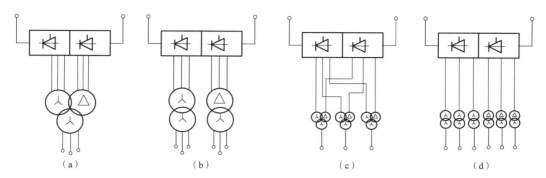

图 3-1 换流变压器结构类型示意

（a）三相三绕组；（b）三相双绕组；（c）单相三绕组；（d）单相双绕组

 11. 换流变压器接入阀厅的方式有哪些?

答：换流变压器通常为户外式设备，而换流阀通常布置于阀厅内。换流变压器靠近阀厅布置，能够缩短换流变压器阀侧套管与阀厅之间的引线长度，减少换流变压器阀侧由于绝缘污秽所引起的闪络事故。

换流变压器接入阀厅的方式有如下三种：

（1）换流变压器单边插入阀厅布置。适用于各种换流变压器类型。

1）优点如下：

a）可以利用阀厅内良好的运行环境来减小换流变压器阀侧套管的爬距；

b）可以防止换流变压器阀侧套管的不均匀湿闪；

c）可以省掉从换流变压器至阀厅电气引线的单独穿墙套管。

2）缺点如下：

a）阀厅面积显著增大，增加了阀厅及其附属设施的造价及年运行费用；

b）增加了换流变压器的制造难度；

c）换流变压器的运行维护条件较差；

d）更换备用换流变压器极其不方便。

（2）换流变压器双边插入阀厅布置。优缺点与单边插入阀厅布置相似，同时还存在交流场布置和引线复杂化、换流站总占地面积增加等缺点，适用于每极由两组 12 脉动的换流单元。

（3）换流变压器脱开阀厅布置。优缺点与单边插入阀厅布置相反，适用于各种换流变压器类型。

12. 换流变压器在运行中有哪些损耗？

答： 换流变压器运行时的损耗主要是铁损和铜损。铁损大小与外施电压有关，与负荷大小无关，只要外施电压不变，无论空载还是满载，可以认为铁损不变。铜损大小与绕组中流过的电流大小有关，即随负荷大小的变化而变化，额定负荷时，换流变压器的铜损可近似等于负荷损耗。

13. 换流变压器运行时的噪声的主要来源是什么？

答：（1）硅钢片的磁滞伸缩引起的铁芯振动；

（2）硅钢片接缝处和叠片间因磁通穿过片间而产生的电磁力引起的铁芯振动；

（3）负载电流通过绕组时因漏磁通在绕组导体间产生电磁力引起的绕组振动；

（4）漏磁通引起或传递导致油箱结构件的振动等。

14. 什么是绝缘配合？

答： 绝缘配合是指依据设备所在系统中出现的正常工作电压或过电压情况，并考虑保护装置和设备绝缘特性来确定设备必要的耐电强度，以便把作用于设备上的各种电压所引起的设备绝缘损坏和影响连续运行的概率降低到经济上和运行上能接受水平的方法。

15. 换流变压器一般采用什么接线方式？

答： 换流变压器网侧绕组均为星形联接；阀侧绕组：三台星形绕组均为星形联接，三台角形绕组为三角形联接，使两个 6 脉动换流桥阀侧电压彼此保持 30° 的相角差。

16. 什么是换流变压器的有载调压？

答： 换流变压器的有载调压是指在不切断负荷电流的情况下，利用有载分接开关变换某一侧绕组分接头，从而改变高、低绕组匝数比进行调压的方法。

17. 换流变压器有载分接开关的基本原理是什么？

答： 有载分接开关是在不切断负荷电流的情况下，切换绕组分接头的位置，在切换的瞬间需要同时连接两个分接头。相邻分接头间一个级电压被短路后，会产生一个很大的循环电流，为了限制循环电流，在切换的过程中必须串入一个过渡电阻，通常称为接入电阻，其阻值应能满足把循环电流限制在允许的范围内。因此，有载分接开关的基本原理概括起来就是采用过渡电阻限制循环电流，达到切换分接头而不切断负载电流的目的。

 18. 换流变压器有载调压定电压和定角度控制方式有什么区别？

答：换流变压器有载调压控制方式有定电压控制方式和定角度控制方式两种。两者区别如下：

（1）保持阀侧空载电压恒定。主要用于交流电网本身电压波动所引起的换流变压器阀侧空载电压变化，这种变化一般比较小，所要求的分接头范围也比较小，分接头开关动作不频繁。

（2）保持触发角或关断角于一定范围。换流器运行于较小的控制角范围内，直流电压变化主要由换流变压器的分接头调节补偿。吸收的无功少，运行经济，阀应力也比较小，阀阻尼回路的损耗较小，交直流谐波分量较小，分接头调节开关动作较频繁，同时要求的调节范围更大。

 19. 换流变压器本体一般设计有哪些报警信号？

答：报警信号有：

（1）油面温度报警；

（2）绕组温度报警；

（3）本体油位计油位报警；

（4）分接开关油位计油位报警；

（5）本体压力释放阀报警；

（6）分接开关压力释放阀报警；

（7）分接开关温度报警；

（8）阀侧套管六氟化硫压力报警；

（9）本体、网侧套管升高座、阀侧套管升高座、中性点升高座、分接开关升高座轻瓦斯报警；

（10）冷却器电源报警；

（11）油色谱、铁芯夹件等在线监测系统告警。

20. 换流变压器本体一般设计有哪些跳闸信号?

答:跳闸信号有:

(1)本体重瓦斯跳闸;

(2)网侧升高座气体轻、重瓦斯跳闸;

(3)中性点升高座气体重瓦斯跳闸;

(4)阀侧升高座气体重瓦斯跳闸;

(5)分接开关压力继电器跳闸;

(6)分接开关压力继电器跳闸;

(7)分接开关气体重瓦斯跳闸;

(8)阀侧套管六氟化硫压力低跳闸。

21. 短路阻抗大小对换流变压器的制造和运行有哪些影响?

答:短路阻抗对换流变压器成本、运行效率、电压调整率、变压器整体机械强度、短路电流大小等都有影响。为了降低换流变压器制造成本和运行成本,提高效率,减小电压波动率,短路阻抗越小越好;而为了降低短路电流,增加换流变压器短路时耐受机械强度,短路阻抗越大越好。

22. 什么是换流变压器的涡流损耗?

答:当换流变压器的线圈中有交变电流通过时,它产生的磁通也是交变的。该磁通除了在线圈中产生感应电动势外,在铁芯中也产生感应电动势,铁芯中的感应电动势在铁芯中产生旋涡状的感应电流,称为涡流。它在垂直于磁通方向的平面内形成环流,涡流将引起铁芯发热,产生的热量损耗即为涡流损耗。

23. 什么是换流变压器的磁滞损耗?

答:当换流变压器的线圈中有交变电流通过时,它产生的磁通也是交变的。磁通变化滞后于电流变化,这种现象称为磁滞现象。实验证明,磁滞现象会造成铁芯发热,即能量损耗,这种损耗称为磁滞损耗。磁滞损耗的大小除与铁芯主磁通最大值有关外,还与铁芯材料有关。

24. 换流变压器的铁芯常采用什么材料制成?

答: 换流变压器的铁芯由铁磁材料制成,由铁磁材料制成的磁路磁阻很小,较小的电流即能获得较大的磁通。同时,为了降低铁芯中的热损耗,即降低铁芯的涡流损耗和磁滞损耗,铁芯由厚度 0.35~0.5mm 的硅钢片叠装而成。换流变压器用的硅钢片含硅量比较高。硅钢片两面均涂有绝缘漆,使叠装在一起的硅钢片相互绝缘,绝缘漆的厚度仅为几微米。

25. 为什么要规定换流变压器的允许温度?

答: 换流变压器运行温度越高,绝缘老化越快。这不仅影响换流变压器的使用寿命,而且还会因为绝缘变脆而碎裂,使绕组失去绝缘层的保护。此外,温度越高绝缘材料的绝缘强度降低,越容易被高电压击穿造成事故。因此换流变压器运行时,不得超过允许温度。

26. 为什么要规定换流变压器的允许温升?

答: 换流变压器外壳的散热能力会随着周围空气温度骤降而大大提高,但是换流变压器内部的散热并未显著提高。当换流变压器大负荷或过负荷运行时,尽管有时换流变压器上层油温尚未超过规定值,但温升却超过规定值很多,绕组依然会有过热现象,这种情况也是不允许的,因此换流变压器运行时,不得超过允许温升。

27. 换流变压器哪些部位易造成漏油?

答:(1)套管升高座电流互感器小绝缘子引出线的桩头处,所有套管引线桩头、法兰处;

(2)气体继电器及连接管道处;

(3)潜油泵接线盒、观察窗、连接法兰、连接螺栓固件、胶垫;

(4)冷却器散热管;

(5)全部连接通路蝶阀;

(6)全部放气塞处;

(7)全部密封部位胶垫处;

(8)部分焊缝不良处。

28. 换流变压器缺油的原因有哪些?

答：（1）换流变压器长期漏油；

（2）检修换流变压器时，放油后没有及时补油；

（3）储油器的容量过小，不能满足运行要求；

（4）气温过低，储油器的储油量不足等。

29. 电压过高对运行中的换流变压器有哪些危害?

答：电压过高会使换流变压器的激磁电流增大，从而使铁芯饱和，产生谐波磁通，造成铁芯损耗增大并过热。电压过高还会加速换流变压器老化，缩短换流变压器使用寿命。

30. 换流变压器绝缘油净化处理有哪些方法?

答：（1）沉淀法；

（2）压力过滤法；

（3）热油循环和真空过滤法。

| 第二节 |
换流变压器本体

1. 换流变压器线圈的作用是什么?

答：线圈是换流变压器本体最主要的构成部件之一，线圈与引线装配在一起称为绕组，是换流变压器的导电部分。换流变压器的一次绕组通过铁芯将电能转换为磁场能，二次绕组通过铁芯将磁场能还原为电能并输出。

2. 换流变压器油箱的作用是什么?

答：油箱作为油浸式换流变压器的外壳，是换流变压器的支撑部件，具有充注换流变压器油、容纳支持变压器器身与散热冷却的作用。

3. 换流变压器套管的作用是什么?

答: 换流变压器套管的作用是将变压器内部高、低压引线引到换流变压器油箱外部，套管不但作为引线对地绝缘，而且担负着固定引线的作用。换流变压器套管是载流元件之一，在换流变压器运行过程中长期通过负载电流，换流变压器外部发生短路时通过短路电流。

 4. 换流变压器铁芯的作用是什么?

答: 从功能上看，铁芯是换流变压器的导磁回路，把两个独立电路用磁场紧密联系起来，电能由一次绕组转换为磁场能后再经铁芯传递至二次绕组，在二次绕组中转换为电能。从结构上看，铁芯又是一个支撑固定件，在铁芯上套装线圈，安装在铁芯上的夹件可以支撑引线和调压开关，换流变压器内部几乎所有部件都安装或固定在铁芯上。

 5. 换流变压器储油器的作用是什么?

答: 换流变压器的体积会随着变压器油的温度而膨胀或收缩，储油器能够调节油量，保证换流变压器的油箱内经常充满油。若无储油器，油箱内的油面波动会导致以下不利因素：

（1）油面降低时露出部分铁芯和线圈，影响换流变压器的绝缘和散热。

（2）随着油面波动，空气会从箱盖缝里排出和吸进，由于上层油温较高，油会很快氧化和受潮。储油器的油面比油箱的油面低，可以减小油与空气的接触面，防止油被过快氧化和受潮。

（3）储油器的油几乎不参与油箱内的循环，它的温度比油箱上层油温低得多，油的氧化过程也慢得多，因此可以防止油的过速氧化。

 6. 换流变压器的内绝缘有哪些?

答: 换流变压器的内绝缘包括绕组绝缘、引线绝缘、分接开关绝缘和套管下部绝缘。

 7. 换流变压器的主绝缘有哪些?

答: 换流变压器的主绝缘包括绕组及引线对铁芯或油箱之间的绝缘、不同电压侧绕组之间的绝缘、相间绝缘、分接开关对油箱的绝缘、套管对油箱的绝缘。

8. 换流变压器产生直流偏磁的原因是什么？

答：换流阀的触发角不平衡；换流器交流母线上有正序二次谐波电压；在稳态运行时由并行的交流线路感应到直流线路上的基频电流；单极大地回线方式运行时由于换流变压器中性点电位升高所产生的流经变压器中性点的直流电流。

9. 换流变压器中油的主要作用是什么？

答：（1）绝缘。换流变压器油具有比空气高得多的绝缘强度，绝缘材料浸在油中，不仅可以提高绝缘强度，而且还可免受潮气的侵蚀。

（2）冷却。换流变压器油的比热容较大，常用作冷却剂。换流变压器运行时产生的热量使靠近铁芯和绕组的油受膨胀上升，通过油的上下对流，热量通过散热器散出，保证换流变压器正常运行。

（3）消弧。在油断路器和换流变压器的有载调压开关上，触头切换时会产生电弧。由于换流变压器油的导热性能较好，而且在电弧的高温作用下能分解出大量气体，产生较大压力，从而提高介质的灭弧性能，使电弧很快熄灭。

（4）监测运行状况。通过定期对换流变压器取油样进行专业分析检测，可以在正常运行过程中监测换流变压器运行状况。

10. 为什么换流变压器铁芯及其他所有金属构件要可靠接地？

答：换流变压器在试验或运行中，由于静电感应，铁芯和接地金属件会产生悬浮电位。由于在电场中所处的位置不同，所产生的电位也不同。当金属件之间或金属件对其他部件的电位差超过其间的绝缘强度时，就会放电。所以，换流变压器铁芯及其他所有金属构件要可靠接地。

11. 换流变压器绕组分接头为什么能起到调节电压的作用？

答：电力系统中的电压是随运行方式和负荷大小的变化而变化的，电压过高或过低，都会影响换流变压器的使用寿命。为保证供电质量，必须根据系统电压变化情况进行调节。改变分接头就是通过改变线圈匝数，来改变换流变压器的变比，从而改变输出电压，以实现调压的目的。

12. 如何防止气体进入换流变压器内部影响变压器绝缘?

答：换流变压器投入运行前必须多次排出在套管升高座、油管道死区、冷却器顶部等处的残存气体。强油循环换流变压器在投运前，要启动全部冷却设备使油循环，停泵排除残留气体后方可带电运行。更换或检修各类冷却器后，不得在换流变压器带电情况下将新装和检修过的冷却器直接投入，防止安装和检修过程中，在冷却器或油管路中残留的空气进入换流变压器。

13. 换流变压器合闸时为什么会有励磁涌流?

答：换流变压器绕组中，励磁电流和磁通的关系由磁化特性决定，铁芯越饱和，产生一定的磁通所需的励磁电流越大。因为在正常情况下，铁芯中的磁通已饱和，如果在不利的条件下合闸，铁芯中磁通密度最大值可以达到正常值的 2 倍，铁芯饱和将会变得非常严重，使得磁导率减小。磁导与电抗成正比，故励磁电抗会减小，励磁电流增大，由磁化特性决定的电流波形很尖，这个冲击电流可以超过换流变压器的额定电流的 6 ~ 8 倍，为空载电流的 50 ~ 100 倍，但衰减很快。励磁涌流受铁芯剩磁、铁芯材料、电压幅值和相位等因素影响。

14. 换流变压器外壳为什么要接地?

答：换流变压器外壳接地主要原因是保证人身安全。当换流变压器绝缘损坏时，若外壳接地，换流变压器的漏电电流将通过外壳接地导入大地，从而避免人身触电。

15. 什么是换流变压器的不平衡电流?

答：换流变压器的不平衡电流是指三相换流变压器线圈之间的电流差。这种电流差有一定的限度，如在三相三线式变压器中，各相负荷的不平衡差度不允许超过 20%。不符合上述规定时，应调整换流变压器负荷，重新进行相间负荷分配，使换流变压器的不平衡电流在允许的范围内。

16. 为什么分接头要装在换流变压器的高压侧?

答：换流变压器高压绕组一般在外侧，分接头引出连接方便。高压侧电流比低压侧小，引出线和分接开关的载流部分导体截面小，接触不良的影响容易解决。

17. 换流变压器为什么要进行冷却?

答: 换流变压器工作时,因铁损和铜损而产生热量,连续温升过高会导致绝缘材料老化,进而引发短路,故需要进行冷却。

18. 换流变压器冷却器的组成和运行方式是什么?

答: 每台换流变压器一般有四组冷却器,每组由一个循环油泵和 3 个或 4 个冷却风扇组成。其中两组冷却器为备用,每组冷却器中有一个风扇为备用。当另外三组中有一组故障时投入第四组。正常运行时,至少投入三组油泵及其对应冷却器的任两个(或三个)风扇。冷却器正常运行为自动模式,由直流工作站控制,自动投切按照"先投先退、循环备用"原则进行。就地控制柜开关人工操作为现场测试用,换流变压器冷却器投切控制由油温和线温决定。

19. 水分对换流变压器有什么危害?

答: 水分能使油中混入的固体杂质更容易形成导电路径而影响油耐压,且容易与别的元素化合成低分子酸从而腐蚀绝缘,使油加速氧化。

20. 换流变压器油位的变化与哪些因素有关?

答: 因为油温变化会直接影响换流变压器油的体积,使油位表内的油面上升或下降,换流变压器油位在正常情况下会随着油温变化而变化。系统负荷升降、环境温度改变、换流变压器内部故障及冷却装置的运行状况等都会对油温产生影响,从而使换流变压器油位变化。

21. 变压器油箱内外结构件有何设计要求?

答: 油箱内部的结构件必须倒角,因为油箱内部的尖角毛刺会造成场强集中,严重时导致局部放电。油箱外部倒角的原因有:增强油漆的附着力,避免油漆局部脱落等外观问题;防止外部锋利尖角伤人;外部电极附近也有降低局部场强的作用。

22. 对变压器油的性能有哪些要求?

答: 由于换流变压器运行温度比普通变压器高,循环通道较窄,电场方向不存在交流变化,绝缘油中的微粒子在电场作用下形成定向运动,容易造成换流变压器运行故障。因此，换流变压器油黏度应适中，太大会影响对流散热，太小会降低闪点。闪点应尽量高，一般不应低于 140℃；酸、碱、硫等杂质含量要低，以尽量避免其对绝缘材料、导线及油箱等的腐蚀；在保证安全的前提下，使油在运行温度下具有良好的流动性和换热能力。又因为换流变压器在主干电网上运行，因此换流变压器的绝缘油在氧化安定性方面比普通变压器油严格。

23. 为什么要对换流变压器油进行过滤?

答： 过滤的目的是除去油中的水分和杂质，提高油的耐电强度，保护油中的纸绝缘，也可以在一定程度上提高油的物理、化学性能。

24. 换流变压器有载分接开关快速机构的作用是什么?

答： 有载分接开关切换动作时，由于分接头之间的电压作用，在触头接通或断开时会产生电弧，快速机构能提高触头的灭弧能力，减少触头烧损，还可缩短过渡电阻的通电时间。

25. 换流变压器吸湿器堵塞会出现什么后果?

答： 吸湿器堵塞，会导致换流变压器不能呼吸，可能造成防爆膜破裂、漏油、进水或假油面。

26. 换流变压器呼吸器硅胶变色的原因有哪些?

答： 正常干燥时吸湿器硅胶为蓝色；当硅胶颜色变为粉红色时，表明硅胶受潮且失效。当硅胶变色达到 2/3 时，运行人员应通知检修人员更换。硅胶变色过快的原因主要有：

（1）长时间天气阴雨，空气湿度较大，因吸湿量过大而过快变色；

（2）吸湿器容量过小；

（3）放置变色硅胶的硅胶玻璃罩罐有裂纹、破损；

（4）吸湿器下部油封罩内无油或油位太低，起不到良好的油封作用，使湿空气未经油封过滤而直接进入硅胶罐内；

（5）吸湿器安装不当，如胶垫龟裂不合格、螺栓松动、安装不密封等。

27. 换流变压器轻瓦斯动作的原因有哪些?

答:(1)因滤油、加油或冷却系统不严密以致空气进入变压器;

(2)因温度下降或漏油致使油面低于气体继电器轻瓦斯浮筒以下;

(3)变压器故障产生少量气体;

(4)发生穿越性短路;

(5)气体继电器或二次回路故障。

28. 现场进行什么工作时,换流变压器重瓦斯保护应由跳闸改为报警?

答:(1)进行注油和滤油时;

(2)进行吸湿器畅通工作或更换硅胶时;

(3)除采油样和气体继电器上部放气阀放气外,在其他所有地方打开放气、放油和进油阀门时;

(4)开、闭气体继电器连接管上的阀门时;

(5)在瓦斯保护及其二次回路上进行工作时;

(6)直流站保护无连接片(硬压板),由跳闸改为报警需要进行软件修改或划开相应跳闸回路端子。

29. 换流变压器油位偏差主要是由哪些原因造成的?

答:(1)变压器本体内残存气体未排放干净或储油柜中有空气;

(2)变压器油箱或附件漏油;

(3)油位计或温度计故障;

(4)储油器胶囊(或隔膜)破损;

(5)局部过热。

30. 为什么换流变压器跳闸后,应及时切除潜油泵?

答:换流变压器故障跳闸后,若不立即切断潜油泵电源,换流变压器内部故障部位产生的炭粒和金属微粒会随油流扩散,造成故障扩大,增加检修难度,因此应及时切除潜油泵电源。

| 第三节 |
换流变压器附件

1. 换流变压器网侧高压套管结构有哪些？其工作原理分别是什么？

答：交流高压套管为油浸式绝缘，外绝缘为瓷套。套管有独立的油室，油室与换流变压器油箱不相通。套管顶部有一油位玻璃视窗用于监视套管油位，正常情况下油位应高于该玻璃视窗油位。套管还装有电压试验抽头（即末屏），通过测量电容值和损耗因素检查套管的绝缘，末屏通过末屏盖接地。套管的安装连接方式为拉杆连接，套管能承受与其轴向垂直的顶部终端上施加的悬臂负载，套管在其轴向能持续。

2. 换流变压器网侧中性套管有哪些？其工作原理分别是什么？

答：交流低压套管为干式，使用浸树脂纸 RTP 作为主绝缘，外绝缘为硅橡胶裙。套管装有一个电压试验抽头，直接接到电容器的外层上，抽头最大试验电压为 2kV，频率 50 ~ 60Hz。可以作为试验抽头，也可以外接一个电容器后作为电压抽头，运行电压应低于 600V。

套管的安装连接方式为（固体铜导体）穿缆式，套管应能承受与其轴向垂直的顶部终端上施加的悬臂负载。

3. 换流变压器阀侧套管结构有哪些部分组成？其工作原理分别是什么？

答：直流高压套管设计为内部和外部两部分，内部为油绝缘油冷却型，在油侧，套管没有隔离体，即套管与变压器油箱相通，套管内部注满油。为保证套管油室充满油，换流变压器储油器应高于套管顶部，套管安装方式与交流高压套管相同，且牵引杆型号相同。

外部绝缘体由带硅橡胶裙的玻璃纤维环氧树脂管构成，充电前应充上一定压力的 SF_6 气体 [正常运行时，SF_6 气体的压力为 3.5mbar（1bar=0.1MPa）]，通过 SF_6 气体密度继电器监视压力。套管在安装法兰处装有一个电压抽头，抽头与法兰绝缘并连接到电容器最外层。

4. 换流变压器的辅助设备有哪些?

答: 换流变压器的辅助设备包括储油箱、吸湿器、压力释放装置、散热器、冷却风机、网测套管、阀侧套管、分接开关、分接开关滤油机、气体继电器、压力机电器、温度表、密度继电器、油位计等。

 5. 换流变压器气体继电器的工作原理是什么?

答: 气体继电器位于储油柜和箱盖的连通管中间,若变压器内部发生故障,如绝缘击穿、相间短路、匝间短路、铁芯事故,产生的气体经过连通管,被气体继电器收集,当气体继电器中气体达到一定体积后,气体继电器发出告警信号,当故障严重时,油流快速通过气体继电器,气体继电器动作跳开各侧开关。

 6. 换流变压器油流继电器的工作原理是什么?

答: 油流继电器安装在变压器至储油罐的连接管路上。在通常工作状态下,油流继电器充满了绝缘液体,由于浮力,浮子处于最高位置。当变压器内部出现故障时,气体继电器会做出如下的反应:平常继电器内发生小故障时,产生气泡或进入少量空气时,凝结在继电器油箱顶部,上浮子下沉,上浮子连带永久磁铁使上干簧管触点接通报警通路,发出轻瓦斯动作信息,此时下浮子不动。

 7. 换流变压器压力释放阀结构有哪些? 其工作原理分别是什么?

答: 具有释放大量气体或液体产生的过高压力的机械装置。双密封圈系统提供快速的响应时间和压力降低后自动重复密封,包括现场运行指示,(开关)触头用于运行报警和可以方向性排油以控制热油和气体排放的导向罩,适用于换流变压器有载分接开关及其他有关电气设备的过电压保护。

 8. 绝缘油在换流变压器中起什么作用?

答: 换流变压器的油箱内充满了变压器油,换流变压器绝缘油的作用是绝缘、散热、测量,保护铁芯和绕组组件,延缓氧化对绝缘材料的侵蚀。

换流变压器类的绝缘油可以增加换流变压器内部各部件的绝缘强度,因为油易流动,能够充满换流变压器内部,并排除空气,避免了部件与空气接触受潮导致的绝缘能力降低。其次,因为油的绝缘强度比空气大,增加了换流变压器内部各部件之间的绝缘强度，使绕组与绕组之间、绕组与铁芯之间、绕组与油箱盖之间均保持良好的绝缘。换流变压器油还可以使换流变压器的绕组和铁芯得到冷却，因为换流变压器运行中，绕组与铁芯周围的油受热后，因温度升高、体积膨胀、相对密度减小而上升，经冷却后再流入油箱底部，从而形成油的循环，油在不断循环的过程中将热量传给冷却装置，从而使绕组和铁芯得到冷却。另外，绝缘油能使木材、纸等绝缘物保持原有的化学和物理性能，使金属具备防腐作用，能熄灭电弧。

9. 换流变压器油色谱在线监测系统由哪几部分组成？

答： 换流变压器油色谱在线监测系统由在线色谱监测柜（载气型内带载气钢瓶）、后台监控主机、油色谱在线分析及故障诊断专家系统软件、换流变压器阀门接口组件及不锈钢油管组成，主要包括气体采集模块、气体分离模块、气体检测及数据采集模块、图谱分析模块等。

10. 什么是换流变压器油色谱在线监测系统？

答： 换油变压器油色谱在线监测系统是指在不影响换流变压器运行的条件下，对其安全运行状态进行连续或定时自动监测的系统。换流变压器油色谱在线监测系统主要分为单组分、多组分气体在线监测两大类，目前使用较多的是多组分气体在线监测。

11. 换流变压器油色谱在线监测的工作原理是什么？

答： 气体采集模块用于实现变压器油气分离的功能。在气体分离模块中，气体流经色谱柱后实现多种气体的分离，分离后的气体在色谱检测系统中实现由化学信号到电信号的转变。气体信号由数据采集模块采集后通过通信口上传给后台监控系统，该系统能进行色谱图的分析计算，并根据集体标定数据自动计算出每种气体的浓度值。故障诊断系统根据气体浓度值，用软件系统内的变压器故障诊断算法自动诊断出变压器运行状态，如发现异常，能诊断出变压器内部故障并给出维修建议。

12. 防潮吸湿器、吸湿器内部硅胶、油封杯分别有什么作用？

答： 吸湿器的作用是提供换流变压器在温度变化时内部气体出入的通道，缓解正常运行中因温度变化产生的对油箱的压力。

吸湿器内部硅胶的作用是在换流变压器温度下降时对吸进的气体去潮气。

油封杯的作用是延长硅胶的使用寿命，把硅胶与大气隔开，只有进入换流变压器内的空气才能通过硅胶。

13. 换流变压器为什么必须进行冷却?

答：换流变压器在运行中由于铜损、铁损的存在而发热，其温升直接影响换流变压器绝缘材料的寿命、机械强度、负荷能力及使用年限，为了降低温升，提高出力，保证换流变压器安全经济的运行，换流变压器必须进行冷却。

14. 换流变压器冷却器的作用是什么?

答：当换流变压器上层油温与下部油温产生温差时，通过冷却器形成油的对流，经冷却器冷却后，流回油箱起到降低换流变压器油温的作用。

15. 换流变压器油位计的工作原理分别是什么?

答：储油器内的油位通过一个连有传动杆的浮球检测。浮子通过臂连接到储油器底部传动法兰上，传感器的传动销子以偏心的方式连接到浮子臂上，传感器指针通过探测浮子的位置，将油箱内的油位传动到贴紧油箱的传感器上。在油箱外侧，温度表探针固定在一个液压传感器内，该液压传感器包括两个紧密相连并充满液压液的波纹管，每个波纹管都通过一段金属毛细管与就地仪表相连，金属毛细管的另一端接在就地指示仪表内的两个波纹管上，油位表内液压传感器结构与储油器下部相同。

16. 换流变压器隔直装置的作用是什么?

答：在交直流混合系统中，当直流输电单极大地运行时，部分接地极电流通过变压器和换流变压器的中性点流入交流系统，对交流系统产生不同程度的影响。尤其是接地极直流流入变压器和换流变压器的中性点，使变压器和换流变压器的中性点叠加直流分量后产生磁偏，造成磁饱和，使变压器和换流变压器产生谐波、振动、噪声，影响变压器、换流变压器及交流系统的安全稳定运行。隔直装置可以有效阻断流过变压器和换流变压器的中性点直流电流，且对交流系统的运行不产生任何影响，解决了交直流混合供电系统中直流单极大地运行时对变压器、换流变压器及交流系统的影响问题。

17. 换流变压器散热器分为哪些类型?

答:油浸式变压器冷却装置包括散热器和冷却器,不带强油循环的称为散热器,带强油循环的称为冷却器。散热器分为片式散热器和扁管散热器。

18. 换流变压器油温表的作用及原理是什么?

答:换流变压器油温表作用是:实时监测油温,温度过高时发出报警信号。

其原理是:感温介质感受顶层油温,由温度变化产生压力变化;压力通过毛细管传导至弹性波纹管,使其产生角位移;波纹管推动指针显示被测温度。

19. 换流变压器绕温表的作用及原理是什么?

答:换流变压器绕温表作用是:实时监测绕组温度,温度过高时发出报警信号。

其原理是:采用模拟测量方法间接测得绕组温度,绕温 = 油温 + 铜油温差。

20. 换流变压器有载分接开关的主要组成部分有哪些?

答:换流变压器有载分接开关主要由切换开关、分接选择器、电动机构三部分组成;此外,还包括传动系统、开关保护装置、储油柜、远方挡位显示、对应挡位的空触点、BCD 编码器等附件。

21. 换流变压器有载分接开关切换开关的结构有哪些?

答:快速机构是四连杆自锁机构,触头系统为摆臂式设计,四连杆同时也是动触头支架,结构简单可靠。切换开关芯为开放式结构,无需拆解,所有部件都能直接触摸到,便于检查、维护及更换触头。主定触头由载流触头及灭弧触头组成,设计更合理。切换开关与外部件用插入式触头方式连接(如中性点的引出、单双切换的引出),可靠性更高。

22. 换流变压器集气盒的工作原理及集气盒使用方法是什么?

答:换流变压器工作原理为:通过连接管与气体继电器上部相连,用于采集继电器内的气体。

集气盒使用方法为:

(1)开启下部的气塞,逐渐放掉盒内的变压器油;

（2）气体继电器气室内的故障气体在储油柜液位差的压力下充入取气盒，根据刻度读取所需气体体积；

（3）在取气盒上部气塞处用取气用注射器采集气体。

23. 换流变压器冷却器散热器冲洗方法有哪些？

答：（1）散热片检修。外观检查清洁无异物，散热片完好无变形，并进行水冲洗。

（2）拆下风机外罩及扇叶，并进行清洗。

（3）用除垢剂以低压冲洗散热片，除垢剂应是以硅酸钠为抑制剂的弱碱。

（4）10min 后调高水压冲洗，冲洗时喷头距冷却器大于 150mm，必须沿散热片纹理垂直冲洗，严禁斜冲，冲洗完毕后使用专用梳子对散热片进行梳理。

（5）冲洗完毕后，回装风机扇叶及外罩。

24. 换流变压器有载调压开关工作原理是什么？

答：分接头主要通过改变一次侧线圈匝数来保证输出电压的稳定，即在输入电压波动时通过改变分接头挡位调节一次侧线圈匝数，从而得到稳定的电压输出。

在不带电的情况下，分接头选择器应使一个分接头断开前，下一个分接头先行接入，所以分单数和双数分解选择器，切换开关在带电切换分接时，要桥接两个分接头，所以有左右两组触头轮流接通，并在其间接入电阻以限制短路环流。左右两组触头中，中间为辅助触头，两边为主触头。

调压开关按对称尖旗循环设计切换顺序，即切换开关的主触头在过渡电阻跨接两个分接头前要断开。

25. 换流变压器在线滤油机的工作原理是什么？

答：在线滤油装置由电动机、泵、过滤器及油管、阀门组成，用于对分接开关油室里的油进行连续过滤，保证油具有较高的绝缘耐压水平，降低切换开关触头的机械磨损，提高切换开关的寿命。

26. 有载调压开关的调节方式有哪些？其优缺点分别是什么？

答：（1）保持换流变压器阀侧空载电压恒定；

（2）保持控制角（触发角或关断角）于一定范围。换流器正常运行于较小的控制角范围内，直流电压的变化主要由换流变压器的分接头调节补偿。

这种方式的优点是：吸收的无功少，运行经济，阀的应力小，阀阻力回路损耗较小，交直流谐波分量较小，即直流系统的运行性能较好。缺点是：开关动作频繁，调节范围大。

目前的直流工程均采取第二种控制方式，即保持控制角于一定范围的调节方式。

27. 换流变压器胶囊袋的作用是什么？

答：油的老化除了油质本身的质量原因外，油和大气相接触是一个重要原因。因为变压器油中溶解了一部分空气，空气中的氧将促使变压器油及浸泡在油中的纤维老化。为了防止和延缓油的老化，必须尽量避免变压器油直接和大气相接触。

变压器油面与大气相接触的部位有两处：一是安全气道的油面；二是储油柜中的油面。安全气道改用压力释放阀，储油柜采用胶囊密封，可以减少油与大气接触的面积，防止和减缓油质老化。

28. 换流变压器铁芯结构及作用是什么？

答：换流变压器铁芯为单相四柱式、两个芯柱和两个旁轭，两个芯柱上的线圈全部并联连接，每柱容量为单相容量的一半。铁芯采用六级接缝，能有效降低接缝处的空载损耗和空载电流。铁芯采用全斜无孔绑扎结构，间隔一定厚度放置减振胶垫，以降低铁芯磁滞伸缩引起的噪声。

29. 换流变压器夹件的结构及作用是什么？

答：夹件为板式结构，上夹件无压钉结构，采用腹板下压块压紧器身。拉板下部采用挂钩结构与下夹件腹板咬合，上部为螺纹结构，在上夹板腹板内侧穿过上横梁锁紧固定，铁车上下设置高强度钢拉带紧固。夹件系统整体结构整洁，避免了周销、压钉结构所产生的尖角凸棱，使线圈端部出头及引线的布置简单方便。在保证电气强度的前提下，引线布置可尽量靠近夹件，从而减小变压器尺寸。

| 第四节 |
换流变压器运维与检修

 1. 换流变压器额定电压下的冲击合闸试验有何规定?

答:(1)交接试验时,冲击合闸应进行 5 次;

(2)每次合闸的间隔时间为 5min,无异常现象;

(3)冲击合闸宜在变压器高压侧进行;

(4)对中性点接地的电力系统,试验时变压器中性点必须接地。

 2. 换流变压器分接头不一致时如何分析处理?

答:(1)检查运维人员工作站(OWS)界面上与现场分接头各相挡位是否一致。

(2)检查故障分接头调节机构外观是否正常,分接头电动机电源开关是否投入正常。

(3)若故障分接头调节机构外观出现明显变形、传动杆脱扣等现象,应断开分接头电动机电源开关,并通知检修人员处理。

(4)若故障分接头电动机电源投入正常,在 OWS 界面上将分接头控制方式打至"手动",手动调节分接头保持一致,并通知检修人员处理。

(5)若故障分接头电动机电源开关跳开,可试合一次,试合成功,应检查该相分接头自动与其他相调节一致;试合不成功,应现场手动将该相分接头摇至与其他相一致,并通知检修人员处理。

 3. 换流变压器辅助电源丢失如何检查处理?

答:(1)现场检查冷却器控制柜内电源切至另一路运行正常,冷却器风扇运行正常,油流指示正常。

(2)如果冷却器电源控制柜内退出运行的一路电源接触器烧糊,到 400V 配电室检查该路冷却器电源开关是否跳闸,如果未跳闸将该开关断开,如果已经跳闸,做好安全措施联系检修处理。

（3）若另一路电源也丢失，则如下处理：

1）如果外观检查无异常，到 400V 配电室检查两路冷却器电源开关是否跳闸。

2）如果未跳闸，而 400V 母线电压正常，将该故障电源开关断开，联系检修人员处理。

3）如果 400V 配电室的该路冷却器电源开关已经跳开，将跳闸开关试合一次，试合成功，联系检修人员处理。

（4）如果两路冷却器电源均不能恢复，监视换流变压器运行温度。换流变压器无冷却器运行时间达到 45min 或油温达到报警值，经总工程师或主管领导批准，向上级调度申请停运换流变压器。

 4. 换流变压器呼吸器如何安装与检修？

答：（1）所安装的呼吸器必须经过检查，安装时应将保存或运输时为防潮而加装的无孔胶垫及防潮剂去掉。

（2）呼吸器拆卸时，首先拧开底部油封碗，卸下上部储油柜连接管或隔膜胶管的连接，取下呼吸器，将呼吸器解体，倒出内部吸湿剂。

（3）检查呼吸器应完好无破损，器身应密封良好。

（4）呼吸器底油封应注油至油面线，无油面线的油浸过进气口以上即可，以起到油封过滤的作用。

（5）变色硅胶呈蓝色，如呈红色则受潮失效，应在 115 ~ 120℃温度下干燥数小时，呈天蓝色后可用。

 5. 换流变压器呼吸器日常巡视有什么注意事项？

答：呼吸器硅胶吸潮后会由下至上变色，当硅胶被油浸后或有 2/3 硅胶变色时，必须更换。若硅胶上部先变色，应检查连接管是否泄漏或取油样分析。

 6. 换流变压器气体继电器轻瓦斯动作原因是什么？简述检查和处理过程。

答：变压器运行中，轻瓦斯保护信号动作后，应尽快查明原因，并做好记录，对变压器做外部检查并取气体分析，再根据检查结果采取相应的处理措施。变压器的轻瓦斯保护动作，一般作用于信号，以表示变压器运行异常，其原因主要有：

（1）在变压器的加油、滤油、换油或换硅胶过程中有空气进入油箱；

（2）由于温度下降或漏油，油面降低；

（3）由于油箱轻微故障，产生少量气体；

（4）轻瓦斯回路发生接地、绝缘损坏等故障。

根据以上分析原因相应进行以下检查处理：

（1）检查变压器外部电流表和电压表的指示情况及直流系统绝缘情况，有无其他保护动作信号；

（2）检查变压器油色、油位是否正常，上层油温是否有明显升高；

（3）检查变压器声音有无异常；

（4）检查变压器的储油柜、压力释放阀有无喷油、冒油，盘根和塞垫有无变形；

（5）检查气体继电器内有无气体，若有应取气体检查分析；

（6）若检查其他都无异常，气体继电器内充满变压器油，但无气泡上冒，则属误动作。

如果上述外部检查无明显异常现象，应立即取气体分析，取气体应在停电后进行；若检查有严重异常，应汇报调度，投入备用电源或备用变压器，退出故障变压器，未经检查处理并试验合格的变压器不得投入运行。

取气体分析判定变压器内部轻微故障时析出的气体或进入的空气积聚在气体继电器内，导致轻瓦斯动作发出信号。取气体时，观察记录气体继电器内气体容积，然后打开放气阀进行取气，鉴别气体的颜色和可燃性，鉴别应迅速，以防有色物质沉淀且经一定时间消失。根据检查结果，检查变压器外部，未发现任何异常和故障现象，或气体继电器内充满油，但无气体，可能属于误动。

同时，应检查气体继电器内部及触点位置，直流系统绝缘情况及瓦斯信号是否能复归。如气体继电器触点在打开位置，瓦斯信号不能复归，若直流系统绝缘不良，可能属于直流多点接地造成的误动；若绝缘正常，可能属于二次回路短路引起的误动，应查明短路点并排除。如气体继电器触点在打开位置，瓦斯信号能复归，检查直流系统绝缘良好，可能属于振动过大等而引起的轻瓦斯误动，检明故障点及原因并排除之。如气体继电器在闭合位置，瓦斯信号不能复归，直流系统绝缘良好，可能属于气体继电器本身问题（如浮子进油等故障），应停电处理。

检查变压器，发现变压器储油柜无油或油位低于气体继电器，其他无任何异常现象，轻瓦斯报出信号，可能属于油位过低引起的动作，应投入备用变压器或备用电源，退出故障变压器，有漏油需处理漏油，然后加油至所需油位。

未发现明显异常和故障现象，气体继电器有气体。取气体检查分析，如果气体无色、无味、不可燃，可能是进入空气，放出气体，并监视信号报出时间的间隔，如信号动作时间间隔逐渐缩短，说明变压器内部故障，可能跳闸，应详细记录每次信号动作时间，并立即向有关调度和上级领导汇报，若是气体继电器内进入空气，应查找进气原因和进气点，无备用变压器时可根据调度命令，将重瓦斯改投信号位置。如果气体颜色很淡，不可燃，不能确定是空气时，汇报调度及上级主管，严密监视变压器。取油样送交专业人员进行化验，有问题应立即停电检修。如果检查气体有色、有味、可燃，可能属于变压器内部故障，应申请停电检查故障换流变压器。

气体保护动作跳闸时，在查明原因消除故障前不得将变压器投入运行。为查明原因应重点考虑以下因素，做出综合判断：

（1）是否呼吸不畅或排气未尽；

（2）保护及直流等二次回路是否正常；

（3）变压器外观有无明显反映故障性质的异常现象；

（4）气体继电器中积集气体，是否可燃；

（5）气体继电器中的气体和油中溶解气体的色谱分析结果；

（6）必要的电气试验结果。

7. 换流变压器本体温升试验的目的是什么？

答：温升试验的目的是检验冷却器的散热能力，验证变压器冷却系统能否散发最大总损耗产生的热，在分接头所有位置下，任何绕组高出环境温度的温升应不超过温升限值的规定。

8. 简述换流变压器分接开关的工作原理。

答：换流变压器分接头主要通过改变一次侧线圈的匝数来保证二次侧电压的稳定，分接头用于控制阀侧空载电压，是备用控制方式，即在一次侧电压波动的情况下通过改变分接头的挡位调节一次侧线圈匝数，从而使阀侧空载侧电压保持稳定。例如，一次侧的电压为 $525/\sqrt{3}\,\text{kV}$ 时，分接头的位置应该在 29 挡，且阀侧空载的电压为 $200.6/\sqrt{3}\,\text{kV}$。如果电网电压产生波动即一次侧电压升至 $531.26/\sqrt{3}\,\text{kV}$ 时，分接头将会自动向下调节一挡，到 28 挡，此时二次侧即阀侧电压保持 $200.6/\sqrt{3}\,\text{kV}$ 不变。

图 3-2 为换流变压器分级头的简化图。一次侧绕组有主绕组和可变绕组两部分，

主绕组部分绕组数目固定不变（设绕组数为 L_1），可变绕组由 18 个抽头组成（设绕组数为 L_x），通过触头连接不同的抽头，从而改变一次侧绕组的数目，达到调压的目的。

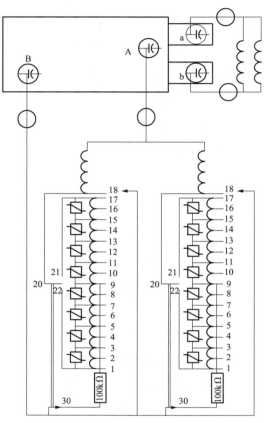

图 3-2　换流变压器分接头简化

节点 20 为选择接头，当它与节点 21 相连时，主绕组与可变绕组的方向相同，所以一次侧的绕组数为 L_1+L_x；当它与节点 22 相连时，由于主绕组与可变绕组的方向相反，所以一次侧绕组数为 L_1-L_x。从图 3-2 可以看出当挡位由 1 向 18 进行调节时，L_x 逐渐增大。故换流变压器分接头虽然只有 18 个挡位，但可通过 20 号接头的转换，改变电流的流向，实现 33 个挡位的调节功能，且简化分接头。同时，采用两组线圈并联，目的是满足容量需要，部分特高压换流变压器采用三组线圈并联。

9. 换流变压器分接头不一致动作原理是什么?

答：直流控制保护系统中的分接头控制程序分别比较 Y 侧和 △ 侧 A、B、C 三相分接头的实际位置来判断分接头是否三相一致，如果实际位置不同，则发出三相分接头不一致报警，但不跳闸，且分接头控制程序会阻止分接头继续调节。但是，如果测量得到的分接头三相挡位一致，而实际分接头位置三相不一致，且不一致的挡位超过一定挡位时，换流变压器保护采集的三相零序电流会超过跳闸整定值，保护动作出口。

10. 变压器感应电压耐压试验的目的是什么?

答: (1) 考核全绝缘变压器的纵绝缘;

(2) 考核分级绝缘变压器的部分主绝缘和纵绝缘。

11. 换流变压器在线监测装置的作用是什么?

答: 通过对换流变压器油中的溶解气体和水分的在线监测，可以随时追溯换流变压器运行状况，发现早期局部放电性故障等设备故障。

12. 特高压换流变压器常规检修项目有哪些?

答: (1) SF_6 套管。SF_6 气体检查，设备接头过热检查，油泄漏检查。

(2) 油套管。油位的检查和调节，清洁绝缘子表面，红外测温检查接头过热，渗漏检查。

(3) 硅橡胶套管。清洁绝缘子表面，红外测温检查接头过热，渗漏检查。

(4) 干式套管。清洁绝缘子表面，红外测温检查接头过热，末屏放电检查，电压测量装置受潮检查。

(5) 冷却器。电动机、风扇检查，固定装置检查，电气连接检查，散热器器身检查。

(6) 潜油泵。有无泄漏点检查，轴承检查。

(7) 有载调压开关。有载调压开关和驱动轴系统的润滑，计数器检查，呼吸器硅胶更换，加热器检查。

(8) 气体继电器。气体继电器功能测试，检查和更换。

13. 简述特高压换流变压器抽真空注油的步骤。

答: (1) 通过真空泵对变压器本体抽真空。

(2) 用真空滤油机对本体注油，注油过程中真空泵不能停。

（3）当变压器油快注满时，根据变压器本体与套管之间的软管可以看到油面，该软管用于对套管进行注油，当油面与变压器本体顶部相差大约 200mm 时，停真空泵，并关闭真空泵接口上的阀门。

（4）在储油器与本体间气体继电器上安装一个真空压力表，并打开与真空压力表相连的阀门。

（5）继续对变压器本体注油直至真空压力表上的读数接近 0 时，停止注油。

（6）将真空滤油机的出油管道接到变压器本体储油器的注油阀门上，对变压器本体储油器进行注油，至储油器的油位指示器读数为 0.75 左右时，停止注油。

（7）打开储油器与变压器本体之间连接管道上的阀门。

（8）通过冷却器上排气孔和气体继电器上的排气孔对变压器本体进行排气，同时通过储油器上部的排气孔对储油器进行排气。

（9）排完气后，用真空滤油机对变压器本体进行热油循环。

（10）循环的油量达到 30 万 L 左右时，从取样阀门取油样，对油进行试验，如果试验合格，停止热油循环；若不合格，则继续进行热油循环，直至试验结果合格。

14. 简述特高压换流变压器出厂试验项目。

答： 特高压换流变压器出厂试验项目分为型式试验、例行试验和特殊试验三种。

（1）型式试验。包括雷电冲击截波试验、短时交流感应电压试验、无线电干扰水平测量、油流带电试验、声级测定、短路试验。

（2）例行试验。包括联结组标号检定、电压比测量、绕组电阻测量、绕组连同套管绝缘电阻测量、铁芯及其相关绝缘的试验、套管试验、空载损耗和空载电流测量、负载损耗测量和短路阻抗（主分接和最大、最小分接）、谐波损耗试验、温升试验、绝缘油试验、雷电冲击全波试验、操作冲击试验、包括局部放电量测量的外施直流耐受试验、包括局部放电量测量的极性反转试验、包括局部放电量测量的外施交流耐压试验、包括局部放电量测量的长时交流感应耐压试验、油流带电试验、长时间空载试验、一小时励磁测量、套管电流互感器试验、有载调压开关动作试验、油箱机械强度试验、风扇及油泵的功率测量、所有附件和保护装置的功能控制试验、辅助回路绝缘试验、高频阻抗测量、频率响应特性或低压电抗测量。

（3）特殊试验。包括重复冲击波形测量、短路承受能力试验。

15. 特高压换流变压器交接试验有哪些项目？

答： 根据国家电网公司企业标准 Q/GDW 111—2004《直流换流站高压直流电气设备交接试验规程》和 Q/GDW 147—2006《高压直流输电用 ±800kV 级换流变压器通用技术规范》，换流变压器现场交接试验需进行绕组连同套管的直流电阻测量、电压比检查、引出线的极性检查、绕组连同套管的绝缘电阻、吸收比或极化指数测量、绕组连同套管介质损耗因数 tanδ 测量、绕组连同套管的直流泄漏电流测量、长时感应耐压及局部放电测量、铁芯及夹件的绝缘电阻测量、非纯瓷套管的试验、绝缘油试验、有载分接开关的检查和试验、额定电压下的冲击合闸试验、相位检查、噪声测量、箱壳表面温度分布测量、绕组频率响应特性测量、油箱密封试验等项目。

16. 如何进行换流变压器本体压力释放阀更换？

答：（1）将需要的工具运至工作现场；

（2）对照图纸，从 ETCS 柜内断开本体压力释放阀信号电源；

（3）关闭本体储油柜至本体油箱之间的阀门；

（4）用管子将本体油箱排油阀和油桶相连，工作过程中特别要注意防止网侧套管升高座底部均压环等部件露空，防止其受潮；

（5）半开本体油箱排油阀，并打开本体油箱顶部的注油阀观察本体油箱的油位，当油位降至本体油箱顶盖后，关闭本体油箱排油阀、注油阀；

（6）松开本体压力释放阀的固定螺栓，看是否有油渗出，若有油渗出，打开本体油箱排油阀，继续排油，直至压力释放阀处无油渗出为止；

（7）拆掉本体压力释放阀的固定螺栓，拆卸压力释放阀；

（8）将新压力释放阀放置好，装上压力释放阀的固定螺栓并紧固；

（9）拆卸旧压力释放阀的二次接线，并将二次接线安装在新的压力释放阀上；

（10）慢慢打开储油柜与本体之间的阀门，对本体进行注油，并打开本体储油柜与本体油箱之间气体继电器的取气阀进行排气；

（11）通过试验把手检查新压力释放阀功能是否正常；

（12）将氮气瓶与管道相连，通过氮气瓶对储油柜气囊加压（压力为 1.2bar 左右），打开储油柜上的排气阀对储油柜进行排气；

（13）清理工作现场。

17. 如何进行换流变压器冷却器风机更换？

答：（1）断开换流变电源控制柜内相应冷却器风扇的电源开关；

（2）断开冷却器安全开关；

（3）拆掉冷却器风扇的防护网、叶片，断开电动机接线盒中的接线，并做好相应的标记；

（4）拆下冷却器风扇的电动机，并进行更换；

（5）按照原接线方式安装好电动机，并装好叶片、防护网等；

（6）合上冷却器开关，查看风扇是否转动正常、有无卡涩、是否为正转；

（7）清理工作现场。

 18. 如何进行换流变压器瓦斯继电器气体采集分析？

答：（1）通过继电器盖板上的气体采样阀进行气体采样；

（2）记录收集气体的容量和颜色；

（3）检查气体的味道；

（4）检测气体的可燃性，如果气体可燃，会在燃烧中出现火焰；

（5）在实验室中，利用化学分析装置对气体的具体成分进行检测分析。

 19. 如何进行换流变压器油流指示器更换？

答：（1）将故障油流指示器的信号电源断开；

（2）关闭油流指示器前后的蝶阀；

（3）拆除油流指示器的信号线；

（4）慢慢松开油流指示器的安装螺钉，用桶接住流出的油；

（5）安装新的油流指示器，接好信号线并恢复信号电源；

（6）关闭冷却器的进油阀门，然后打开油流指示器的前后阀门，通过冷却器上的排气阀门对该冷却器进行排气；

（7）打开冷却器进油阀门；

（8）从冷却器控制柜启动该冷却器的油泵，检查油流指示器工作是否正常；

（9）清理工作现场。

 20. 如何进行换流变压器有载调压开关油箱中油的更换？

答：（1）松开有载调压呼吸器上的螺栓，拆下呼吸器，再在呼吸器上连接一个氮气瓶，用于给有载调压油箱加压，同时将排油泵与排油阀相连，对有载调压油箱进行排油，直至无油流出；

（2）通过有载调压储油器的注油阀门向有载调压油箱中注油；

（3）打开排气阀进行排气；

（4）排气完成后，储油器中的油位会下降，重复步骤（2）、（3），直至气体继电器中没有气体排出为止。

21. 如何进行换流变压器在线滤油机的维护工作？

答： 正常情况下，滤油单元是免维护的，只在每年对有载调压进行检查和对有载调压进行维护时进行，唯一的维护工作是更换过滤片。

每年对有载调压进行维护时，记录滤油单元的压力表，并注意对比往年读数，当读数大于或接近 2.0bar 时应更换滤油单元；如果检测到有载调压油箱已经受潮，也应更换滤油单元，并修补泄漏点。

对有载调压进行维护时，在稳定的运行状态下，有载调压每七年维护一次，若七年内未进行滤油单元更换，即使压力低于 2.0bar 也应更换滤油单元；在有载调压切换频率很高的情况下，只有滤油单元压力大于 2.0bar 或检测到有载调压受潮时才更换。

22. 如何进行瓦斯继电器的检测和维护？

答： 定期对触点功能进行检测，与变压器上其他元件的检修和维护一样，按照电力系统的检测手册进行。如果没有特别要求，每年检测一次。

为了检测触点功能，气体继电器的盖板上装有一个试验手柄，松开保护盖，压住手柄，使带有插销的弹簧加压手柄进入继电器中，先激活报警装置，再激活跳闸装置。试验完毕，拧紧保护盖上的螺栓。

为了模拟气体的积累，可从气体释放阀中将空气压入到气体继电器中，一般采用带有检测阀的泵或带有压缩空气的容器。试验完毕，将空气释放出来，对于内部调节，不带有截止阀和旁通阀的继电器能够打开，适用于变压器停运时将一条软管与变压器油箱上的可适用阀门相连，然后将该管放入与继电器一样高的就地容器开口处。关闭通往储油器的阀门后立刻打开前述可适用阀门。打开气体继电器上的气体释放阀排出 2～5 L 油，可从继电器上部监视孔看到该油位。打开继电器盖板并调节，检查继电器盖板上垫圈的紧度。

当空气排完并出现稳定的油流时，关闭临时膨胀线路上的阀门，打开储油器阀门，并关闭继电器上的气体释放阀。

23. 特高压换流变压器绝缘油试验标准有哪些?

答:（1）运行中特征气体含量（LL）超过下列任何一项值时应引起注意：总烃，150；氢气，150；乙炔，1。

（2）如总烃绝对产气率不小于 12mL/d（全密封）、6mL/d（开放式）或相对产气率大于 10%/ 月时，则认为设备有异常。

（3）绝缘油试验，试验项目有凝点、水溶性酸 pH 值（≥ 5.4）、酸值（≤ 0.03mg/g，以 KOH 计）、闪点（≥ 140℃）、界面张力（≥ 35mN/m）、体积电阻率（≥ 6×10^{10}Ω·m）、外观检查。以上项目如果出厂试验结果达到要求时，一般可不再进行试验，引用出厂试验数据即可。另外，还有击穿电压、介质损耗角 tanδ、水分、油中含气量。

24. 特高压换流变压器油温、绕组温度高的如何进行判断处理?

答:（1）检查换流变压器是否过负荷及三相负荷不平衡；

（2）检查冷却器工作情况是否正常；

（3）检查系统工作情况；

（4）检查温度计指示是否正常；

（5）检查油温升指示是否正常；

（6）未发现异常，应启动备用冷却器；

（7）如油温、油位继续升高，应联系调度降低负荷或停电处理。

25. 特高压换流变压器有载调压开关维护项目有哪些?

答:建议一年检查一次，主要是对电动操动机构的外观检查，检查电动操动机构箱中有无松动、加热器工作是否正常。

在电动操动机构中有一个计数器用于记录分接头操作次数，需要检查计数器的读数。如果可能的话，试操作一次对电动机和计数器进行检测，检查后复位。如果有载调压有其单独的油箱，按照变压器厂家提供的指导检查呼吸器和油位指示器。

有载调压开关的铭牌上记录了触头使用寿命的估计值，该触头是切换开关中的切换触头。触头的使用寿命、操作频率和检修时间等因素决定大修的时间间隔，每次检查和大修需要记录计数器上的操作次数。有载调压的大修间隔一般是触头使用寿命的 1/5，因此需要注意触头的磨损，必要时需要更换触头。在操作数量达到触头使用寿命的 1/5 之前，如果分接头操作次数少且长时间不动，大修的时间间隔将小于铭牌上的指定值（一般是 7 年）。有载调压的铭牌上记录了触头使用寿命的估计值，该触头是切换开关中的切换触头。触头可以承受的切换操作次数非常多，对于一般的电力变压器每天切换操作次数大约为 20 次，即在变压器的使用寿命期间一般不需要更换触头。

26. 特高压换流变压器运输有什么要求？

答：运输是特高压变压器选择与设计的关键制约因素。如西安变压器厂通过解决特种铁路、公路或水路运输方式的运输限界问题提高承重能力，运输质量可达 300t 以上，单台单相自耦变压器的容量可达 666MVA；沈阳变压器厂因沈大、京沈高速公路的极限运输能力为 450t，高度可达 5m。

总体上看，采用公路运输或公路、水路联运的方式，变压器的运输尺寸限制在 12m×5m×4.9m 以内，运输质量限制在 375t 以内，运输问题可以解决。各厂设计的特高压变压器均能满足这一要求。

公路运输制约因素较多，地方关系协调困难，需要高度重视、精心准备，尤其要重视桥梁通行能力的调研和评估。铁路运输具有安全、快捷、稳定等固有优势，但受宽度的制约，现有运输条件无法满足特高压变压器的运输要求。考虑到特高压电网的迅速发展和变压器设计制造水平的不断提高，有必要就自承式铁路运输方案开展进一步研究。

第四章
换流阀运检技术

CHAPTER FOUR

| 第一节 |
换流阀及阀控系统设计特点

 1. 阀厅设计应满足哪些要求?

答：（1）阀厅一般按海拔 1000m 设计（海拔高于 1000m 时，应根据相关标准修正设计），最大地震基本烈度为 8 级，风压应按 100 年一遇的风压设计。

（2）阀厅应有优良的密闭性能，所有孔隙均应封堵密实，以维持阀厅内部微正压（正压值宜维持在 5Pa 左右，当大量使用新风时，正压值不应超过 50Pa），防止外部灰尘渗入，保证内部空气洁净度，阀厅污秽等级为户内 a 级。

（3）每个阀厅 0m 层出入口不应少于两个，一个出入口直通室外，另一个出入口宜与控制楼连通。阀厅应至少有一个出入口作为搬运通道，其净空尺寸应满足阀厅最大设备的搬运以及换流阀安装检修用升降机的出入要求。

（4）阀厅内应设置便于搬运和车辆出入的通道以及巡视用的通道，巡视走道应能通至阀塔上部屋架区域，并与控制楼连通，以满足运行人员的巡视要求。阀厅巡视走道与控制楼之间采用电磁屏蔽门，并向控制楼方向开启。门和通道的设置应考虑紧急疏散的需要。

（5）阀厅与控制楼之间的适当位置（一般在控制楼二层或三层）应设电磁屏蔽防火观察窗，其尺寸大小及具体位置应便于运行人员在控制楼内对阀厅电气设备运行状况进行观察。

（6）阀厅应为金属全屏蔽，以屏蔽外部的电磁干扰和阀换相时所产生的干扰。阀厅的顶板和墙由波纹钢板构成的夹层板组成。阀厅的地板须有适当屏蔽铁丝网，铁丝网埋于混凝土中，铁丝网的边缘与墙边做电气连接。

（7）阀厅应配置冗余且容量足够的空调系统，将温度和湿度控制在正常范围，满足换流阀的环境要求（正常温度为 10 ~ 50℃，相对湿度不大于 60%）。

（8）阀厅应设置独立的排烟系统。当采用机械排烟系统时，排烟风量可按房间换气次数每小时不少于 5 次计算，排烟口宜设置在阀厅上部。阀厅利用空调系统进行排烟时，必须采取安全可靠的措施，并设有将空气调节系统自动或手动切换为排烟系统的装置。

（9）阀厅外墙不应设置采光窗，当工艺要求设置消防百叶窗或事故排烟风机时，应采取必要的电磁屏蔽和防渗漏措施，并在风口处加设启闭装置以保证阀厅在正常运行时处于密闭状态。

（10）当阀厅与换流变压器、平波电抗器之间的间距不满足防火规范要求时，其墙体应满足 3h 耐火极限的要求。阀厅钢屋架可不涂防火涂料。

（11）阀厅应配备先进可靠的防火系统，包括耐火的结构材料、灵敏的火源探测及处理系统和有效的灭火装置。阀厅围护材料和门应具有良好的密闭、保温、隔热、隔音性能。

（12）阀厅地坪面层应采用耐磨、不起尘、易清洁的建筑饰面材料。

（13）阀厅屋顶及室内巡视通道设计应考虑可靠的安全措施，避免人员跌落。设计单位应根据当地历史气候记录，适当提高阀厅屋顶的设计标准，防止大风掀翻屋顶并保证阀厅的防雨、防尘性能。

（14）特高压换流站每极各有一个高端和低端阀厅，全站有 4 个阀厅，阀厅的布置与换流区域及全站的整体布局密切相关。各站实际情况不一，阀厅的布置形式选择也有所不同。目前可供选择的阀厅布置有一字型（全站阀厅呈一字型排开）、面对面（每极高低压阀厅面对面布置，换流变压器布置在两个阀厅之间）和平行型（全站阀厅平行布置，每个阀厅的换流变压器布置在阀厅两侧）。

2. 阀塔的设计要求有哪些？

答：（1）阀塔的机械结构应简单而坚固，能承受规定的抗震要求及检测人员到阀体上工作时产生的应力。

（2）阀塔的机械结构设计应考虑在一根支撑（或悬吊）绝缘子损坏的情况下，剩余支撑（或悬吊）绝缘子承受的负荷不超过其额定机械强度的 50%。

（3）阀塔的结构设计应考虑保证冷却水泄漏时能自动沿沟槽流出，离开带电部件，流至一个检测器并发出报警信号，不会造成任何元件的损坏。

（4）阀塔中的各种非金属构件应具有耐电弧特性，避免因放电导致快速老化。

（5）单相阀塔顶部宜设置分支水管阀门，便于分相阀塔单独放水。

3. 换流阀的结构形式有哪些？

换流阀的结构设计与冷却方式、绝缘方式、安装方式及阀的联结类型有关。

（1）从冷却方式分有水冷却、风冷却、油冷却和氟利昂冷却等；

（2）从绝缘方式分有空气绝缘、油绝缘和 SF_6 绝缘等；

（3）从安装方式分有悬吊式和支撑式，如图 4-1 和图 4-2 所示。

（4）从阀的联结类型分有单重阀、双重阀和四重阀，如图 4-3 所示。目前，我国直流换流站多采用水冷却、空气绝缘、悬吊式的双重阀塔结构。

图 4-1　户内支撑式阀塔

图 4-2　户内悬吊式阀塔

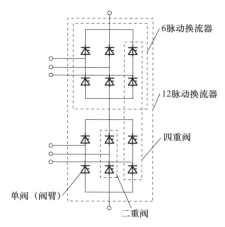

图 4-3　换流阀的联结类型

4. 换流阀机械结构设计有哪些基本原则？

答：（1）可靠性高，满足抗震要求；

（2）便于检修维护；

（3）便于现场快速简便安装。

5. 换流阀电气设计阀组件由哪些元器件组成？

答：（1）晶闸管元件。实现电能转换的核心元件。

（2）阻尼元件（阻尼电阻、阻尼电容）。阀关断时，吸收晶闸管的反向恢复电荷，限制晶闸管两端的电压过冲；给晶闸管控制单元提供暂态充电，充电时间常数为100μs，保证在阀触发前晶闸管控制单元（TCU）能获得可靠的工作电源。

（3）均压元件（均压电阻）。测量晶闸管两端电压，用于形成晶闸管回报脉冲、晶闸管保护触发和恢复性保护逻辑的输入电压；给晶闸管控制单元提供稳态工作电源。

（4）阳极电抗器。限制晶闸管开通电流；在晶闸管阀承受陡波冲击电压时，限制在晶闸管上产生的电压应力；作为阻尼回路的补充，确保串联晶闸管电压均匀分配。

（5）晶闸管控制单元（TCU）或晶闸管电压监测模块（TVM）。控制晶闸管元件的触发导通；监视晶闸管电压降，并产生相应的回检信号。

6. 晶闸管元件有哪些特性？

答：（1）阳极伏安特性。当加在晶闸管元件上的正向阳极电压增加时，如果门极电流为零，正向阳极电流随着电压的增加而从零缓慢增大（仍只有几毫安），元件处于正向阻断状态；待电压升至断态不重复峰值电压时，电流突然急剧增加，管压降至很小（为 0.5 ~ 1.5V），元件转入导通状态。如果门极电流不为零，则随着门极电流的增加，晶闸管元件由阻断状态变为导通状态所需的正向阳极电压就减小。如果门极电流达到可触发电流，则晶闸管元件在很低的正向阳极电压下就能开通。

晶闸管元件阳极加反向电压时只有很小的反向漏电流，且随反向电压的加大而增大。如果反向电压达到反向不重复峰值电压时，反向电流急剧增加，元件将被击穿损坏。

（2）门极特性。晶闸管元件的门极正向电压和正向电流之间的关系称为门极特性，在门极与阴极之间施加正向电压，会显示二极管特性，其正、反向电阻差别较小，在门极正常触发区内，既能使元件可靠触发开通，又不致使门极击穿或过热。

（3）断态重复峰值电压（U_{DRM}）。在晶闸管门极断路和正向阻断条件下，可施加的重复率为每秒50次且持续时间不大于10ms的断态最大脉冲电压。

（4）反向重复峰值电压（U_{RRM}）。晶闸管在门极断路条件下，可施加的重复率为每秒50次且持续时间不大于10ms的反向最大脉冲电压。

（5）额定平均电流。指在规定的环境和散热条件下，允许通过的工频正弦半波电流的平均值。

（6）断态临界电压上升率 du/dt。在额定结温和门极开断条件下，不导致晶闸管元件从断态转变为通态的最大阳极电压上升率。

（7）通态临界电流上升率 di/dt。当用门极触发使元件开通时，晶闸管元件能承受而不发生有害影响的最大通态电流上升率。

（8）开通时间 T_{ON}。从门极加上触发脉冲开始到阳极电流上升到稳定值 90% 所需的时间。

（9）关断时间 T_{OFF}。指在额定结温下元件正向电流为零开始到元件恢复阻断能力为止所需的时间。

7. 换流阀的基本电气性能有哪些？

答：（1）阀最主要的特性是仅能在一个方向导通电流，该方向定为正向，电流仅在一个周期的 1/3 期间内流过一个阀。

（2）不导通的阀应能耐受正向及反向阻断电压，阀电压最大值由避雷器保护水平确定。

（3）当阀上的电压为正时，得到一个控制脉冲阀就会从闭锁状态转向导通状态，一直到流过阀的电流减小到零为止，阀始终处于导通状态，不能自动关断。一旦流过阀的电流到零，阀即关断。

（4）阀要有一定的过电流能力，通过阀的最大过电流发生在阀两端间的直接短路，而过电流的幅值主要由系统短路容量和换流变压器短路阻抗决定。

8. 换流阀的电气性能设计应考虑哪些条件？

答：（1）换流阀电压耐受能力；

（2）换流阀电流耐受能力；

（3）交流系统故障情况下换流阀运行能力。

9. 换流阀热特性应满足哪些要求？

答：阀的热力设计需要将晶闸管的运行结温维持在正常范围之内，需要考虑各种稳态和暂态工况、晶闸管结温工作范围、冷却系统设计等多方面因素。

阀的热力强度设计基于阀的额定工作电流、各种过负荷电流及暂态故障电流。晶闸管元件目前制造水平的正常结温允许范围是 60～90℃，因此冷却系统额定容量选择应能满足这一要求。各种暂态故障电流决定晶闸管元件的最高允许结温，要求实际最大结温应小于导致永久损坏晶闸管元件的极限结温，并留有一定裕度。目前国际上的制造水平是导致永久性损坏的极限结温为 300～400℃、承受最严重故障电流后的最高结温为 190～250℃。

10. 换流阀晶闸管数量的冗余设计应满足什么要求？

答：每个单阀中须具有一定数量的冗余晶闸管，作为两次计划检修之间 12 个月的运行周期中损坏元件的备用。晶闸管级的损坏是指阀中晶闸管元件或相关元件的损坏导致该晶闸管级短路，在功能上减少了阀中晶闸管级的有效数量。

冗余度的确定应保证各单阀中的冗余晶闸管数不小于 12 个月运行周期内损坏晶闸管数期望值的 2.5 倍，且不小于阀中晶闸管级总数的 3%；冗余度不小于 1.03，也不少于 2～3 个晶闸管。

晶闸管损坏级数的期望值应在晶闸管元件和相关元件的损坏率估计值的基础上，按独立随机损坏模型进行计算。晶闸管元件及相关元件的损坏率估计值应根据同类应用条件下同类设备的运行经验选取。

11. 换流阀晶闸管的运行触发角工作范围有什么要求？

答：换流阀的额定运行触发角（整流器为触发角，逆变器为关断角），从减少无功消耗、减少谐波分量和降低运行损耗等方面考虑，宜越小越好；但从换流阀安全可靠换相和保证足够调节裕度的角度出发，应有最小角度限制。根据直流输电工程的经验和目前晶闸管的制造水平以及触发控制系统的性能水平，整流器的触发角一般取 15° 左右，最小为 5°；逆变器的关断角一般取 15°～18°，最小值为 15°。

12. 换流阀晶闸管运行触发角工作范围的优化选择应考虑的因素有哪些？

答：（1）满足额定负荷、最小负荷和直流降压等各种运行方式的要求；

（2）满足正常启停和事故启停的要求；

（3）满足交流母线电压控制和无功调节控制等要求。

13. 换流阀电压耐受能力设计应满足哪些要求？

答：晶闸管阀应能承受各种不同的过电压，考虑到电压的不均匀分布、过电压保护水平的分散性以及其他阀内非线性因素对阀应力的影响，阀的耐压设计应考虑足够大的保护裕度。

根据工程经验，不计阀内冗余元件，单阀和多重阀的绝缘裕度系数，对于操作冲击应大于避雷器保护水平的 10%～15%；对于雷电冲击应大于避雷器保护水平的 10%～15%；对于陡波头冲击应大于避雷器保护水平的 15%～20%。

在一定的元件耐压水平参数下，阀的耐压能力由晶闸管的串联元件数决定，决定阀臂最小串联元件数的因素包括操作冲击波的电压分布不均匀系数、阀臂正向非重复阻断电压应高于避雷器保护水平和最小正向紧急触发电压（BOD）、阀臂的反向非重复阻断电压应高于避雷器保护水平并满足最小绝缘配合裕度要求。

阀应能在晶闸管级保护触发动作时连续运行，在最大工频过电压时，阀的保护触发不应因逆变换相暂态过冲而动作，保护触发不应影响此后的直流系统恢复；在正常控制过程中，触发角快速变化不应引起保护触发动作；在最大设计结温条件下，当逆变侧换流阀处在换相后的恢复期时，晶闸管应能耐受相当于保护触发电压水平的正向暂态电压峰值。

14. 换流阀电流耐受能力设计应满足哪些要求？

答：换流阀应具有承担额定电流、过负荷电流及各种暂态冲击电流的能力。换流阀在最小功率至 2h 过负荷之间的任意功率水平运行后，不投入备用冷却时至少应具备 3s 暂时过负荷能力。主回路中不宜采用晶闸管元件并联的设计。

（1）对于由故障引起的暂态过电流，换流阀应具有带后续闭锁的故障电流承受能力。对于运行中任何故障造成的最大故障电流，换流阀应具备承受一个完全偏置的不对称电流波的能力，且在此之后立即出现的最大工频过电压作用下，换流阀应保持完全的闭锁能力，以避免换流阀的损坏或其特性的永久改变。

计算过电压所采用的交流系统短路水平与计算过电流时所采用的交流系统短路水平相同。故障前应假定所有的冗余晶闸管级都已损坏，并且晶闸管结温为最大设计值。

（2）对于由故障引起的暂态过电流，换流阀应具有不带后续闭锁的故障电流承受能力。对于运行中的任何故障所造成的最大故障电流，若在过电流之后不要求换流阀闭锁任何正向电压，或闭锁失败，则换流阀应具有承受 3 个完全不对称电流波的能力。故障前换流阀的状态与（1）的规定相同。

换流阀应能承受两次故障电流冲击之间出现的反向交流恢复电压，其幅值与最大故障电流同时出现的最大暂时工频过电压相同。

（3）换流阀应具有附加短路电流的承受能力。当一个单阀中所有晶闸管元件全部短路时，其他两个单阀将向故障阀注入故障电流，在最恶劣的组合下，故障阀中流过的电流可能大于（1）中所描述的最大单波过电流水平，此时该故障阀内的电抗器和引线应能承受这种过电流产生的电动力。

计算最大故障电流应考虑的运行条件为阀侧绕组最高电压、换流变压器最小电抗、交流系统最大短路水平和最小触发角，故障电流最大值主要取决于换流变压器短路电抗。

15. 交流系统故障情况下换流阀运行能力设计应满足哪些要求?

答：在交流系统故障使换流站交流母线所测量到的三相平均整流电压值大于正常电压的 30%，但小于极端最低持续运行电压并持续长达 1s 的时段内，直流系统应能持续稳定运行，在这种条件下所能运行的最大直流电流由交流电压条件和晶闸管阀的热应力极限决定。一般应给出直流电压分别降至 40%、60% 和 80% 时所能达到的最大直流电流。

在发生严重的交流系统故障，使换流站交流母线三相平均整流电压测量值为正常值的 30% 或低于 30% 时，如果可能，应通过继续触发阀换相组维持直流电流以某一幅值运行，从而改善高压直流系统的恢复性能。如果为了保护高压直流设备而必须闭锁阀换相组并投旁通时，则阀换相组应能在换流站交流母线三相整流电压恢复到正常值的 40% 之后的 20ms 内解锁。

16. 换流阀晶闸管设计时仿真优化应遵循哪些基本原则?

答：（1）包含阀的所有运行工况；
（2）仿真回路的组成尽可能与实际情况相同；
（3）仿真回路尽可能考虑到影响阀运行的所有参数；
（4）由仿真得出的各个部分的电压分布符合设计要求；
（5）仿真回路中使用的等效回路完整、合理。

17. 阀避雷器的设计应满足哪些要求?

答：（1）阀避雷器的主要作用是保护晶闸管阀不受过高的过电压作用。阀避雷器可以作为换流阀中过电压的主要保护装置，该避雷器加上晶闸管的正向保护触发构成阀的过电压保护。因为阀的价格及功耗大致与阀体的绝缘水平成正比，因此使该绝缘水平和相关联的避雷器保护水平尽可能低非常重要。

（2）阀避雷器应采用无间隙金属氧化物避雷器。

（3）选择阀避雷器参数时，应保证换流阀的各种运行工况不会导致阀避雷器加速老化或其他损伤，同时阀避雷器应在各种过电压条件下有效保护换流阀。

（4）阀避雷器应带有记录阀避雷器冲击放电次数的计数器，计数器的动作信号应通过光纤传至事件顺序记录器进行记录。

（5）阀避雷器保护水平与保护触发水平的配合有两种不同方案。第一种方案，阀避雷器限制阀正向及反向出现的过电压，设置阀保护性触发水平高于避雷器保护水平；第二种方案，避雷器限制阀反向过电压，保护触发水平设置为阀避雷器保护水平的 90% ~ 95% 作为主要的正向过电压保护。第二种方案仅用于晶闸管的反向耐受电压高于晶闸管正向耐受电压的情况，则阀的晶闸管级个数少于第一种方案，可减少成本、提高换流器效率。

18. 阀电抗器的设计原则有哪些？

答： 依据晶闸管开通时 di/dt 承受能力和运行时各种故障情况可能出现的异常电压分布确定。阀电抗器应满足如下要求：

（1）在陡波前和雷电波过电压冲击下承担部分电压，从而使晶闸管级免受过电压损坏。

（2）限制晶闸管级开通时的 di/dt 和电流过零等。

（3）改善阀两端出现的异常电压分布。

19. 换流阀防火设计的基本原则有哪些？

答： 换流阀应采用阻燃材料，并消除火灾在换流阀内蔓延的可能性。阀厅应安装响应时间快、灵敏度高的火情早期检测报警装置。阀厅发生火灾后火灾报警系统应能及时停运直流系统，并自动停运阀厅空调通风系统。

（1）阀内的非金属材料宜是阻燃的，并具有自熄灭性能。垂直件材料应符合 UL94V-O 材料标准，水平件材料应符合 UL94HB 材料标准。所有塑料中应添加足够分量的阻燃剂如三氢化铝（ATH），但不应降低材料其他必备的物理特性如机械强度和电气绝缘特性。由于卤化溴燃烧后产生的物质具有高度的腐蚀性和毒性，不允许用作填充物。

（2）避免电子元件超过其耐受的热应力。晶闸管电子设备单元设计要合理，不存在产生过热和电弧的隐患；应使用安全可靠、难燃的元件，元件参数的选择要保留充分的裕度；各元器件之间的连接要牢固、可靠，以防产生过热和电弧；电子设备单元中不允许有高压部件。

（3）减少电触点的数量，所有电触点使用螺栓紧固；载流回路的设计要考虑足够的安全系数；电气连接应牢固、可靠，避免产生过热和电弧。

（4）换流阀内应采用无油化设计。

（5）减少绝缘部分的电势差，避免在污染和潮湿环境下发生较大的泄漏电流。

（6）在相邻材料之间和光纤通道的节间应设置阻燃的防火板或采用其他措施，阻止火灾在相邻塑料材料之间以及光纤通道的节间横向或纵向蔓延。阀内采用的防火隔板布置要合理，避免由于隔板设置不当导致阀内元件过热。

（7）阀上的内冷却系统应能避免因漏水、冷却水中含杂质以及冷却系统腐蚀等原因导致的电弧和火灾。

 20. 换流阀光缆及光纤槽盒的设计应满足哪些要求？

答：（1）换流阀光缆应采用阻燃光缆并冗余配置，应具有较强的抗干扰性能，光缆的布置应便于光纤通道内相关部件的更换。

（2）换流阀的光纤槽盒应采用阻燃材质，内部放置防火包，起到防止光缆起火、阻断火势蔓延的作用。

（3）光缆槽盒采用圆弧形设计，保证不同电压水平的绝缘要求，并有足够的爬电距离，同时这种柔性设计有效隔离了振动时的相互影响，保证在各种应力下光缆均不会断裂。

 21. 阀控室、阀控屏柜的设计应满足哪些要求？

答：（1）阀控室应保持干燥，顶部防水应良好，独立阀控室应配置冗余的空调并正常运行，空调通风口禁止设计在阀控屏柜顶部。

（2）阀控屏柜顶部应安装挡水隔板或采取其他防潮、防水措施，防止凝露、漏雨顺着屏柜顶部电缆流入阀控屏柜导致设备故障。

（3）阀控屏柜应选用通风、散热效果良好的柜门，防止阀控系统长期运行产生的热量无法有效散出从而导致板卡故障。

（4）阀控室至阀控设备、换流阀的电缆开孔、通道要有足够的屏蔽措施，封堵良好。

（5）阀控屏柜（接口屏柜）应有防电磁屏蔽网。

（6）阀控屏柜内交、直流电源应使用独立的电缆分别供电，交、直流电源空气开关应使用正确，严禁混用。

22. 阀控系统的设计应满足哪些要求？

答：（1）阀控系统应采用双重化冗余配置，并具有完善的晶闸管触发、保护和监视功能，准确反映晶闸管、光纤、阀控系统板卡的故障位置和故障信息。

（2）除触发板卡、光接收板卡及阀控背板外，两套阀控系统不应共用元件，其他板卡应能在换流阀不停运情况下进行故障处理，当其中一套系统异常时不应影响直流系统正常运行。

（3）每套阀控系统应由两路完全独立的电源同时供电，两路电源经变换器隔离耦合后直接供电，不宜再串接空气开关，一路电源失电不影响阀控系统的工作。

（4）阀控系统接口板及插件应具有完善的自检功能，在主用及备用状态均能上送告警信号；当处理器故障或测量输入异常时应进行系统切换，防止误发跳闸命令。

（5）阀控系统与极控间的信号宜采用调制信号传输 1M 表示有效，10K 表示无效，其他频率或无光为故障，提高抗干扰能力，不宜使用节点、开关量信号。

（6）两套阀控系统的跳闸信号回路应彼此独立，不应有共用部分；阀控系统跳闸出口回路宜采用标准化接口设计，通过总线或光纤传输跳闸命令，防止单一继电器故障导致误闭锁。

（7）新建工程的阀控系统应具备试验模式，该模式下可对处于检修状态的换流阀触发脉冲，并进行晶闸管导通试验、光纤回路诊断等测试。

（8）新建工程的阀控系统应具有独立的内置故障录波功能，录波信号包括阀控触发脉冲信号、回报信号、与极控（单 12 脉动换流器控制）的交换信号等，在直流闭锁、阀控系统切换或异常时启动录波。

（9）阀控系统应全程参与直流控制保护系统联调试验。

（10）当直流控制系统接收到阀控系统的跳闸命令后，应先进行系统切换。

23. 阀监视系统应包含哪些功能？

答：（1）监视功能。应提供对晶闸管级监视的功能，以便确认每个晶闸管级的状态，并指示任一晶闸管级损坏的位置。

（2）报警或跳闸功能。在任一单阀中任一晶闸管级损坏时，监视设备应发生报警信号。如果晶闸管级损坏数超过冗余数，应向监控系统或其他保护系统发出跳闸信号。

（3）检测阀控制系统到晶闸管控制单元的光发射器和光接收器的裕度。

（4）按时间顺序打印记录事件数据。

24. 换流阀的保护配置有哪些?

答：换流阀的保护分为阀内部保护和阀外部保护两个部分。

（1）阀内部保护主要有避雷器保护、正向保护触发（BOD）以及冷却系统的控制保护；

（2）阀外部保护主要有电流差动保护组（阀短路保护、换相失败保护和换流器差动保护）、过电流保护组（直流过电流保护、交流过电流保护）、阀异常触发保护、电压保护组（电压应力保护、直流过电压保护）和本体保护组（晶闸管监测和大触发角监视）。

25. 晶闸管级应设计哪些保护?

答：（1）每个晶闸管级带有正向保护触发。当施加的正向电压超过允许水平时，保护触发将晶闸管级触发导通，以避免晶闸管级损坏；允许晶闸管级保护触发连续动作。

（2）晶闸管级设置恢复期保护，确保不因恢复期 du/dt 上升或正向电压超过允许值导致晶闸管级损坏。

26. 直流系统设计时对换流阀定值的要求有哪些?

答：（1）连续运行额定值。应根据系统要求及高压直流系统主回路参数的研究结果确定换流阀的连续运行额定值，应计及诸如最高环境温度等因素的影响。

（2）过负荷能力。换流阀的过负荷能力应与高压直流输电系统的过负荷能力相匹配，根据系统要求换流阀的过负荷能力可分为三种：连续过负荷额定值，可以长期连续运行的过负荷能力；短时过负荷额定值，一般是指 0.5h 至数小时内可连续运行的过负荷能力；暂态过负荷额定值，一般是指数秒钟内的过负荷能力。

27. 换流阀触发系统持续时间的设计要求有哪些?

答： 无论换流阀以整流模式还是逆变模式运行，当交流系统故障引起换流站交流母线电压降低到下列幅值并持续的对应时间，然后清除故障、恢复换相电压时，所有晶闸管级触发电路中的储能装置应具有足够的能量持续向晶闸管元件提供触发脉冲，使换流阀可以安全导通，不允许因储能电路需要充电而造成的恢复延缓。

（1）交流系统单相对地故障，故障相电压降至 0，持续时间至少为 0.7s。

（2）交流系统三相对地短路故障，电压降至正常电压的 30%，持续时间至少为 0.7s。

（3）交流系统三相对地金属短路故障，电压降至 0，持续时间至少为 0.2s。

28. 晶闸管结温计算需考虑哪些因素?

答： 晶闸管结温包含稳态结温和暂态结温，需考虑阀的额定工作电流、各种过负荷电流及暂态故障电流等条件，稳态结温计算需考虑晶闸管的稳态损耗、晶闸管热阻、使用环境温度及管壳温度；暂态结温计算需考虑施加瞬态负载前的稳态结温、瞬态热阻抗及晶闸管的瞬态损耗与稳态损耗之差。

29. 阀控系统的电源设计有哪些要求?

答：（1）每套阀控系统（含接口装置）应由两路完全独立的电源同时供电，一路电源失电，不影响阀控系统的工作。

（2）阀控系统电源应具有监视报警功能，单路电源中模块故障或外部失电压时应提供后台告警。

（3）阀控系统电源冗余供电设计时，两路电源经变换器隔离耦合后直接供电，不宜再串接空气开关。

（4）阀控系统电源应具有在供电电压受干扰骤降、跌落等情况下，保证装置正常工作的功能。阀控系统具有电压骤降、跌落等抗干扰能力，在短时失电时仍能保证装置正常运行。

30. 阀厅智能巡检系统设计要求有哪些?

答：（1）阀厅智能巡检系统应根据监视范围合理配置摄像头数量和位置，保证视频监控能对阀厅内换流阀等关键设备进行全覆盖监视，图像监视清晰，摄像头转动灵活到位。

（2）若智能巡检系统配置有阀厅红外测温设备，则应合理设置固定点位及巡检轨道，确保关键设备全覆盖，且安装位置应避免轨道及摄像头零件脱落损坏阀设备。

（3）阀厅智能巡检系统应设置远程监控后台。

31. 换流阀设计需考虑的基本技术参数有哪些？

答：（1）阀组成元件的类型和数量，包括晶闸管、阻尼均压回路、阀电抗器等；

（2）阀塔类型；

（3）阀的电压试验，包括直流耐压试验、交流耐压试验、操作冲击电压试验、雷电冲击电压试验、陡波前冲击电压试验；

（4）阀过电压保护类型；

（5）阀电流应力，包括故障电流、过载等；

（6）阀冷却系统形式和相关技术参数。

32. 换流阀阻尼回路的设计原则有哪些？

答：在直流输电三相桥中，为了抑制由于线路电感及杂散电容的存在使得阀关断时跃变电压造成的高幅振荡电压，一般采用内阻尼或外阻尼回路对振荡电压进行抑制，同时还应充分考虑阻尼回路的功率损耗。在直流输电系统中，一般采用内阻尼方式，需考虑电路漏感和设备杂散电容，如图4-4所示。

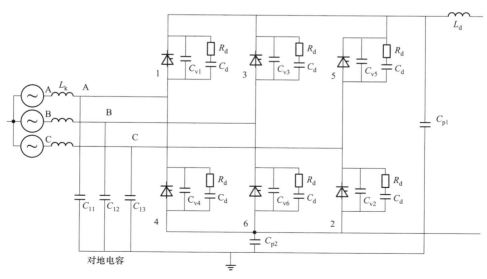

图4-4 内阻尼方式抑制振荡电压原理

33. 换流阀的损耗特性指的是什么?

答: 换流阀的损耗是高压直流输电系统性能保证值的重要基础,是评价换流阀性能优劣的重要指标。根据直流输电工程的经验,换流站在额定工况时的损耗约小于传输功率的1%,而阀的损耗则占全站损耗的25%左右。

阀的损耗由晶闸管元件的损耗和阀内辅助系统元件或设备的损耗组成,主要包括阀通态损耗 P_1、阀开通时的扩散损耗 P_2、阀其他通态损耗 P_3、与直流电压相关的损耗 P_4、与电阻器相关的阻尼损耗 P_5、与电容器相关的阻尼损耗 P_6、阀关断损耗 P_7、阀电抗器损耗 P_8 以及阀冷却损耗等。

34. 换流阀的铭牌应包含哪些内容?

答: 换流阀的铭牌应包含标准代号、制造厂名、出厂序号、制造年份、额定频率、额定电流、电压等级、阀塔总质量、单阀晶闸管元件总个数、晶闸管元件规格等内容。

35. 阀厅火灾报警系统设计要求有哪些?

答: (1)阀厅应配置极早期烟雾探测和紫外火焰探测两套阀厅火灾报警系统,阀厅火灾报警系统动作出口应闭锁直流,并停运阀厅空调系统,关闭排烟窗。

(2)阀厅火灾报警系统跳闸逻辑满足下列要求:①阀厅内所有极早期烟雾探测传感器有一个检测到烟雾报警,且同时阀厅内所有紫外探头中有一个检测到弧光,同时满足两个条件时发出跳闸指令;②若阀厅空调进风口处极早期传感器监测到烟雾时,闭锁极早期系统的跳闸出口回路,在进风口处极早期传感器监测到烟雾的情况下,若有2个以上紫外探头同时检测到火焰或放电时,发出跳闸指令。

(3)紫外火焰探测、极早期烟雾探测装置跳闸信号应直接接入两套直流控制保护系统,而不经中间转接环节(触点扩展装置除外),且在采样和出口环节做好防误动、拒动措施。火灾跳闸信号动作需经直流控制系统切换后跳闸。接入两套控制保护系统的回路、接口、信号电源应独立。

(4)阀厅内极早期烟雾探测系统的管路布置以探测范围覆盖阀厅全部面积为原则,至少应有2个探测器检测到同一处的烟雾,一般采用火警2(最高级别报警)作为跳闸信号。

(5)阀厅紫外(红外)探测系统的探头布置应完全覆盖阀厅面积,阀层中有火焰产生时,发出的明火或弧光能至少被2个探测器检测到。

（6）极早期烟雾探测传感器、紫外传感器的报警触点应能满足分别送至一套火灾报警主机和两套控制保护系统的要求。触点数量不够时，需要进行扩展，并根据现场实际情况确定是否构成 RS 触发器回路防止误动。

（7）阀厅火灾报警系统监控主机应采用独立的 UPS 电源供电，设置主备电源，并具备自动切换功能。

（8）火灾报警动作信号应能上传至换流站监控系统，显示输入信号的优先级为火灾报警信号、预报警信号、故障信号。

（9）阀厅消防跳闸信号扩展装置应具有自恢复功能和完善的自检功能。

（10）运行人员工作站（OWS）中应有退出火灾报警跳闸回路软压板，或在跳闸回路中设有硬压板，以便需要时可以退出火灾报警跳闸功能。

| 第二节 |
晶闸管换流阀工作原理

1. 换流阀是如何实现整流和逆变的？

答：直流输电工程中，整流器与逆变器的可导通方向保持一致，但两者共阳极、共阴极的极性正好相反。当触发角小于 90° 时，直流输出电压为正值，换流器运行于整流工况；当触发角大于 90° 时，直流输出电压为负值，换流器运行于逆变工况。

2. 为什么要设置最小触发角控制？

答：晶闸管换流阀由数十个乃至上百个晶闸管构成，在控制极施加触发脉冲时，如果施加在上面的正向电压太低，阀触发电路能量不足，会导致晶闸管导通的同时性变差，不利于阀的导通，因此要设置了最小触发角控制。

3. 逆变器正常运行的条件有哪些？

答：（1）逆变器与整流器的导通方向一致；

（2）逆变器的直流侧必须有大于其反向电动势的直流电压，才能满足向逆变器注入电流的要求；

（3）逆变器交流侧受端系统必须提供换相电压和电流以实现换相；

（4）逆变器的触发角大于90°；

（5）逆变器的关断角必须大于 γ_0，以保证正常换相。

4. 为了保证安全导通，换流阀的触发系统必须满足怎样的要求？

答：（1）控制系统发出的触发指令必须传递到不同高电位下的每个晶闸管级；

（2）在晶闸管所处的电位下，需有足够的能量产生触发脉冲；

（3）所有晶闸管必须同时接受触发脉冲。

5. 晶闸管有哪些触发方式？ 工作原理分别是什么？

答：晶闸管有光电转换触发和光触发两种阀触发方式。

光电转换触发工作原理：把阀控系统来的触发信号转换为光信号，通过光缆传送到每个晶闸管级，在门极控制单元再把光信号转换成电信号，经放大后触发晶闸管元件。光电转换触发利用了光电器件和光纤的优良特性，实现了触发脉冲发生装置和换流阀之间低电位和高电位的隔离，同时也避免了电磁干扰，减小了各元件触发脉冲的传递时差，使均压阻尼回路简化和小型化，减少能耗，降低造价。

光触发工作原理：晶闸管门极区周围有一个小光敏区，当一定波长的光被光敏区吸收后，在硅片的耗尽层内吸收光能从而产生电子空穴对，形成注入电流使晶闸管元件触发。与光电转换触发方式相比，光触发省去了控制单元的光电转换、放大环节及电源回路，简化了阀的辅助元件，改善了阀的触发特性，提高了阀的可靠性。

6. 换流阀导通的条件是什么？

答：必须同时满足以下两个条件阀才能导通：

（1）阳极电压必须高于阴极电压，即阀电压为正；

（2）控制极上加有足够强度的触发脉冲。

7. 换流阀组件中 RC 阻尼回路有什么功能？

答：阻尼回路电气原理和晶闸管级电气连接见图 4-5 和图 4-6，阻尼回路为晶闸管控制单元（TCU）提供电源，保证阀触发前 TCU 能获得可靠的工作电源，在电流过零时阻止换相冲击电流过大，减小阀内的电压不均匀分布。

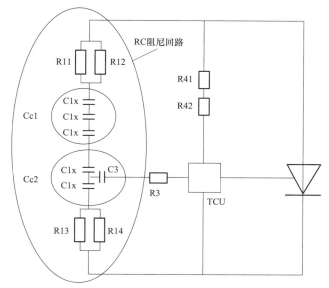

图 4-5　阻尼回路电气原理

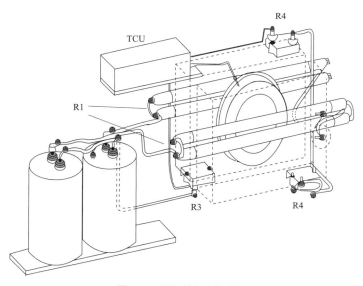

图 4-6　晶闸管级电气连接

8. 换流阀损耗主要包括哪些?

答：换流阀损耗主要包括阀通态损耗、阀关断损耗、阻尼回路损耗、均压回路损耗、阀电抗器损耗和阀冷却损耗。

9. 阀短路的特征有哪些?

答:(1)交流侧交替地发生两相和三相短路;

(2)通过故障阀的电流反相,并剧烈增大;

(3)交流侧电流激增,使换流阀和换流变压器承受比正常运行时大得多的电流;

(4)换流桥直流母线电压下降;

(5)换流桥直流侧电流下降。

10. 阀电抗器的作用主要有哪些?

答:(1)限制晶闸管刚开通时的 di/dt。在晶闸管开通的最初几微秒内,电抗器在小电流下有很大的非饱和电感值,限制了晶闸管电流的上升率。在晶闸管安全开通后,电抗器进入饱和状态,电感值很小。

(2)在晶闸管关断过程中限制 di/dt,降低晶闸管关断时的反向恢复电荷,从而起到抑制反向过冲的作用。

(3)利用足够的阻尼阻止电流过零时产生振荡涌流,保护晶闸管。

(4)在冲击电压下起辅助均压作用,使晶闸管免受电压损坏。

11. 阀避雷器的作用主要有哪些?

答:(1)对换流阀内部短路或内部故障产生的过电压进行限制,对阀晶闸管进行保护。

(2)换流站交、直流侧的暂态过电压或操作过电压可传至阀侧,阀避雷器对过电压起限制作用从而对设备提供保护。

12. 什么是换相失败?

答:当换流器做逆变运行时,从被换相的阀电流过零起到该阀重新被加上正向电压为止所对应的角度称为关断角。如果关断角太小,以致晶闸管阀来不及完全恢复正常阻断能力,即被加上正向电压,它会自动重新导通,发生倒换相从而导致应导通的阀关断而应关断的阀继续导通,这种现象称为换相失败。

13. 换相失败的特征有哪些?

答:(1)关断角小于换流阀恢复阻断能力的时间;

(2)脉动逆变器的直流电压在一定时间下降到零;

（3）直流电流短时增大；

（4）交流侧短时开路，电流减小；

（5）基波分量进入直流系统。

14. 造成换相失败的原因有哪些？

答：（1）交流电压下降；

（2）直流电流增大；

（3）触发角 β 过小或整定的跃前关断角 δ 过小等。

15. 如何预防换相失败？

答：（1）利用无功补偿维持换相电压稳定；

（2）采用较大的平波电抗器限制暂态时直流电流的上升；

（3）系统规划时选择短路电抗较小的换流变压器；

（4）增大触发角 β 或关断角 γ 的整定值；

（5）采用适当的控制方式；

（6）改善交流系统的频谱特性；

（7）人工换相。

16. 换流阀换相失败故障的保护措施有哪些？

答：（1）低压限流（VDCL）功能能够避免逆变器换相失败。由于逆变侧交流系统故障或逆变器已经发生换相失败，造成直流电压下降、直流电流上升，使换相角加大、关断角减小，从而发生换相失败或连续换相失败。因此，降低电流参考值可以减少发生换相失败概率。

（2）换相失败保护。发生换相失败时，保护立即向故障换流阀发出增加换相裕度的指令加速恢复。当检测到两个 6 脉动桥内发生换相失败是由交流侧扰动引起时，此保护会与交流故障切除的最长时间相配合。同时，换相失败保护通过远动通信向整流站发出闭锁直流线路保护的指令，以避免线路保护动作。

17. 换相失败保护的保护目的是什么？

答：逆变侧发生换相失败时会造成很严重的危害，换相失败保护是为了检测因交流电网扰动和其他异常换相条件造成的换相失败。

18. 换相失败保护的保护原理是什么?

答： 换相失败的特征是直流电流上升，交流电流下降，所以如果直流电流和交流电流的差值超过参考值，就检测到换相失败。换相失败检测分为两个部分：第一部分检测单桥故障，如果只检测到一桥有故障，并且不存在交流电压低的信号，认为换相失败是由控制系统引起的；第二部分检测双桥故障，若检测到双桥连续出现换相失败，则认为换相失败是由交流系统扰动引起的。

19. 换流阀触发控制中控制脉冲（CP）、指示脉冲（IP）的作用是什么?

答： 控制脉冲（CP）是极控主机（PCP）向阀控单元（VCU）发出的电控制脉冲，经阀控单元（VCU）处理后转换为光触发脉冲（FP）用于触发晶闸管；指示脉冲（IP）是处于正电压下的晶闸管控制单元（TCU）发出的指示脉冲，用于指示晶闸管的状态。

20. 换流阀触发脉冲（FP）的形成及作用是什么?

答： 阀控单元（VCU）可根据极控主机（PCP）送来的控制脉冲（CP）（宽度120°）信号和晶闸管控制单元（TCU）送来的回报信号（IP）计算出宽度 1μs 的触发脉冲（FP）。一方面，触发脉冲（FP）会送到晶闸管控制单元（TCU），经触发电路形成 8A 的门极触发脉冲去触发晶闸管；另一方面，触发脉冲（FP）会送到极控主机（PCP）中的控制脉冲发生器（CPG）与相应的控制脉冲（CP）进行比较，确定是否发生误触发或未触发。

21. 换流阀在反向电压下加触发脉冲会导致什么后果?

答： 换流阀在反向电压下加触发脉冲，将使各元件的反向漏电流及其间的差别增大，造成元件之间电压分布不均匀，从而引起过电压，所以实际运行中要加以防止。

22. 防止换流阀在反向电压下加触发脉冲有什么措施?

答： 防止换流阀在反向电压下加触发脉冲的措施一般是检测到阀电压为正时，才允许加上触发脉冲。

23. 换流阀投旁通对的目的是什么?

答： 换流阀投旁通对能大大缩短直流电流分量流过换流变压器的时间，并迅速提供换流桥的直流电流旁路，便于实现交流断路器的快速跳闸。

24. 换流阀投旁通对的策略是什么？

答：（1）选择因控制极不能闭锁而发生误导通的故障阀和桥臂短路的故障阀做旁通对；

（2）发生不开通故障的阀不能做旁通对；

（3）尽量减小阀元件结温的升高，在故障发生后导通时间比正常时增长的阀一般不宜再选做旁通对；

（4）使被选做旁通对的两个桥臂能尽早投入。

25. 换流阀 X、Y、Z 闭锁分别用于什么情况？

答：（1）X 闭锁主要用于阀故障期间，并主要由检测阀短路电流的保护产生；X 闭锁也用于触发回路故障，因为这时不能正确地选择旁通对。

（2）Y 闭锁常用于不会使设备遭受严重过应力的交流故障、手动极闭锁和直流故障。

（3）Z 闭锁常用于直流侧接地故障和过电流的情况，换流器立即移相且投旁通对闭锁。

26. 换流器控制级主要控制功能是什么？

答：换流器控制级主要控制功能包括换流器触发相位控制，定电流控制，定关断角控制，直流电压控制，触发角、直流电压、直流电流最大值和最小值限制控制以及换流单元闭锁和解锁顺序控制等。

27. 晶闸管换流阀对触发电路有什么要求？

答：（1）触发时，触发电压应有足够大的电压和电流；

（2）不该触发时，触发回路电压应小于 0.15 ~ 0.25V；

（3）触发脉冲的上升前沿要陡；

（4）触发脉冲要有足够的宽度，一般应保持 20 ~ 50μs；

（5）触发脉冲应与主电路同步，脉冲发出时间前后能平稳移动，且移动的范围要宽。

28. 换流阀保护性触发（PF）原理是什么？

答：晶闸管换流阀正常情况下，当阳极和阴极间电压达到 32V 时，晶闸管控制单元（TCU）会检测到晶闸管承受正向电压，通过光纤向阀控单元（VCU）发出指示脉冲（IP）。在阀控单元（VCU）中，该指示脉冲（IP）和极控主机（PCP）送来的控制脉冲（CP）共同形成触发脉冲（FP），该触发脉冲（FP）通过光纤送至晶闸管控制单元（TCU）触发晶闸管。若晶闸管两端电压持续上升到约 2~3kV，而晶闸管还没有导通，则晶闸管控制单元（TCU）会发出保护性触发（PF），用于紧急导通该晶闸管，防止该晶闸管被高电压击穿损坏。

29. 换流阀保护性触发（PF）目的是什么？

答： 晶闸管满足所有导通条件而晶闸管还没有导通，则晶闸管控制单元（TCU）会发出保护性触发（PF）用于紧急导通晶闸管，防止晶闸管被高电压击穿损坏。换流阀保护性触发（PF）目的是使晶闸管免受巨大的正向过电压而损坏所配置的保护。

30. 换流阀恢复性触发模块的作用是什么？

答： 换流阀恢复性触发模块在晶闸管关断过程中，承受的反向电压低于 30V 后，若在 1ms 内出现幅值大于 1.2kV 的正向电压时，为了避免晶闸管由于局部导通产生局部过热遭受破坏，利用就地的保护触发功能及时触发晶闸管。

| 第三节 |
换流阀控制与保护系统

1. 换流阀控制与保护由哪几部分组成？

答： 换流阀控制保护系统由阀基电子设备、晶闸管触发监测单元、漏水检测器和避雷器动作指示器组成，上层控制保护系统有换流器控制保护设备、数据采集与监控系统和同步时钟系统。阀基电子设备和换流器控制保护采用光纤传输各种控制信号，提高抗干扰能力；阀基电子设备和数据采集与监控系统系统通过总线通信传输事件信息；同步时钟系统将时钟信号传输给阀基电子设备。

2. 阀控制单元和晶闸管监测设备的工作原理是怎样的？

答： 换流阀控制单元（VBE）设计为冗余热备的双系统，当前运行系统控制换流阀触发脉冲的生成，同时 VBE 冗余双系统监视换流阀和 VBE 的运行状态。当前运行系统检测到存在严重故障时，VBE 将引发一次系统切换。一旦检测到跳闸条件满足，VBE 双系统同时产生跳闸信号发送到极控制保护系统（CCP），从而实现对换流阀的保护。

 3. 阀组保护涉及的保护有哪些？

　　答：换流器保护和旁路开关保护均属于阀组保护系统，确保一个阀组发生故障时，不影响另一个阀组的正常运行，减少 12 脉动阀组保护系统之间的耦合性。主要涉及的保护有交流过电压保护、星侧阀短路保护、角侧阀短路保护、换流器零序过电压保护、换流器过电流保护、直流过电压保护、换流器开路 / 阀组差动保护、星侧桥差动保护、角侧桥差动保护、星侧换流器中性线直流过电流保护、角侧换流器中性线直流过电流保护和旁路开关保护等。

 4. 晶闸管控制单元的过电压保护（保护触发）功能是怎样实现的？

　　答：如同一阀上其他晶闸管开始导通，而某晶闸管未被正常触发，则该晶闸管两端电压会上升。当晶闸管两端电压上升到 7580V 时，TCU 的保护触发电路产生一个紧急触发脉冲使晶闸管导通，以防止过电压损坏。如果用保护触发使这一个晶闸管导通，将有一个附加指示脉冲送到阀控制单元 VCU。这个信号称为保护触发信号 PF。

 5. 晶闸管控制单元的方向恢复期保护（恢复保护）功能是怎样实现的？

　　答：晶闸管关断后约 1ms 内，晶闸管极易受电压暂态变化而引起损坏，所以特别设计该电路。在设定的恢复期保护时间内，如果晶闸管上的电压高于恢复期保护水平（1300V）或采集到 $dV/dt > 50V/\mu s$ 时，该电路自动产生一个触发脉冲（RP）使晶闸管导通以达到对晶闸管保护的目的。

 6. 换流阀控制设备屏柜的常规机箱组成是怎样的？

　　答：以祁韶直流工程为例，其换流阀控制设备（VBE）设计为一面双体屏柜，屏内共有 7 个机箱，从左上方（前门视角）开始编号为 1N ~ 7N。其中，机箱 1N ~ 6N 为换流阀控制检测单元（VCM），1N 机箱对应 D1D4 阀臂、2N 机箱对应 D3D6 阀臂、3N 机箱对应 D5D2 阀臂、4N 机箱对应 Y1Y4 阀臂、5N 机箱对应 Y3Y5 阀臂、6N 机箱对应 Y5Y2 阀臂，7N 机箱为阀塔监测单元（VMU）。

7. 换流阀控制设备（VBE）各机箱的主要功能是什么？

答： VCM 换流阀控制监测单元（VCM）每个机箱内均布置有 2 块主控板（MCT–A、MCT–B）、8 个光发射板（LE1～LE8）和 8 个光接收板（LR1～LR8），主要功能是完成 12 个阀臂的晶闸管触发和运行监视。

阀塔监测单元（VMU）机箱内布置有 2 个 VMU 主控板（VMCT–A、VMCT–B）、1 个漏水检测光发射板（LLE）、1 个漏水检测光接收板（LLR）、2 个避雷器动作检测板（ALR1、ALR2）、1 个 OLT 信号接收板（LR4）和 4 个录波板（REC1～REC4），主要功能是完成换流阀漏水检测、阀避雷器动作监视、屏柜本体的告警监视、信号录波等，并实现控制器局域网（CAN）和串行通信协议（MODBUS）通信功能。其中 VUM 主控板（VMCT）同过 CAN 线收集其他机箱的晶闸管级和板卡状态信息，会同阀控设备状态、避雷器、漏水检测等信息，集中传递给人机接口界面 HMI。

8. 阀控系统的连接网络是怎样的？

答： 以祁韶直流工程为例，阀控系统的连接网络如图 4–7 所示。

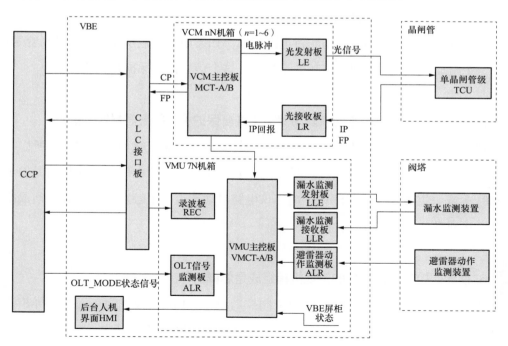

图 4-7 阀控系统的连接网络

VBE（换流阀控制监测设备）主要由 VCM 机箱及其所含板卡（主控板 MCT、光发射板 LE、光接收板 LR）、VMU 机箱及其所含板卡（主控板 VMCT、漏水监测光发射板 LLE、漏水监测光接收板 LLR、避雷器动作监测板 ALR、OLT 信号监测板 LR）、CLC 接口板和后台人机界面 HMI 等组成。VBE 以 CCP 的控制信号 CP、换流阀状态回报信号 IP 等信号为依据，通过主 VCM 机箱及其所含板卡以及触发回路实现晶闸管的触发导通；通过 VMU 机箱及其所含板卡以及监测回路实现机箱内板卡状态监测、阀塔漏水监测、避雷器动作监测、OLT 信号监测和 VBE 屏柜状态监测等功能；通过 CLC 接口板实现 CCP 和 VBE 之间控制信号、状态信号和回报信号等信号的传递；通过后台人机界面 HMI 实现与 VBE 的人机交互。

9. VBE 的 VCM 主控板的功能是什么？

答：（1）接收 CCP 的控制指令 CP，根据换流阀的 IP 回报信号，产生触发脉冲信号经光发射板转化成光信号，发射到高电位的 TCU 板卡触发晶闸管级。

（2）监测光接收板返回的晶闸管状态信号，并通过监测软件 HMI 实现对晶闸管的监测和告警处理。

（3）监测 VBE 屏柜自身告警。

10. VBE 的 VCM 光发射板的功能是什么？

答：接收主控板产生的电触发脉冲，经过内部脉宽处理，生成 16 路光信号，送给晶闸管级 TCU 板卡，实现对晶闸管的触发。

11. VBE 的 VCM 光接收板的功能是什么？

答：（1）接收 TCU 返回的 IP 信号，产生对应阀的 IP 回报信号，主控板根据 IP 回报信号实现对晶闸管的控制。

（2）实时监测并存储 TCU 返回的 IP 信号和 FP 信号，供主控板读取处理。

12. VBE 的 CLC 接口板的功能是什么？

答：作为 CCP 与 VBE 之间的信号转换板卡，CLC 接口板主要功能如下：

（1）接收 CCP 发送的控制信号，解调后发送给 VCM1N–6N 机箱；

（2）接收主控板返回的 FP 信号，调制后发送给 CCP；

（3）将 VBE 状态信号上传给 CCP；

（4）完成紧急投旁通对和同主同备等逻辑处理；

（5）将 CCP 与 VBE 之间传输的控制信号和状态信号通过高频数据线上传给 VUM

机箱的录波板，完成接口控制信号的实时录波。

13. VBE 的 VMU 主控板的功能是什么？

答：（1）监视 VBE 屏柜状态，包括电源告警、温度告警等屏柜告警；

（2）监视换流阀漏水告警和避雷器动作告警；

（3）监视 VMU 机箱其他板卡故障告警；

（4）将所有报警信息通过 PROFIBUS 总线上传到后台人机界面。

14. VBE 的漏水检测发射板的功能是什么？

答：（1）接收 VMU 主控板发送的漏水查询脉冲，生成光信号发射给阀塔漏水检测装置；

（2）完成（1）的同时，启动一个检测窗口发送到漏水监测接收板（LLR），实现漏水监测；

（3）与对应漏水监测接收板（LLR）配合完成单板故障检测。

15. VBE 的漏水检测接收板的功能是什么？

答：（1）在漏水监测发射板开启的监测窗口，根据漏水检测装置返回的脉冲，与告警门槛值比较，判断是否阀塔漏水；

（2）通过 PROFIBUS 总线上传漏水告警信息；

（3）若在检测窗过后收到回报脉冲，则闭锁计数器，不认为阀塔有漏水；

（4）监测自身板卡状态信息，若有异常，则向 VMU 板卡发送告警信息并切换系统；

（5）与对应漏水监测发射板（LLE）配合完成单板故障检测。

16. VBE 的避雷器动作监测板的功能是什么？

答：（1）监测到避雷器返回的大于 $350\mu s$ 的光信号，判断为避雷器动作，向后台显示界面发送一条 PROFIBUS 报文；

（2）监测自身板卡状态信息，若有异常，则向 VMU 板卡发送告警信息并切换系统。

17. VBE 的 OLT 信号监测板的功能是什么？

答：（1）实时接收来自极控系统的 OLT_MODE 信号；

（2）监测 OLT_MODE 信号状态，并将其发送给 VMU 主控板。

18. VBE 的录波板的功能是什么？

答：CLC 接口板上设计的专用录波模块录波板（REC-1～REC-4）主要功能：

（1）采集 VBE 与 CCP 之间的接口控制信号和 VBE_OK、TRIP 等信号；

（2）按照设定的启动条件，实现故障录波；

（3）将录波数据存储在优盘上，供专用软件读取分析。

19. 阀控系统的正常触发模式是怎样的？

答：VBE 检测到系统 ACTIVE 信号为 1MHz、DEBLOCK 信号为 1MHz 时，VBE 进入解锁状态，当 VBE 收到晶闸管控制单元（TCU）返回的正向电压信号，并且收到 CCP 发出的触发控制信号（CP）后，进入触发模式。在触发模式下，VBE 向阀发送一个单脉冲（短脉冲），发出后的 50μs 内，如果收到 TCU 反馈的一个 16μs 信号，则记录对应的阀片保护性触发动作（PF 动作）；如果在 50μs 之后收到 TCU 反馈的信号，而 CP 仍然有效，VBE 将进入补脉冲顺序。

在发出触发信号的同时，VBE 将向 CCP 反馈一个 16μs 的高电平信号（FP 信号），利用此信号 CCP 可以进行不触发、误触发的逻辑判别。按照特有的 IP_FP 空窗法处理逻辑，如果在 CP 上升沿前短时间内有 IP 信号返回，则闭锁保护性触发监视功能，补脉冲期间不进行保护性触发判断。

20. 阀控系统的正常补脉冲触发模式是怎样的？

答：在触发信号 CP 高电平区间，如果晶闸管再次承受超过 TCU 门槛值的正向电压，TCU 会产生指示脉冲（IP）。这时由于 CP 为有效电平，根据触发脉冲形成逻辑 VBE 将会再发一个触发脉冲，这种功能称为补脉冲。如果这个新的指示脉冲（IP）距上一个触发脉冲小于 100μs，补脉冲信号立即发出；如果距上一个触发脉冲大于 100μs，延时 20μs 再发出。

21. 阀控系统的投旁通对控制模式是怎样的？

答：投旁通对控制模式分两种情况：

（1）正常情况下投旁通对。

1）VBE 接收到投旁通对 BPPO 信号并结合 DEBLOCK 和 CP 信号决定是否启动投

旁通方式。

2）VBE 监视 BPPO 信号通道，当在 300μs 内未监视到 1MHz 或 10kHz 的信号时，视为该信号异常，VBE 发送报警事件，闭锁 CP 通道自检，不闭锁阀自检功能。

（2）紧急投旁通对。紧急旁通对信号（INV_Ind）用于逆变侧同时失去两套 CCP 时投紧急旁通对。光调制信号 1MHz 为逆变运行，10kHz 为整流运行。直流系统逆变运行且解锁条件下，当两套 VBE 在 5ms 内均未监视到 DEBLOCK 和 ACTIVE 信号时，认为两套 CCP 均故障，按照 1 阀和 4 阀投紧急旁通对。

22. VBE 监测的极控控制信号有哪些？

答： VBE 主控板监控系统在运行状态下实时监测从极控到 VBE 的控制信号，包括 CP 信号、VOLTAGE 信号、DEBLOCK 信号、ACTIVE 信号、BPPO 信号、INV_Ind 信号、REC_Trig 信号、OLT_MODE 信号。

23. VBE 如何监测屏柜运行状态？

答： VMU 主控板卡带有开关量的输入和输出节点，用于监视屏柜各电源的运行状态、屏柜散热风扇运行状态。当 VBE 所有状态都正常时，VMU 会驱动屏柜门上的绿色运行指示灯亮，表示 VBE 系统处于正常运行状态；否则，会驱动绿色运行指示灯熄灭，表示 VBE 系统存在异常。

24. 晶闸管无回检状态监测如何设计？

答： 在换流阀运行过程中，晶闸管级 TCU 产生回报信号，光接收板将接收到的回报信号状态填写到相应的保护触发状态寄存器或正向电压状态寄存器中，VBE 主控板按巡检周期实时读取光接收板的状态寄存器。如果监视系统检测到任何一路无正向电压指示，则会立即启动记录，并开始计数，在达到判断周期之前，如果巡检正常，则计数清零。若该晶闸管持续 2s 内无回检脉冲，则上报"单晶闸管级无回检信号"告警信号。如果单阀同时无回检信号告警晶闸管级大于等于 4 个，置位 VBE_Trip 信号。如果单块光接收板在判断周期内突然出现无回报信号超过一定数目，则认为换流阀两端电压异常，不认为晶闸管级故障，不启动晶闸管级无回检告警计数器。

25. 晶闸管级保护触发信号监测如何设计？

答： VBE 设计 OLT 试验模式，用于在 OLT 试验模式下屏蔽晶闸管级保护性触发动作监测功能。极控制保护系统 CCP 将 OLT_MODE 光调制信号送给 VBE，OLT_MODE 信号为 1MHz 时，VBE 进入 OLT 试验模式，并通过 PRODIBUS 总线发送 OLT 状态位至极控 SER，HMI 界面 6 个 VCM 机箱 OLT 指示灯变为红色。OLT 信号为 10kHz 时，VBE 退出 OLT 试验模式，并通过 PRODIBUS 总线发送 OLT 状态位至极控 SER，HMI 界面 6 个 VCM 机箱 OLT 指示灯变为绿色。在触发信号发出后，VBE 监视软件开启一个 50μs 窗口 PF 监视区间。非 OLT 模式下，VBE 在此区间内如果收到阀上反馈的光信号，表示发生了保护性触发动作。触发的原因可能是触发信号回路，包括光纤发射通路出现故障。光接收板把对应的状态位存储起来，等主控板读取。主控板读取到某个通道有保护性触发信号，立即进行计数，判断周期内恢复正常后故障计数器清零。若单个晶闸管 2s 内连续 PF 动作，则上报"单晶闸管级保护性触发动作告警"告警信号；如果单阀同时大于等于 5 个晶闸管级 PF 动作告警，置位 VBE_Trip 信号。按照特有的 IP_FP 空窗法处理逻辑，如果在 CP 上升沿前短时间内有 IP 信号返回，则闭锁保护性触发监视功能，同时在补脉冲期间 VBE 监视软件不进行保护性触发判断。

26. 晶闸管振荡判别如何设计？

答：VBE 监视软件读取的晶闸管级回报信号中，个别元件位置可能出现故障→正常→故障反复的情况，这会导致大量异常事件涌入 CCP，不利于正常运行。为此设计了振荡器件判别功能，当一个元件出现判断告警后又恢复正常，则在 24h 内闭锁此元件的监视。

27. 光发射板和光接收板如何实现监测？

答：在 VBE 装置的各机箱中，每块光发射板对应一块光接收板，在主控板单片机监视模式中定义的地址是同一个地址，光发射板一直向对应的光接收板发送自己的状态信号，当光发射板故障时信号消失，光接收板的 FPGA 将其故障状态发送给主控板，主控板根据光接收板的地址判断故障光发射板的地址，并发出告警信号，撤销 VBE_OK 信号。光接收板同时也向主控板发送自己的状态信号，主控板先判断光接收板状态，如果故障先报光接收板故障；如果没有故障，对其对应的光发射板进行判断。

28. 阀塔漏水监测如何实现？

答：阀塔漏水监测功能由 VMU 机箱漏水监测发射板卡和漏水监测接收板卡实现。VMU 单元主控板每隔一定周期通过漏水监测发射板卡，产生一束光信号并发射到阀塔漏水检测装置，如果漏水监测接收板在检测区间内收到了回检光信号，则光接收板计数器清零，否则计数器开始计数。当计数器计数大于 200 时，判定发生了阀塔漏水，并产生相应的报文，通过 PROFIBUS 总线送给变电站数据采集和监控系统（SCADA），同时将报文送给就地 HMI 显示。

29. 避雷器动作监测如何实现?

答：避雷器动作监测功能由避雷器监测板卡完成。VMU 单元主控板按照巡检周期读取避雷器监测板卡上存储的避雷器动作信号，通过 PROFIBUS 总线送给换流站数据采集和监控系统（SCADA），同时该报文送给就地人机接口界面（HMI）显示。

30. 人机接口界面（HMI）设计应注意哪些问题?

答：VBE 屏柜前门设计有人机接口界面，通过接收 VMU 主控板上传的晶闸管告警信息、阀控设备内部运行状态信息、板卡状态信息、避雷器漏水监测信息等，不依赖极控系统完成阀控系统运行状态的查询及调阅；同时，利用 SCADA 组态软件实现换流阀告警信息图形化，便于运维人员分析定位故障位置。另外，阀控系统人机对话界面可以在工程调试期间进入单晶闸管触发模式，配合完成触发试验。

31. 单晶闸管触发试验模式如何设计?

答：VBE 设计有晶闸管触发试验功能，用于在检修状态下对晶闸管级进行测试。通过在阀控设备自带 HMI 人机界面软件的设置完成阀控设备 VBE 试验模式的启动、退出。进入试验模式后，VBE 采用收到 IP 发 FP 的触发逻辑，并将光接收板的回检信号状态上传到人机接口界面（HMI）。

试验模式和正常运行模式统一设计在主控板上，简化工程现场设备调试准备工作，减小工作量的同时，可避免由于更改软件或硬件带来的软件版本错误或硬件安装错误等引起的不必要风险。

32. 阀控制监测设备晶闸管级触发试验模式是怎样的?

答：启动试验模式后，VBE 装置进入收到 IP 发 FP 的触发逻辑。换流阀功能测试仪给晶闸管级两端施加电压后，TCU 板卡上传 IP 信号至 VBE 光接收板；VBE 光接收板收到晶闸管级 IP 信号后，将晶闸管级状态通过 CAN 总线上传至 HMI 界面系统，同时产生 FP 信号触发对应晶闸管级；TCU 板卡收到 FP 信号后触发对应晶闸管级，换流阀功能测试仪通过晶闸管级电压电流判断试验导通结果并点亮状态指示灯，完成晶闸管级触发试验。

33. 阀控制信号接口设计有什么要求？

答：VBE 与控制保护系统接口为冗余设计，控制保护系统 A 与 VBE 系统 A 进行信号交换，控制保护系统 B 与 VBE 系统 B 进行信号交换。VBE 与控制保护系统控制接口信号依据相关标准进行设计并已完成接口联调工作。VBE 和控制保护系统之间的所有信号均采用光调制信号，载波信号占空比为 50%，载波频率误差不得大于 10%；信号通道采用波长 820nm 的多模光纤，控制保护输入最小不低于 –25dbm，控制保护输出最小不低于 –15dbm。

34. 阀控设备电源接口设计有什么要求？

答：换流阀控制监测设备为冗余系统，每套阀控系统应由两路完全独立的电源进行滤波后同时供电，一路电源失电，不影响阀控系统的工作。VBE 屏柜设计七路电源，四路直流 220V 电源为屏柜机箱供电，两路交流 UPS 220V 电源为屏柜散热风扇供电，一路交流 220V 电源为屏柜照明及插座供电。

35. VBE 与换流阀的位置触发试验有什么作用？

答：单晶闸管级触发试验是换流阀与 VBE 系统的联调试验，属于分系统调试，是在完成换流阀安装和 VBE 本体安装调试完成后进行的。它能够实现单级晶闸管电气回路检验、光纤回路诊断及其相关的二次控制回路的功能正确性检验、后台报文定位的准确性检验等功能，同时也可作为晶闸管丢失回报信号告警试验的验证。

| 第四节 |
换流阀及阀控系统运维与检修

1. 换流阀运行环境应满足哪些要求？

答：（1）换流阀运行时，阀厅温湿度应符合换流阀厂家的要求；

（2）晶闸管元件工作结温应在正常范围内；

（3）换流阀进出水温度应在正常范围内；

（4）阀厅空调工作正常，阀厅保持微正压；

（5）阀厅门窗、孔洞应密闭良好，防止小动物进入。

 2. 换流阀例行巡视要点有哪些?

答:（1）阀厅每日巡视，每周至少进行一次夜间熄灯检查；

（2）关灯检查阀组件、阀电抗器、阀避雷器、光纤等设备无异常放电；

（3）检查阀塔各部位无火光、烟雾、异味、异响和振动；

（4）检查阀体各部位包括阀塔屏蔽罩、阀塔底盘和阀塔内部无漏水现象，阀避雷器、管母、阀厅地面、墙壁无水迹；

（5）检查阀塔内部、阀厅地面清洁无杂物；

（6）检查换流阀、阀避雷器、悬挂绝缘子无放电痕迹；

（7）检查阀厅温度、湿度正常；

（8）检查阀监控设备正常；

（9）检查阀厅火灾报警系统无报警和异常。

 3. 换流阀系统红外测温与紫外测试有哪些具体要求?

答:（1）应定期对换流阀设备进行红外测温，建立红外图谱档案，进行纵、横向温差比较，及时发现设备隐患并利用停电时机进行处理。测温对象应包括晶闸管、并联回路、阀电抗器、散热器、水管、通流回路及连接点、光纤槽盒、阀避雷器等。

（2）每周至少开展1次红外测温普测，迎峰度夏期间每天开展1次。

（3）每月开展1次精确红外测温，±800kV换流站迎峰度夏期间每月增加1次精确测温；±660kV及以下换流站迎峰度夏期间增加1次精确测温。

（4）可使用阀厅智能红外巡检设备进行红外测温，阀厅红外测温系统自动巡检周期应不小于每日2次，大负荷运行、重要保电期间应缩短周期。如巡检周期内设备故障不能修复应转为人工测温。

（5）每年应对换流阀设备进行至少2次紫外测试，及时发现设备隐患并利用停电时机进行处理。

 4. 换流阀声音异常的处理原则是什么?

答:（1）换流阀运行过程中声音明显增大，并伴有放电、爆裂声时，应立即查明原因并采取相应措施，检查在线检测装置和阀避雷器有无异常现象、阀塔悬吊结构有无异常，必要时停运换流阀登塔检查。

（2）若换流阀在运行过程中的响声比平常大而均匀时，应检查电网电压情况，确定是否为电网电压异常引起，同时检查换流阀负荷情况，并加强对换流阀运行监视。

（3）运行中听到水声时，应立即检查换流阀冷却系统有无渗漏、阀漏水检测装置有无动作，若确认阀塔漏水，应立即申请停运处理。

5. 进出阀水温异常升高的处理原则是什么？

答：（1）现场检查冷却塔（或冷却风机）运行情况是否正常、风扇转速是否正常。

（2）检查喷淋泵（若有）运行情况是否正常、出水量是否正常等。

（3）检查冗余系统测量值是否正常，若和当前系统差异较大，应加强监视，采取必要措施进行处理；若测量值接近，应监视温度，有条件的话根据现场情况启动辅助降温应急预案。

（4）若温度继续上升，可申请降低直流负荷或停运换流阀。

6. 换流器控制保护（CCP）与换流阀控制单元（VBE）间有哪些控制信号？

答：从 CCP 至 VBE 的控制信号主要有主用系统 / 备用系统信号（ACTIVE）、电压正常 / 异常信号（VOLTAGE）、控制脉冲（CP）、解锁 / 闭锁信号（DEBLOCK）、投旁通对信号（BPPO）、紧急旁通对信号（INV_Ind）和录波信号（REC_Trig）。

从 VBE 至 CCP 的控制信号主要有 VBE 可用信号（VBE_OK）、VBE 闭锁信号（VBE_Trip）、触发脉冲（FP）。

7. 换流器控制保护（CCP）与换流阀控制单元（VBE）的配置及互连方式是什么？

答：CCP 和 VBE 均采用双重化冗余配置，CCP 和 VBE 之间采用"一对一"连接，正常运行中采用"一主一备"的方式。

8. 换流器控制保护（CCP）与换流阀控制单元（VBE）的主用和备用方式如何配合？

答：处于主用（ACTIVE）状态的 CCP 和 VBE 系统实际负责换流阀的控制和出口闭锁指令；处于备用（STANDBY）状态的 CCP 和 VBE 系统除非不可用，否则必须处于热备用状态，即除不发送触发脉冲至阀塔外，其他触发脉冲产生、回报脉冲产生、保护、报警、闭锁、监视、事件等功能与主用系统相同。处于备用状态的 VBE 检测到闭锁信号（VBE_Trip）要出口至 CCP，但相应的 CCP 不得出口。主系统故障自动切换至备用系统，VBE 产生的事件、报警信息等通过现场总线直接发送运行人员工作站（OWS）。

9. 换流器控制保护（CCP）与换流阀控制单元（VBE）之间的接口方式是怎样的？

答：CCP 与 VBE 之间的所有开关量信号均采用光调制信号，载波频率误差不大于 10%，信号通道采用波长 820nm 的多模光纤。

10. 无正向电压回报信号可能故障位置、原因及检修方法是什么？

答：（1）可能故障位置为 TCU 储能回路、光纤、晶闸管元件、VBE 接收板。

（2）可能原因为元件故障、光纤拔出或光纤损坏。

（3）检修方法为：检查晶闸管级对应的回检光纤是否损坏，若损坏需要更换光纤；若光纤正常，检查此晶闸管级是否被击穿，若被击穿则需要更换晶闸管；若晶闸管未被击穿，检查 TCU，若异常则需要更换 TCU；若 TCU 正常，检查 VBE 故障对应位置接收板，若不合格则更换板卡。

11. 保护性触发动作可能故障位置、原因及检修方法是什么？

答：（1）可能故障位置为 TCU 储能回路、触发光纤、晶闸管元件、VBE 接收板。

（2）可能原因为系统过电压、元件故障、光纤拔出或损坏、整个单阀承受过电压、单阀内晶闸管级触发导通不同步。

（3）检修方法为：在停电检修期间，检查此晶闸管级的触发信号光纤是否完好，如光纤损坏则要更换光纤；若光纤正常，检查 TCU，若异常，则需要更换 TCU；若 TCU 正常，则检查门极线缆是否松动，未可靠连接；若门极线缆正常，检查 VBE 故障对应位置发射板，若不合格则更换板卡。

12. 单阀无回报信号越限跳闸可能故障位置、原因及检修方法是什么？

答：（1）可能故障位置为 TCU 储能回路、光纤、晶闸管元件、VBE 接收板。

（2）可能原因为元器件故障、光纤拔出或损坏。

（3）检修方法为：进行消缺时根据"晶闸管级故障"报文检修方法检查单阀中所有报"无正向电压回报信号"的晶闸管级。

13. 保护性触发越限跳闸可能故障位置、原因及检修方法是什么？

答：（1）可能故障位置为触发光纤、TCU 分压回路、VBE 发射板。

（2）可能原因为系统过电压、元件故障、光纤拔出或损坏、整个单阀承受过电压、单阀内晶闸管级触发导通不同步。

（3）检修方法为：进行消缺时根据"晶闸管级故障"报文检修方法检查单阀中所有报"保护性触发动作"的晶闸管级。

14. VMU 机箱漏水监测告警可能故障位置、原因及检修方法是什么？

答：（1）可能故障位置为信号光纤、漏水监测发射板、漏水监测接收板。

（2）可能原因为换流阀阀塔有漏水现象、阀塔漏水检测信号回路出现故障。

（3）检修方法为：运行人员及时巡视对应换流阀塔底部，核实是否有漏水现象，如发现漏水现象，及时停运处理；如未发现漏水现象，加强巡视。在下次停电检修时排查整个漏水监测信号回路。

15. CP 信号丢失且撤退 VBE_OK 可能故障位置、原因及检修方法是什么？

答：（1）可能故障位置为 CLC 板卡接收极控 CP 信号的光纤、CLC 板卡与事件对应机箱主控板 37 针控制线缆回路、CLC 板卡及事件对应机箱主控板。

（2）可能原因为元器件故障、光纤拔出或损坏。

（3）检修方法为：首先确保报出此事件的系统处于从系统状态；检查信号光纤接头是否脱落；检查光纤是否完好，必要时可以进行光功率检测；若光纤损坏，则要更换；若光纤正常，检查 CLC 板卡与控制机箱 37 针控制线缆回路是否正常，若有故障需检查是 CLC 板卡故障还是 37 针控制线缆故障，根据检查结果更换相应元件；若 CLC 板卡和37 针控制线缆正常，则检查事件对应机箱的主控板，若有故障需更换主控板。

16. DEBLOCK 信号异常可能故障位置、原因及检修方法是什么？

答：（1）可能故障位置为 CLC 板卡接收极控 DEBLOCK 信号的光纤、CLC 板卡与事件对应机箱 37 针控制线缆回路、CLC 板卡及事件对应机箱主控板。

（2）可能原因为元器件故障、光纤拔出或损坏。

（3）检修方法为：首先确保报出此事件的系统处于从系统状态；检查信号光纤接头是否脱落；检查光纤是否完好，必要时可以进行光功率检测；若光纤损坏，则要更换；若光纤正常，检查 CLC 板卡与控制机箱 37 针控制线缆回路是否正常，若有故障需检查是 CLC 板卡故障还是 37 针控制线缆故障，根据检查结果更换相应元件；若 CLC 板卡和 37 针控制线缆正常，则检查事件对应机箱的主控板，若有故障需更换主控板。

17. ACTIVE 信号异常可能故障位置、原因及检修方法是什么？

答：（1）可能故障位置为 CLC 板卡接收极控 ACTIVE 信号的光纤、CLC 板卡与事件对应机箱 37 针控制线缆回路、CLC 板卡及事件对应机箱主控板。

（2）可能原因为元器件故障、光纤拔出或损坏。

（3）检修方法为：首先确保报出此事件的系统处于从系统状态；检查信号光纤接头是否脱落；检查光纤是否完好，必要时可以进行光功率检测；若光纤损坏，则要更换；若光纤正常，检查 CLC 板卡与控制机箱 37 针控制线缆回路是否正常，若有故障需检查是 CLC 板卡故障还是 37 针控制线缆故障，根据检查结果更换相应元件；若 CLC 板卡和 37 针控制线缆正常，则检查事件对应机箱的主控板，若有故障需更换主控板。

18. BPPO 信号异常可能故障位置、原因及检修方法是什么？

答：（1）可能故障位置为 CLC 板卡接收极控 BPPO 信号的光纤、CLC 板卡与事件对应机箱 37 针控制线缆回路、CLC 板卡及事件对应机箱主控板。

（2）可能原因为元器件故障、光纤拔出或损坏。

（3）检修方法为：首先确保报出此事件的系统处于从系统状态；检查信号光纤接头是否脱落；检查光纤是否完好，必要时可以进行光功率检测；若光纤损坏，则要更换；若光纤正常，检查 CLC 板卡与控制机箱 37 针控制线缆回路是否正常，若有故障需检查是 CLC 板卡故障还是 37 针控制线缆故障，根据检查结果更换相应元件；若 CLC 板卡和 37 针控制线缆正常，则检查事件对应机箱的主控板，若有故障需更换主控板。

19. INV_Ind 信号异常可能故障位置、原因及检修方法是什么？

答：（1）可能故障位置为 CLC 板卡接收极控 INV_Ind 信号的光纤、CLC 板卡与事件对应机箱 37 针控制线缆回路、CLC 板卡及事件对应机箱主控板。

（2）可能原因为元器件故障、光纤拔出或损坏。

（3）检修方法为：首先确保报出此事件的系统处于从系统状态；检查信号光纤接头是否脱落；检查光纤是否完好，必要时可以进行光功率检测；若光纤损坏，则要更换；若光纤正常，检查 CLC 板卡与控制机箱 37 针控制线缆回路是否正常，若有故障需检查是 CLC 板卡故障还是 37 针控制线缆故障，根据检查结果更换相应元件；若 CLC 板卡和 37 针控制线缆正常，则检查事件对应机箱的主控板，若有故障需更换主控板。

20. VOLTAGE 信号异常可能故障位置、原因及检修方法是什么？

答：（1）可能故障位置为 CLC 板卡接收极控 VOLTAGE 信号的光纤、CLC 板卡与事件对应机箱 37 针控制线缆回路、CLC 板卡及事件对应机箱主控板。

（2）可能原因为元器件故障、光纤拔出或损坏。

（3）检修方法为：首先确保报出此事件的系统处于从系统状态；检查信号光纤接头是否脱落；检查光纤是否完好，必要时可以进行光功率检测；若光纤损坏，则要更换；若光纤正常，检查 CLC 板卡与控制机箱 37 针控制线缆回路是否正常，若有故障需检查是 CLC 板卡故障还是 37 针控制线缆故障，根据检查结果更换相应元件；若 CLC 板卡和 37 针控制线缆正常，则检查事件对应机箱的主控板，若有故障需更换主控板。

21. REC_Trig 信号异常可能故障位置、原因及检修方法是什么？

答：（1）可能故障位置为 CLC 板卡接收极控 REC_Trig 信号的光纤、CLC 板卡与事件对应机箱 37 针控制线缆回路、CLC 板卡及事件对应机箱主控板。

（2）可能原因为元器件故障、光纤拔出或损坏。

（3）检修方法为：首先确保报出此事件的系统处于从系统状态；检查信号光纤接头是否脱落；检查光纤是否完好，必要时可以进行光功率检测；若光纤损坏，则要更换；若光纤正常，检查 CLC 板卡与控制机箱 37 针控制线缆回路是否正常，若有故障需检查是 CLC 板卡故障还是 37 针控制线缆故障，根据检查结果更换相应元件；若 CLC 板卡和 37 针控制线缆正常，则检查事件对应机箱的主控板，若有故障需更换主控板。

22. OLT_MODE 信号异常可能故障位置、原因及检修方法是什么？

答：（1）可能故障位置为 VMU 光接收板接收极控 OLT_MODE 信号的光纤、VMU 光接收板、事件对应 VMU 机箱主控板。

（2）可能原因为元器件故障、光纤拔出或损坏。

（3）检修方法为：首先确保报出此事件的系统处于从系统状态；检查信号光纤接头是否脱落；检查光纤是否完好，必要时可以进行光功率检测；若光纤损坏，则要更换；若光纤正常，检查 VMU 光接收板是否正常，若有故障需更换 VMU 光接收板；若 VMU 光接收板正常，则检查事件对应 VMU 机箱的主控板，若有故障需更换 VMU 主控板。

23. 同主超时告警可能故障位置、原因及检修方法是什么？

答：（1）可能故障位置为极控 CCP、CLC 板卡与事件对应机箱 37 针控制线缆回路、CLC 板卡、事件对应机箱主控板。

（2）可能原因为极控 CCP 不正常、元器件故障、光纤拔出或损坏。

（3）检修方法为：检查极控 CCP 主从状态信息；若极控主从信息没有问题，检查信号光纤接头是否脱落；检查光纤是否完好，必要时可以进行光功率检测；若光纤损坏，则要更换；若光纤正常，检查 CLC 板卡与控制机箱 37 针控制线缆回路是否正常，若有故障需检查是 CLC 板卡故障还是 37 针控制线缆故障，根据检查结果更换相应元件；若 CLC 板卡和 37 针控制线缆正常，则检查事件对应机箱的主控板，若有故障需更换主控板。

24. 同备超时告警可能故障位置、原因及检修方法是什么？

答：（1）可能故障位置为极控 CCP、CLC 板卡与事件对应机箱 37 针控制线缆回路、CLC 板卡、事件对应机箱主控板。

（2）可能原因为极控 CCP 不正常、元器件故障、光纤拔出或损坏。

（3）检修方法为：检查极控 CCP 主从状态信息；若极控主从信息没有问题，检查信号光纤接头是否脱落；检查光纤是否完好，必要时可以进行光功率检测；若光纤损坏，则要更换；若光纤正常，检查 CLC 板卡与控制机箱 37 针控制线缆回路是否正常，若有故障需检查是 CLC 板卡故障还是 37 针控制线缆故障，根据检查结果更换相应元件；若 CLC 板卡和 37 针控制线缆正常，则检查事件对应机箱的主控板，若有故障需更换主控板。

25. Test 模式下收到 IP 信号是否正常？

答：Test 模式下收到 IP 信号是正常事件，此时为 VBE 进入单级晶闸管触发试验模式。

 26. 电源告警可能故障位置、原因及检修方法是什么?

答:(1)可能故障位置为电源 A(B)系统、公共电源回路及模块。

(2)可能原因为元器件故障。

(3)检修方法为:首先确保报出此事件的系统处于从系统状态;检查对应系统电源的回路必要时更换相应的电源模块。

 27. 温度告警可能故障位置、原因及检修方法是什么?

答:(1)可能故障位置为交流断路器、温控检测模块、风扇损坏。

(2)可能原因为元器件故障。

(3)检修方法为:检查风扇供电回路、温控检测模块及开关状态是否正常;必要时更换交流断路器、温控监测模块或者风扇。

 28. 漏水检测发射板告警可能故障位置、原因及检修方法是什么?

答:(1)可能故障位置为 VMU 机箱漏水监测发射板。

(2)可能原因为元器件故障。

(3)检修方法为更换 VMU 机箱漏水监测发射板。

 29. 漏水检测接收板告警可能故障位置、原因及检修方法是什么?

答:(1)可能故障位置为 VMU 机箱漏水监测接收板。

(2)可能原因为元器件故障。

(3)检修方法为更换 VMU 机箱漏水监测接收板。

 30. 避雷器检测板告警可能故障位置、原因及检修方法是什么?

答:(1)可能故障位置为 VMU 机箱避雷器监测板。

(2)可能原因为元器件故障。

(3)检修方法为更换 VMU 机箱避雷器监测板。

 31. OLT 监测板告警可能故障位置、原因及检修方法是什么?

答:(1)可能故障位置为 VMU 机箱 OLT 监测板。

（2）可能原因为元器件故障。

（3）检修方法为更换 VMU 机箱 OLT 监测板。

32. VMU 对时异常告警可能故障位置、原因及检修方法是什么？

答：（1）可能故障位置为 VMU 机箱主控板。

（2）可能原因为元器件故障、IRIG-B 码异常。

（3）检修方法为：测量 IRIG-B 码对时信号；确认信号正常后更换 VMU 机箱主控板。

第五章

辅助系统运检技术

| 第一节 |
阀厅空调通风系统

 1. 阀厅空调通风系统启动顺序是怎样的？

答： 阀厅空调通风系统启动顺序为打开对应风阀门、水阀门→打开定压补水装置→启动循环水泵→启动风处理机组→启动空调室外机组。手动操作顺序应与自动控制执行顺序一致。

 2. 阀厅空调通风系统正常运行时，各相关设备应处于何种状态？

答： 阀厅空调通风系统正常运行时，水系统中的电动三通调节阀与风系统中的新风风阀、回风风阀、送风风阀、电加热盘管等设备同步开、关，水系统中冷冻水循环泵处于运行状态，通风回路的送风机、回风机处于运行状态。

 3. 阀厅空调风系统由什么组成作用是什么？

答： 阀厅空调风系统为回风新风系统，由回风 / 新风调节段、初效过滤段；表面冷却段、电加热段、加湿段、风机、中效过滤段；消声段、高效过滤段、送风段、三段过滤段组成。

主要作用是促进阀厅与外界空气的流通，作为降低阀厅环境温度和湿度的辅助手段。

 4. 阀厅空调室外机组有哪些部分组成？作用是什么？

答： 阀厅空调室外机组全称螺杆式风冷冷（热）水机组，由压缩机、蒸发器、风冷式冷凝器、机组控制元器件、制冷剂管道等部分组成。

主要作用是通过制冷剂汽化吸热的原理冷却循环载冷剂，为空气处理单元提供降温所需的冷量。

 5. 阀厅空调水系统运行时应注意哪些事项？

答：（1）热泵机组和水泵持续运行（1 备 1 用），以保证夏季冷却水供水温度稳定在 7 ~ 12℃，冬季冷却水温度稳定在 40 ~ 45℃。

（2）相对应的热泵机组和水泵、电动蝶阀联锁。

（3）机组和水泵以小时为运行单位，168h 后定期切换交替运行。当备用机组和水泵投入正常运行后，原在运机组关闭作为备用机组，关闭顺序为机组、水泵、电动蝶阀。

（4）当在运机组或对应水泵发生故障时，设备发出报警并停机，自动切换至备用机组运行。

（5）热泵机组通常置于"制冷模式"。当室外温度过低时，热泵机组可根据工况需要人工切至"制热模式"。

（6）电动三通水阀"开启""完全关闭"信号作为空调水系统设备的"启动""停止"信号。

（7）阀厅空调室外机长时间停运或经大修后，其压缩机加热器电源必须提前投入运行 6h 以上，方可启动压缩机。

6. 阀厅空调水系统定压补水真空脱气装置具有哪些功能？

答：（1）自动向系统补水，稳定系统压力；

（2）系统压力过高时，自动泄水，泄水功能具有双重保险；

（3）可防止补水系统的频繁启动。

7. 阀厅空调水系统补水箱需要定期补充什么物质？其浓度为多少？

答：补水箱需人工添加乙二醇溶液，其浓度应保证为 30%。

8. 阀厅空调风系统运行中应注意哪些事项？

答：当通风系统运行时，系统的电动风阀、水阀处于开启状态。

9. 阀厅空调负荷电源切换时会出现什么现象？应如何正确操作处理？

答：阀厅空调负荷电源切换时，会有 5s 的短暂失电。在紧急停电情况下，若未提前将阀厅空调退出运行，则需要依次将空气处理机组的风机变频器故障和控制柜故障复归，然后在上位机中远程将冷（热）水泵机组故障复归，才可重新启动阀厅空调。

10. 阀厅空调其他设备在正常运行时应处于什么工况?

答：（1）阀厅空调设备间设置了独立的通风系统，轴流风机的启停控制可通过风机 PLC 控制屏进行操作。

（2）阀厅外水冷设备间空调通风系统除例行检修及事故抢修外，应保持常年运行，以确保设备间的环境温度维持在 10 ~ 35℃，且相对湿度不大于 50%。

（3）防火阀应处于常开状态，火灾后排烟系统的排烟阀应处于常闭状态。

（4）阀厅内未发生火警时，所有防火阀处于常开状态，消防排烟系统处于关闭状态。防火阀异常时（关闭异常打不开）有风压报警。

（5）防火阀经检测后，应先开启防火阀，2min 后再启动阀厅空调风系统。

11. 换流站阀厅空调系统的结构是怎样的?

答：阀厅空调通风系统由乙二醇水溶液系统（简称水系统）、风系统两部分组成。水系统为机械循环闭式两管制，主要由螺杆式风冷冷（热）水机组、定压补水真空脱气装置、乙二醇水溶液泵、乙二醇补水箱及相应电动阀门、管道和对应的控制系统组成；风系统为空气回、新风系统，由空气处理单元、送 / 回 / 新风管、电动风阀、手动风阀等及其对应的控制系统组成。

12. 换流站阀厅空调系统的正常运行方式如何?

答：阀厅空调系统的正常控制由空调就地 PLC 控制柜调节，也可通过上位机远方控制。当需要手动控制操作时，应先检查空调一次设备状态和空调控制柜中的参数定值是否正确，手动操作顺序应与自动控制执行顺序一致。

阀厅空调通风系统除例行检修及事故应急抢修外，应常年保持运行，阀组运行时阀厅设定温度为 35℃，检修及维护工况时阀厅设定温度为 26℃，排风管道上的电动风阀与其联动。当阀厅正压达到 10Pa 时，启动一台排风机，当达到 20Pa 时，启动 2 台排风机，当达到 30Pa 时，启动 3 台排风机。当检修人员在阀厅内部作业时，阀厅空调通风系统可切换至检修模式运行。

13. 空气处理机组电加热器的启动原则是什么?

答：空气处理机组电加热器根据空气的温湿度情况进行启停。当阀厅温度满足阀组运行、检修、维护工况，但湿度大于 60% 时，自动启动电加热器；当阀厅湿度满足运行、检修、维护工况，但温度低于要求值时，自动启动电加热器。

 14. 阀厅空调、通风系统如何实现备用冗余？

答： 阀厅空调、通风系统由两套独立的系统组成，以保证 100% 冗余。当一套系统运行出现故障中断或维护保养时，另外一套系统自动切换运行。

两套系统按运行时间 168h 自动切换交替运行，通风系统由设在空调设备间的电气控制柜调节。

 15. 阀厅消防排烟系统的组成及作用是什么？

答：（1）阀厅消防排烟系统主要由系统控制箱、排烟窗及排烟风机组成。

（2）阀厅消防排烟系统的作用如下：

1）当阀厅内发生火灾时，火灾信号将联锁关闭空气处理机组及送、回风总管上的全自动防火阀（70℃熔断）。若风管内发生火灾引起 70℃熔断的防火阀自动关闭，防火阀将输出信号联锁关闭空调机组，以防止火灾蔓延。

2）每个阀厅设置独立的灾后机械排烟系统，排烟风量按保证阀厅换气次数 0.25～0.5 次/h 计算，排烟设备采用耐高温排烟风机，排烟风机布置在阀厅顶部外墙上，且进口处设有排烟防火阀（常闭）。

3）当阀厅内发生火灾且被扑灭后，可手动打开排烟防火阀及排烟风机向室外排烟，起到阀厅内部排烟换气的作用。如果在排烟过程中烟温超过 280℃，则排烟风机进口处的排烟防火阀将自动关闭，同时排烟风机被联锁关闭，每个阀厅装设 2 个消防排烟窗。

 16. 阀厅空调室外机故障有什么现象？如何处理？

答：（1）故障现象：

1）阀厅空调控制系统发室外机组故障报警，阀厅空调室外机本体就地控制面板上发相应报警；

2）阀厅空调控制系统换至备用系统。

（2）处理步骤：

1）现场检查备用空调室外机组运行正常；

2）检查故障机组有无异常，查看记录及故障机组就地控制面板报警信号，加强运行监视；

3）通知检修人员检查处理。

 17. 空调控制系统发冷冻水系统压力低报警有什么现象？如何处理？

答：（1）现象：空调控制系统发冷冻水系统压力低报警。

（2）处理步骤：

1）现场检查冷冻水回路有无漏点，检查定压补水装置运行情况，检查补水箱水位是否正常；

2）若有明显漏点，应立即隔离漏水点，必要时停运阀厅空调室外机组和定压补水装置，做好安措，通知检修封堵，漏水点隔离后，启动定压补水装置，对系统进行补水；

3）若定压补水装置工作异常，应停运该装置；

4）若现场检查未发现异常，应加强监视；

5）通知检修人员处理。

 18. 空调控制系统发压差传感器报警有什么现象？如何处理？

答：（1）现象：空调控制系统发压差传感器报警。

（2）处理步骤：

1）检查压差传感器是否正常，读数是否超过设定值；

2）若压差传感器存在异常，通知检修进行处理；

3）将存在压差报警的空调机组转至检修，通知检修人员进行过滤网更换。

 19. 空气处理机组电源故障有什么现象？如何处理？

答：（1）现象：空气处理机组电源故障、烧坏、跳闸。

（2）处理步骤：

1）现场检查机组电源故障情况，检查电源是否存在过热、跳闸情况；

2）若电源开关跳闸，且检查无其他异常后，可试合开关一次，不成功时，断开电源，通知检修处理；

3）若电源存在过热、烧坏，且对应空调处于运行状态，则立即进行手动切换，检查备用机组投入运行正常，并加强监视；

4）断开故障电源柜电源开关，必要时可从 400V 配电室断开上级电源开关，通知检修人员处理。

20. 空气处理机组加热器故障有什么现象？如何处理？

答：（1）现象：

1）空调控制系统发空气处理单元加热器报警；

2）空调系统切换至备用机组运行；

3）加热器电源开关跳闸。

（2）处理：

1）检查备用空调机组投入运行正常；

2）检查故障机组加热器电源开关是否跳闸，若有跳闸，通知检修处理；

3）若加热器电源开关正常，则复归加热器报警，监视空调机组运行情况；

4）若报警无法复归，通知检修人员检查处理。

 21. 空调系统风挡卡住有什么现象？如何处理？

答：（1）现象：

1）风挡未能正确开、合；

2）空调控制系统发相应风挡报警。

（2）处理：

1）检查空调控制盘相应继电器有无报警；

2）检查风挡位置是否正常；

3）切换空调机组以对风挡进行合开操作，必要时可以用摇杆手动打开风挡；

4）若仍存在问题，停运空调机组，通知检修人员处理；

5）汇报相关领导。

 22. 阀厅空调防火阀出现无法自动关闭或关闭不到位时有什么现象？如何处理？

答：（1）现象：防火阀无法自动关闭或关闭不到位。

（2）处理：

1）检查空调机组是否停运，若没有停运，立即手动停运相应空调机组；

2）检查防火阀传动机构有无机械故障，检查防火阀及其电源有无异常；

3）若发现防火阀传动机构明显故障或电源跳闸后试合不成功，通知检修人员处理；

4）汇报相关领导。

23. 阀厅空调消防排烟窗、排风窗开关故障有什么现象？如何处理？

答：（1）现象：消防排烟窗、排风窗开关异常，系统控制屏相应报警。

（2）处理：

1）检查故障消防排烟窗和消防补风窗及其电源有无异常；

2）若发现电源跳闸，试合一次，若再次跳开或发现排烟窗、排风窗有明显变形，保持现状；

3）通知检修人员处理。

 24. 室内空调挂式机组、柜式机组、吸顶机组故障有什么现象？如何处理？

答：（1）现象：

1）空调停运；

2）空调出风异常，无法调节温度。

（2）处理：

1）若空调停运。

a）检查其他空调运行情况，监视室内温度；

b）检查空调机组相应电源回路有无异常；

c）如发现机组电源小开关跳开，可试合一次；

d）试合成功，应启动机组，并加强监视；

e）若试合不成功，通知检修处理。

2）若空调出风异常，无法调节温度：

a）检查室外机运行情况，有无破损、泄漏、声音异常等现象；

b）通知检修人员检查处理。

 25. 阀厅空调系统控制柜发"风机故障"有什么现象？如何处理？

答：（1）现象：

1）阀厅空调系统控制柜界面上发"送风机故障"报警；

2）故障系统的阀厅空调停运，切换至备用系统。

（2）处理：

1）检查投入运行的备用系统运行状态；

2）查看风机变频器上的报警信息，在控制面板上手动复归该报警；

3）在阀厅空调系统控制柜界面上手动复归报警信号；

4）若报警无复归，检查风机电源回路有无异常；

5）若电源开关跳闸，则试合一次；

6）若再次跳闸，则将机组控制方式切至本地控制模式，做好安全措施，通知检修人员处理；

7）汇报相关领导。

| 第二节 |
控制楼及其他设备间通风系统

1. 控制楼通风系统通过什么种方式启动、停止轴流风机和风幕机?

答： 控制楼通风系统的轴流风机和风幕机的启动、停止均可通过安装在同一楼层内的控制箱进行就地控制，也可通过 PLC 控制柜进行集中控制。

2. 控制楼各小室通风有什么注意事项?

答：（1）控制楼通风系统可根据工作需要和现场实际情况，人工开启或关闭。

（2）控制楼内各蓄电池室和通信电源室内轴流风机可根据设备运行和工作需要人工选择开启。

（3）控制楼新风系统除例行检修及事故抢修外，应保持常年运行。

（4）控制楼除湿器应保持常年运行。

3. 控制保护装置室内最大相对湿度应不大于多少? 出风口应定期检查什么?

答： 控制保护装置室内最大相对湿度应不得超过 70%。应定期检查出风口处防虫措施是否完善，必要时予以更换。

4. 换流站主控楼通风系统控制方式是什么?

答： 换流站主控楼通风系统的轴流风机启停既可通过安装在每个房间内的风机控制箱或就地控制，也可通过主控室集控后台电脑进行远程集中控制。全热热新风换气机及换气扇均采用单联开关控制，电取暖器自带温控器自动控制。

5. 主控楼各设备间通风系统设计原则是什么？

答：（1）蓄电池室内布置的蓄电池为免维护型，设计换气次数不小于 3 次 /h 的事故排风系统并兼顾平时通风，通风机为防腐防爆型且电机与风机直联。

（2）交流配电室设自然进风、机械排风系统，用作非炎热季节排热通风，机械排风量同时满足换气次数不少于 12 次 / h 的事故排风要求。排风设备为轴流风机，进风利用外墙上百叶窗（手动开闭）。

（3）阀冷却设备间设计换气次数不小于 4 次 /h 的自然进风、机械排风系统用于排除室内余热和余湿，排风设备采用轴流风机，进风采用铝合金百叶窗（手动开闭）。

（4）低端阀厅控制保护设备室 / 站及双极控制保护设备室 / 站辅助设备间、通信机房、低端阀组辅助设备室、低端阀组 VCCP 室的外墙上设固定窗或无外窗，为保证发生事故后及时排除室内烟气以方便抢修，设计换气次数不小于 12 次 /h 的事故排风系统，排风设备采用轴流风机。

6. GIS 设备室风机定时启动模式是怎样的？

答：SF$_6$ 泄漏检测系统能设定风机每天定时启动和停止的时间，以保证 GIS 室每天至少通风 2 次。

7. GIS 设备室风机紧急启动模式是怎样的？

答：当 SF$_6$ 泄漏检测系统在检测到 SF$_6$ 气体浓度超过 1000×10^{-6} 或氧气浓度低于 18% 时，启动对应的风机回路，启动时间可设定。

8. GIS 设备室风机如何手动启动？

答：通过 SF$_6$ 泄漏检测系统"开风机""停风机"菜单手动启动风机。

9. GIS 设备室风机何时自动启动？

答：当有人员进入开关室时自动启动风机（时间可以设置）。

10. 继电器室、10kV 室及站公用 400V 室空调通风系统有什么设计要求？

答：继电器室空调通风系统除例行检修及事故抢修外，应保持常年运行；轴流风机根据工作需要和现场实际情况，人工选择开启或关闭；继电器室内最大相对湿度不得超过 75%，环境温度保持在 25℃。

| 第三节 |
给排水系统及事故油池

1. 换流站给水系统由哪些系统组成？

答：给水系统包括水源给水系统、生活给水系统、生产给水系统、降温及设备冲洗给水系统、消防给水系统和绿化给水系统。

（1）水源给水系统。为站内生产消防水池和生活水箱提供经过处理的自来水。

（2）生活给水系统。主要为主辅控制楼、500kV GIS 室、阀外冷设备间、综合楼、备品备件库、车库、警传室等建筑物提供生活水，同时为阀厅、控制楼空调系统提供补充水。

（3）生产给水系统。为换流阀循环冷却系统提供补充水，共设置 4 套相互独立的生产给水系统，分别对应极 1 高端和低端、极 2 高端和低端换流阀冷却系统。

（4）降温及设备冲洗给水系统。为站区电气设备检修、维护提供设备冲洗用水，夏季高温天气对为换流变压器提供降温用水及站区绿化用水。

（5）消防给水系统。为站区室内外消火栓灭火系统、油浸式换流变压器及 500kV 站用变压器水喷雾系统提供满足流量与压力要求的消防用水。

（6）绿化给水系统。为站区绿化区域提供经污水处理系统处理过的生活废水。

2. 换流站排水系统由哪些系统组成？

答：排水系统包括雨水排水系统、生活污水排水系统、事故排油系统和站外排水系统。

（1）雨水排水系统。收集全站雨水和部分生产废水并排放至站外。

（2）生活污水排水系统。收集并处理全站生活污水，经处理后废水达到国家 I 级排放标准，可供绿化给水系统使用。

（3）事故排油系统。收集换流变压器、主变压器渗漏的变压器油。

3. 生产消防水池如何控制？

答：生产消防水池内部分为两个水池，每个水池长 22.5m、宽 12.6m、底面深度 −2.5m、池顶高（内部）2.5m，水池在 −2.25m（中心线，管径为 400mm）处设置连接管连接至 −4m 吸水坑，连接管中间设置弹性闸阀，有独立检查井，正常时常开，检修时可实现手动关闭。

生产消防水池总容积为 4800m³，其中生产储水量 4450m³，备用消防储水量 350m³，备用量通过控制实现，在 −1.95m 时自动关闭生产水泵。

生产消防水池进水管口中心线为 2.5m，溢流管口为 2.5m，高水位报警 HL 为 2.2m，生产水泵自动关闭水位为 −1.95m，消防泵自动关闭水位为 −2.1m。

4. 生活给水系统设备由什么组成？

答：生活给水系统由容积 18m³ 的不锈钢无菌水箱、气压变频给水机组、紫外线杀菌装置及生活给水管网等组成。

5. 生活给水系统控制原理是什么？

答：生活给水机组配 PLC 控制柜，根据系统用水量的变化自动调控水泵的运行。在设定压力下限启动 1 台水泵，在单泵流量范围内自动调速恒压供水，在全流量范围内靠变频泵的连续调节使供水压力始终保持为恒定值。当流量为零或很小时，变频泵自动升速使压力升高至设定上限时自动停机，靠气压罐维持生活给水管网压力及少量供水。机组具有过载、短路、缺相、缺水自动停机等自动保护功能，一旦上述故障或问题出现，相关的水泵或设备立刻自动停止运行，就地报警并远传。当水箱内水位降至低水位时，水泵自动停止运行；达到溢流水位时，就地报警并远传。

6. 生产给水系统由什么组成？

答：生产给水洗系统主要由生产水池（与消防水池共用）、生产给水泵、PLC 控制柜以及系统管路等组成。

7. 生产给水系统如何控制运行？

答：（1）请求生产水泵运行。当为高电平时，生产水泵启动运行；当为低电平时，生产水泵停止。

（2）生产水泵给水压力。当为高电平时，生产水泵供水压力低；当为低电平时，生产水泵供水压力正常。

（3）当请求生产水泵运行和生产水泵给水压力均为高电平时，发出报警信号，表明生产给水泵运行但压力低，应及时对水泵进行检修。

 8. 降温及设备冲洗给水系统设计的必要性是什么？

答：降温及设备冲洗给水系统除了用作常规的站内设备及设施清洗用水外，主要用于对换流变压器进行降温，同时也作为站区绿化供水。夏季用电负荷高、环境温度较高时，人工开启安装在综合水泵房内的降温给水泵，对内外两侧进行喷水，降低环境温度，改善散热效果。

 9. 污水处理系统由什么组成？各有什么作用？

答：污水处理系统由污水调节池、废水池、污水处理设备池组成。污水调节池负责收集全站生活污水，由 2 台潜污泵将污水抽取至污水处理设备池；污水处理设备负责将生活污水处理至符合国家一级排放标准后汇集到废水池；由 2 台潜水泵抽取废水进行绿化，废水量不足可由生活给水系统补充。

 10. 污水调节池运行方式如何？

答：污水调节池容积为 36m³，有两台潜污泵。当污水水位到达 ML（-1.5m）时，P01 启动运行（P01、P02 可以相互切换，手动或自动需现场确认），污水水位降低至 LL（-2.9m）时停泵，若 P01 启动后，液位继续上升至 HL（-1.2m）时，P02 启动，两台泵同时运行，直至降低至 LL（-2.9m）时两台泵同时停运。污水水位到达 AL（-2.39m）时（溢流水位），自动报警并上传至主控室，水溢流到雨水排水系统。

 11. 站工业 / 消防用水中断故障有什么现象？如何处理？

答：（1）现象：工业 / 消防水池水位持续降低且主进水管无流量。

（2）处理：

1）查看现场工业 / 消防水池主进水管流量；

2）检查综合水泵房内加压泵控制柜，查看电源指示灯是否正常。

3）若电源指示灯显示无电，检查上级电源是否跳闸，若电源指示灯显示正常，手动启动 1、2 号工业泵运行。

4）若水泵运行正常，但主进水管无流量，则表明管网破裂，通知检修人员查找漏水点，在供水恢复前通知消防部门送水，用于外冷水的消耗，保持工业 / 消防水池水位。

12. 站生活用水中断故障有什么现象？如何处理？

答：（1）现象：生活水箱水位持续降低。

（2）处理：

1）检查水源加压泵是否运行正常，若有异常报警，通知检修人员处理；检修人员可打开超越管阀门，旁通生活水处理装置，确保生活水系统可以允许，并尽快对其进行检修。

2）检查生活水系统变频泵是否运行正常，若无异常报警，可手动启动一次；若有异常报警，通知检修人员处理。

3）若系统无异常，且管道压力较低，通知检修人员查找漏水点，进行处理。

13. 工业 / 消防水池水位低故障有什么现象？如何处理？

答：（1）现象：

1）OWS 出现工业 / 消防水池水位低报警；

2）现场检查工业 / 消防水池水位低。

（2）处理：

1）现场检查工业 / 消防水池水位，同时查明进水管水流量是否正常；

2）现场检查工业 / 消防水处理回路相应阀门是否正常；

3）若阀门均正常，检查加压泵是否运行正常，通知检修人员处理；

4）若水位过低且无法立即恢复，则密切监视水位，通知消防部门送水，用于外冷水的消耗，保持工业 / 消防水池水位。

14. 工业泵故障有什么现象？如何处理？

答：（1）现象：

1）事件记录发"工业泵故障"信号；

2）事件记录发外冷水系统发高（低）优先级报警；

3）现场故障工业泵停运，备用泵投入运行。

（2）处理：

1）现场检查工业泵运行情况，查看对应外冷水系统报警信息。

2）若工业泵仍在运行，检查泵出水阀门位置是否正常，重点检查止回阀的进出水阀门开关程度是否合适，必要时予以调整，若仍无法回复正常，则手动退出故障泵。

3）若工业泵已经自动退出，11B 工业泵自动投入运行，则应检查 11B 工业泵的运行情况，则将工业泵转检修，通知检修人员进行处理。

4）若工业泵未自动启动但可手动启动，则手动启动 11B 泵对极 I 高压阀厅平衡水池补满。

5）若工业泵均故障不能启动，应严密监视平衡水池水位，必要时用消防水龙带对平衡水池紧急补水，同时通知检修人员尽快处理故障。

15. 污水池水位高故障有什么现象？如何处理？

答：（1）现象：

1）综合楼配电室污水系统报警器蜂鸣，显示污水池水位高报警；

2）排污泵未启动。

（2）处理：

1）现场检查污水水位是否过高、两个污水泵是否运行、进出水阀门位置是否正确；

2）如污水水位确实过高，两个污水泵没有自动运行或仅有一台运行，现场手动启动污水泵，必要时用手提式排污泵排出污水；

3）如果手动方式无法启动污水泵，通知检修人员处理；

4）如水位正常，通知检修检查液位触点。

16. 供水系统泵房或基坑内管道漏水故障有什么现象？如何处理？

答：（1）现象：

1）综合水泵房内排污泵频繁启动或连续运行；

2）综合水泵房内出现积水。

（2）处理：

1）现场检查确认管道漏水位置，检查排污泵是否自动启动排出积水；

2）若发现明显管网破损漏水倒换阀门，将漏水点隔离，通知检修人员进行处理；

3）若未发现明显漏水点，通知检修人员检查处理。

17. 生活变频泵故障有什么现象？如何处理？

答：（1）现象：事件记录发"生活泵泵 1/2 号故障"信号。

（2）处理：

1）现场检查 1/2 号 生活泵故障情况；

2）检查 1/2 号生活泵自动投运正常；

3）将 1/2 号生活泵做好安措，通知检修处理；

4）若 1/2 号生活泵不能自动运行，手动启动并通知食堂储水，然后停运 1/2 号泵，通知检修人员处理；

5）若 2 台生活泵全部发生故障，通知检修人员检查处理。

18. 综合泵房排污泵故障有什么现象？如何处理？

答：（1）现象：

1）事件记录发综合泵房污水池水位高报警；

2）排污泵未启动。

（2）处理：

1）现场检查污水池水位是否过高、两个污水泵是否运行；

2）现场检查排污泵是否在"自动"方式、电源是否丢失；

3）如电源没有丢失，且污水水位确实过高，两个排污泵没有自动运行，手动启动排污泵，必要时用手提式排污泵排出污水；

4）通知检修人员处理；

5）如水位正常，通知检修人员检查液位触点。

19. 给排水系统如何定期维护？

答：（1）蓄水池、水箱维护：

1）每年对生活蓄水池、水箱进行清洗；

2）结合蓄水池、水箱清洗对水位自启动回路进行检查，检查浮球触点正常，必要时进行外观除锈工作；

3）每年进行一次生活水水质检测，保证水质符合要求。

（2）水泵维护：

1）每季度对水泵进行启动试验，保证处于完好状态；

2）每季度对水泵进行紧固、除锈；

3）对于损坏的水泵，要及时修理、更换。

（3）水系统管道维护：每年对水系统管道进行防腐、除锈检查，必要时进行防腐处理。

（4）水泵房维护：

1）每轮值对水泵房照明、加热器（冬季）、玻璃门窗进行检查维护；

2）每季度进行一次水泵房环境卫生清扫；

3）每年对起重设备进行一次维护保养。

 20. 防汛期间给排水系统有哪些特殊规定？

答：（1）防汛设施应建立台账。

（2）应设立防汛设施专用库房，防汛物资配置、数量、存放符合要求。

（3）运维人员应熟知防汛设施的使用、维护方法。

（4）每年汛期来临之前，应开展一次防汛物资核对、保养以及补充工作。

（5）每年汛期来临之前，应对可能积水的地下室、电缆沟、电缆隧道、工业泵房及外冷水房以及场区的排水设施进行全面检查和疏通，做好防进水和排水措施。

（6）每年应组织修编换流站防汛应急预案和措施，定期组织防汛演练。

（7）换流站各类建筑物为平顶结构时，定期对排水口进行清淤，雨季、大风天气前后增加特巡，以防淤泥、杂物堵塞排水管道。

（8）定期进行排污泵、雨水泵启动试验，雨天应密切监视泵坑水位和排污泵、雨水泵运行情况，做好应急排水准备，若排水缓慢，可手动开启全部泵运行或增加应急泵排水，防止水淹泵房和站区设备。

（9）正常运行时，雨水泵与排污泵等均应采用自动控制模式，阀门位置正确，电源正常投入。

 21. 除铁锰过滤器的作用是什么？

答：采用曝气氧化、锰砂催化、吸附、过滤，利用曝气装置将空气中的氧气和水中 Fe^{2+} 和 Mn^{2+} 氧化成不溶于水的 Fe^{3+} 和 MnO_2，再结合天然锰砂的催化、吸附、过滤将水中铁锰离子去除。

22. 除铁锰过滤器的结构原理是什么?

答: 从除铁锰过滤器过滤的滤水由水管进水口流入膜过滤器内,由配水层均匀地洒在锰砂层,滤去由进水带入的 Fe^{3+} 和 MnO_2 等杂质,净水由水管出水口流出。

反冲洗时,水流方向自下向上,从反冲洗进水口向上形成水流,使得杂质通过配水层由反冲洗出水口流出。

曝气水箱内装有浮球,当水位低于设置的低警戒水位时联锁关闭升压水泵停止出水,启动站外深井泵开始补水;当水位高于设置的低水位警戒水位时启动升压水泵,水位继续升高至高于设置的高水位报警时联锁关闭站外深井泵。

| 第四节 |
换流站智能监测系统

1. 换流站的电气设备一体化在线监测系统主要监测哪些数据?

答: 监测换流变压器、500kV 站用变压器、直流场避雷器、500kV 交流滤波器开关、直流分压器、直流穿墙套管等换流站内高压设备的实时数据。

2. 换流站的一体化在线监测系统的作用是什么?

答: 一体化在线监测系统利用传感技术和微电子技术对换流站运行中的主要设备进行监测,获取反映运行状态的各种物理量并进行分析处理,预测运行状况,必要时提供报警和故障诊断信息,避免因故障的进一步扩大导致发生事故,指导设备最佳的维修时机,为状态检修提供实时数据。

3. GIS 设备在线监测系统主要采集哪些信号?

答: (1)开关间隔断路器 ABC 三相气室,采集温度、湿度、SF_6 浓度、氧气浓度等。

(2)隔离开关 ABC 三相气室和 TA 静侧 ABC 三相气室,采集温度、湿度等。

(3)1 号母和 2 号母 ABC 三相气室,采集温度、湿度。

4. 在线监测系统出现告警信号时应如何处理?

答: 正常运行时,一体化在线监测系统实时监测测量点的数据,若出现数据异常会发出相应等级的报警信号。报警等级分为预警和报警两种,分别用黄色和红色表示,正常数据以黑色表示。

运行人员每4h对一体化在线监测系统进行一次检查,若出现数据停止刷新或一体化在线监测系统程序故障退出的情况,应重启程序并查看监测点的通信网络是否存在异常。

当一体化监测系统后台显示监测数据越限时,运行人员应立即对现场相应监测点的表计、相关设备的运行状况及网络通信设备进行检查,通知检修检查确定故障原因。

 5. SF_6 气体含量监测有哪些运行规定?

答:(1)SF_6 气体含量监测设施应安装于 SF_6 设备配电室门外,装置应具备防潮、防雨、防尘措施;

(2)检测氧含量小于等于18%或 SF_6 气体浓度大于 1000×10^{-6} 时,装置应可靠报警,并联动通风设施;

(3)现场运行规程中应有 SF_6 气体含量监测设施的使用、维护规定;

(4)运维人员应熟知 SF_6 气体含量监测设施使用方法;

(5)SF_6 气体含量监测设施应长期投入,不得关闭;

(6)SF_6 气体含量监测设施出现报警,未查明原因且未经通风换气不得进入配电室内;

(7)工作人员不得单独、随意进入 SF_6 配电室,进入前应先通风 15min;

(8)定期对 SF_6 气体含量监测设施进行维护工作,检查系统运行良好,并进行报警试验。

 6. 接地极在线监测系统巡视原则有哪些?

答:(1)运行工作站监视接地极入地电流在正常范围内;

(2)红外在线测温数据在正常范围内,符合红外测温导则要求;

(3)导流电缆各个入地电流大致相等,偏差在正常范围内;

(4)检测井水位、水温和湿度监测数据在正常范围内;

（5）工业摄像头信号正常，后台画面清晰，镜头能正常切换；

（6）设备外观良好、无变形现象、油漆无脱落、无破裂、无放电及烧伤痕迹；

（7）极址大门加锁且无锈蚀或变形现象；

（8）电子脉冲围栏完好，无断裂现象。

7. 接地极在线监测系统故障有什么现象？如何处理？

答：（1）现象：在线监测主机监测数据不更新、主机与监测装置通信异常。

（2）处理：

1）接地极在线监测系统故障后，应立即派运维人员对接地极开展一次全面巡视，然后以周为周期开展全面巡视，直至接地极在线监测系统恢复正常运行；

2）检查在线监测装置相关电源情况，若电源丢失，试合装置电源开关一次；

3）若电源开关试合成功，监控界面显示正常则处理完成，若试合不成功则通知检修人员处理；

4）若在线监测装置相关电源正常，汇报上级管理部门，进行综合分析；

5）根据综合分析结果进行缺陷定性及处理。

8. 什么是接地极运行安时数？

答：运行安时数是反映接地极电腐蚀程度、评估使用寿命的关键参数，可以通过监测后台实时统计并显示运行，以准确掌握接地极使用情况。

9. 接地极在线监测内容有哪些？

答：（1）井、渗水井监测，设备红外在线测温视频监测，入地电流监测；

（2）跨步电压实时监测，监测井水位和水温实时监测，极址土壤温湿度实时监测。

10. 工业电视监视系统有哪些功能？

答：工业电视监视系统有视频显示功能、图像存储回放功能、设备控制功能、报警功能、网络功能、图像远传功能、密码保护打印功能、图像远传功能等，其中图像远传功能、图像远控功能是指在远方（运行公司）能浏览画面、接收报警信息及控制摄像机的功能。

11. 工业电视监视系统日常维护有哪些注意事项?

答:（1）正常运行时,工业电视监视系统具备完善的图像监控功能和红外对射报警功能,门禁系统能正常使用。

（2）正常运行时,摄像机会对监控区域进行 24h 摄像,并在服务器上保存最近的一个月所有监控区域的视频,值班人员应每月进行一次视频备份。

（3）正常运行时,摄像机应图像状况良好,画面质量清晰,无明显灰尘;镜头控制情况良好,控制切换灵活,无卡涩现象;室外摄像机的透明钟罩完好,无破损;云台、支架、构架等完好无损,无锈蚀现象。当出现异常情况时,应及时汇报处理。

（4）正常运行时,工业电视监视系统各监控主机的电源指示灯和网络指示灯应为绿色常亮,HDD 黄色指示灯应不停闪烁,各主机风扇应运转正常、无杂音。

（5）正常运行时,后台程序会对画面进行循环切换,不需要手动操作。

（6）值班人员应定期对工业电视监视系统进行检查操作,确保各项功能正常。

12. 智能巡检机器人有哪些主要功能?

答:（1）图像识别。采用多种图像识别算法和机器学习算法分类处理巡检图像,准确识别外观、位置、颜色及各类表计读数。

（2）红外测温。采用高灵敏度红外热像仪同时对多个不同设备或同一设备的不同部位进行温度精确测量,并进行三相比对分析（≥ 15℃）和趋势分析,将三相温度值显示在异常记录,及时发现设备热缺陷。

13. 智能巡检机器人巡检模式有哪几种?

答:有全自主、半自主和人工遥控三种模式,各模式可自由切换。其中,全自主模式支持例巡、特巡和自定义 3 种巡检路线设置方式;半自主巡检模式下,人工选定地图坐标,机器人自行到达对应位置,通过遥控云台手动远程操控机器人的移动进行巡视、巡检。

14. 智能巡检机器人巡检内容及分析功能分别是什么?

答:（1）巡检内容。包括设备外观检查、设备本体和接头的温度测量、潮湿度判别、污秽度判别、油温计读数、油位计读数、压力表读数、避雷器泄漏电流及放电次数读数、断路器 / 隔离开关的分合状态识别、变压器 / 电抗器的噪声监测。

（2）分析功能。包括红外测温及告警，表计读数及告警、噪声采集及分析，通过机器学习算法对数据进行分类、回归和预测，对温度、图像、声音和遥测遥信数据进行定制化分析。

15. 智能巡检机器人日常维护有哪些注意事项？

答：（1）机器人防护等级为 IP65，严禁停放在潮湿、雨淋、暴晒的场地，工作环境温度为 −20～60℃，禁止在超出其所能承受防护等级的恶劣场合使用；

（2）避免接触易燃、易爆、腐蚀性液体及气体；

（3）当站内有施工时，在客户端将机器人巡检模式切换为巡检关闭；

（4）机器人内置锂电池，电量过低时用专用充电器充电；

（5）机器人内部为电子元器件，在运输、保管、使用过程中应防止重压、剧烈振动等不正确操作方法；

（6）严禁自行拆卸产品内部器件，以免影响使用。

16. 智能巡检机器定位丢失故障有什么现象？如何处理？

答：（1）现象：机器人停止巡检，报警界面显示"机器人定位状态异常"。

（2）处理：

1）打开标定工具并登录；

2）进入云台控制界面，控制云台转动，观察可见光相机内画面，找到并记录机器人所在位置；

3）进入地图预览界面，查找机器人，找到机器人显示的错误位置；

4）放大或缩小地图能清楚看到停靠点（红色三角形）和设备轮廓（黑色线）；

5）根据机器人实际位置，从地图上锁定实际位置对应的地图位置；

6）重定位，并确定实际位置（该位置为地图预览界面中和机器人实际所在位置对应的地图位置）；

7）等待机器人自动定位。定位成功后，机器人闪动光标应朝向正确（光标三角形的朝向应是可见光相机内所看到的内容），且客户端上定位异常报警消失。

17. 智能巡检机器定位堵塞故障有什么现象？如何处理？

答：（1）现象：机器人停止巡检，可见光画面静止不动，任务界面显示巡检点无法到达，报警界面显示"前置超声堵塞""后置超声堵塞""前置激光堵塞""后置超声堵塞"。

（2）处理：操作云台转动，观察机器人周边是否有障碍物。

1）若存在障碍物：

a）先将机器人切换至停止模式，再切换至自动模式，观察机器人是否运动返航；

b）若障碍物较大（高度大于5cm），安排工作人员现场移开障碍物，机器人即可恢复巡检；

c）若障碍物较小（高度小于5cm），将机器人切换成手动且越过障碍物后，再切换回自动。

2）若不存在障碍物：

a）将机器人切换成手动，通过运动控制（长按按钮2s左右），让机器人运动一段距离（务必保证机器人不会撞到任何东西）；

b）回到报警界面，观察报警是否消失，若没有消失继续运动控制机器人运动；

c）将机器人切换回自动。

18. 智能巡检机器定位打滑故障有什么现象？如何处理？

答：（1）现象：机器人停止巡检，报警界面显示"车轮打滑状态"。

（2）处理：

1）控制云台观察机器人周边情况。

2）如果机器人没有因为打滑移动到设备附近（距离小于20cm），则在标定工具车体状态界面清除打滑。

3）如果机器人离设备太近，需要运维人员现场将机器人拍急停并推至远离设备的位置，然后拨开急停。另一运维人员在电脑点击清除打滑，现场人员观察机器人运动状态，确认无异常（不再打滑）后返回。

19. 智能巡检机器底盘运行故障有什么现象？如何处理？

答：（1）现象：机器人停止巡检，报警界面显示"底盘运行状态"。

（2）处理：

1）控制云台观察机器人周边情况。

2）如果机器人未撞到设备或其他，在运行模式中先将机器人切换至停机，再切换回巡检,然后将机器人设为自动模式。

3)若机器人撞到设备,运维人员现场将机器人拍急停并将推至周边的路上后,拔开急停。主控人员在标定工具将机器人运行模式切换为自动。现场人员观察机器人能否正常运动。

20. 智能巡检机器与后台网络断开故障有什么现象?如何处理?

答:(1)现象:网络断开表示机器人与后台的通信已经断开,正常情况是机器人没电导致,此时客户端只会显示最后一次通信时机器人的相关信息,不具备时效性。

(2)处理:

1)在客户端界面,查看机器人最后一次通信位置;

2)去现场推回机器人至充电房,手动充电;

3)手动充电 4h 后,拔下手动充电插头,将机器人开机,在标定工具观察机器人能否自动充电(电量栏全是正数),若不能点击充电按钮。

第六章

阀水冷运检技术

| 第一节 |
阀冷却系统设计特点

 1. 换流阀水冷却系统有什么作用?

答: 换流阀水冷却系统分为阀内冷水系统和阀外冷水系统。阀内冷水系统冷却换流阀,将阀体上各元件的功耗发热量排放到阀厅外阀外冷水系统;阀外冷水系统通过冷却塔对阀内冷水系统进行冷却,保证换流阀运行温度在正常范围内。

 2. 阀有哪些冷却方式?

答: 冷却方法有空气循环冷却、水循环冷却、油循环冷却、氟利昂冷却。

 3. 阀冷却系统外风冷冷却方式有什么优点?

答: 阀冷却系统外风冷冷却方式较外水冷冷却方式有运行维护简单、对水源无要求、不用考虑冷却水结冰等优势,在我国西北部直流工程中广泛应用。

 4. 阀内冷水系统和阀外冷水系统分别由哪些设备组成?

答: 阀内冷水系统由主循环泵、原水泵、补水泵、主过滤器、离子交换器、膨胀罐、脱气罐、冷却水管等设备组成。阀外冷水系统由冷却塔、喷淋泵、自循环泵、加药罐、喷淋水池等设备组成。

 5. 阀内水冷系统主循环冷却回路并联水处理回路有什么意义?

答: 为了防止大功率电子设备在高压状况下产生漏电现象,在主循环冷却回路并联了水处理回路。系统运行时,部分内冷却水从主循环回路旁通进入精混床离子交换器进行去离子处理,去离子的内冷却水其电导率会降低并回至主循环回路。通过去离子装置连续不断地运行,内冷却水的电导率将被控制在换流阀所要求的范围内。

6. 阀冷控制保护系统关于抗电磁干扰的设计要求和措施是什么？

答：（1）供电电源回路、采集回路和控制回路能承受快速瞬变干扰严酷等级为3级；

（2）回路设计、接地设计、滤波设计、盘柜设计、电缆选择等符合基本 EMC 措施；

（3）控制与动力回路元器件分别装在两个相邻但空间隔离的电控柜中；

（4）控制回路和动力回路电缆必须分开布置；

（5）所有信号回路均采用屏蔽电缆，屏蔽层单端接地，在接地系统上对安全地、信号地、硬件地和屏蔽地分别优化，采取合适的接地方案和措施。

 7. 作用于跳闸的内冷水进阀温度传感器和膨胀罐液位传感器应如何配置？

答：作用于跳闸的内冷水进阀温度传感器和膨胀罐液位传感器应按照三套独立冗余配置，每个系统的内冷水保护对传感器采集量按照"三取二"原则出口。当一套传感器故障时，出口采用"二取一"逻辑；当两套传感器故障时，出口采用"一取一"逻辑出口；当三套传感器故障（进阀温度）时，发闭锁直流指令。

 8. 高压直流输电系统对阀内冷水系统冷却介质有哪些要求？

答：阀内冷水系统冷却介质为去离子水，去离子水电导率应小于 $0.5\mu S/cm$，正常控制在 $0.3\mu S/cm$ 以内，冷却介质含氧量不大于 200×10^{-9}，补充水电导率小于 $10\mu S/cm$，pH 值 $6 \sim 8$。

 9. 为什么必须配置两台阀内冷水系统主循环泵？

答：直流系统正常运行时，阀体上各元器件功耗发热量非常大，要进行不间断冷却。如果阀内冷水系统只有一台循环泵，若循环泵故障，阀内冷水系统停止，将引起直流系统停运，所以阀内冷水系统必须配备两台循环泵。

 10. 阀内冷水系统去离子回路的作用是什么？

答：去离子回路是并联于内冷却主回路的支路，主要由混床离子交换器、精密过滤器及相关附件组成，吸附内冷却回路中部分冷却液的阴阳离子，通过对冷却水中离子的不断去除，抑制长期运行条件下金属接液材料的电解腐蚀或其他电气击穿等不良后果。

11. 阀冷却系统配电设计对电缆有什么要求?

答:动力配电电缆采用铠装阻燃电缆,控制电缆采用阻燃屏蔽电缆,电缆沿电缆沟明敷设或预埋电缆保护镀锌钢管穿管敷设,控制电缆与动力电缆分开敷设。

12. 阀冷系统电源设计有什么特点?

答:(1)阀冷系统检测到工作动力电源故障,立即切换至备用电源。

(2)任一路直流电源掉电,系统控制回路供电无扰动。

(3)直流控制电源全部掉电时,发出阀冷控制系统故障(停运直流系统)信号。

13. 当阀内冷水系统补水泵频繁启动时应注意什么?

答:若补水泵在短时间内多次启动,阀内冷水系统可能漏水,应仔细检查内冷水系统管道及阀厅设备是否存在漏水点。

14. 膨胀罐的作用是什么?

答:膨胀罐置于阀内冷系统水处理回路,与氮气稳压装置联动以保持管路压力恒定,与补充水回路和去离子回路共同完成介质的补给;膨胀罐底部设置曝气装置,增加氮气溶解度,脱气时更有效地带走介质内氧气;膨胀罐可缓冲阀冷系统因温度变化而产生的体积变化。

15. 膨胀罐液位变化定值和延时设置应注意什么?

答:膨胀罐液位变化定值和延时设置应有足够裕度,能躲过温度变化、外冷启动、辅助喷淋装置启动、传输功率变化等引起的液位变化,防止液位正常变化导致保护误动。

16. 为避免直流系统误跳闸,对阀内冷水系统重要测量值有什么要求?

答:直流系统正常运行时,如果阀内冷水系统温度、电导率、压力等测量值超过定值,将引起直流系统跳闸;如果在运行中测量装置故障,可能引起直流系统误跳闸,可靠性较低。所以阀内冷却系统重要测量值应使用双重化冗余配置,减少误动可能性。

17. 阀外冷水系统闭式冷却塔由哪些部分组成?

答:闭式冷却塔由密闭式冷却塔体壁板、换热盘管、热交换层、密闭冷却塔风机及电机、进风导叶板、水分配系统、挡水板、集水箱、检修门及检修平台等组成。

18. 阀冷却系统的控制和保护有什么设计要求?

答: 阀冷却系统控制和保护应确保在各种运行条件下冷却系统安全、正确、可靠运行,准确检测冷却系统的各种故障,并正确产生报警或跳闸信号。阀冷却系统控制和保护应采用完全双重化的设计,具有完善的自检功能。

19. 阀内冷水系统冷却盘管在冷却塔中如何布置?

答: 闭式冷却塔所采用的冷却盘管由多组蛇形管组合而成,各组换热管沿水平方向采用交叉并联布置方式排列,每组换热管水侧水流方向与空气流动方向形成同向流动。所有管子朝着冷却水流动的方向倾斜,以利于冷却水的排出;在盘管内外,空气与冷却水逆向流动,可提高传热效率。为得到最佳冷却效果,阀内冷水系统管道在冷却塔中使用蛇形 S 管并采用低进高出原则,使内冷水能够充分冷却。

20. 喷淋水系统运行过程中为什么要设置排污?

答: 冷却塔运行时,喷淋水不断蒸发,水池中水的杂质浓度升高,为了改变这种状况,在水池内的水进行补充的同时必须排掉一部分水,通过补充水与存水的不断混合达到降低水中盐分浓度的目的。

21. 阀冷系统中的水泵和风机为什么要设置安全开关?

答: 为保障检修时人身和设备安全,每台主循环泵、冷却塔风机、喷淋泵等旋转设备均就地设置安全开关,可就地切断供电电源。

22. 阀冷却系统每日巡检工作有哪些?

答:(1)检查巡视控制柜面板上的信号灯指示是否正确。

(2)检查去离子水流量是否正常。

(3)检查阀内冷系统运行参数是否正常(流量、压力、液位、电导率等)。

(4)检查电动机如主循环泵的噪声、温度、运行电流等。

(5)检查原水罐液位,较接近低液位值时应尽快补充或准备。

(6)检查自动排气阀是否正常排气。

（7）检查外冷风机运行是否正常，是否有异常噪声。

（8）检查外冷风机变频器运行是否正常，是否有异常噪声、发热。

（9）检查喷淋水池水位。

（10）检查喷淋泵坑环境温度。

（11）检查冷却塔周围是否有纸屑、树叶及塑料等易飞物。

23. 阀水冷系统为什么要设置加药系统？

答：为了将管道的腐蚀程度降到最低，防止滋生藻类菌类等微生物，防止空气中尘埃进入循环喷淋水形成淤泥，换流阀水冷系统设置不同的加药系统，并设置有循环过滤设备。

24. 阀冷却系统发生什么故障时会停运？

答：（1）膨胀罐液位超低；

（2）冷却水流量超低与进阀压力低；

（3）冷却水流量超低与进阀压力高；

（4）阀冷系统泄漏；

（5）进阀压力超低与冷却水流量低。

25. 阀冷控制保护系统具有哪些功能？

答：（1）对阀冷系统的监控与保护；

（2）将阀冷系统的工作状况上传给极控或站控；

（3）对阀冷系统的远程控制。

26. 阀冷系统内冷水温度控制有什么特点？

答：阀冷系统内冷水温度控制是由冷却塔上不同频率的冷却风扇和电加热器共同完成的。换流阀运行时要求冷却水进阀温度基本稳定，严禁冷却水进阀温度骤升骤降，所以要求水冷装置可以随时调节因换流阀损耗变化而引起的冷却容量变化，将冷却水进阀温度稳定在设定范围内。

27. 主循环泵机械密封的工作原理是什么？

答：利用水泵轴高速旋转，在密封面之间形成一层高压水膜密封，迫使密封面间彼此分离不存在硬性接触，依靠辅助密封的配合与另一端保持贴合并相对滑动，从而防止流体泄漏。

 28. 主循环泵启动前需有哪些检查事项?

答：（1）全面检查机械密封以及附属装置和管线安装是否齐全，是否符合技术要求。

（2）检查机械密封是否有泄漏现象。若泄漏较多，应查清原因并设法消除；如仍无效，则应拆卸检查并重新安装。

（3）调节电动机与水泵的同心度，使之满足技术要求。

（4）按泵旋转方向手动转动轴，检查旋转是否轻快均匀，如旋转吃力或不动时，则应检查装配尺寸是否错误及安装是否合理。

（5）水泵启动前密封腔内应充满介质，严禁缺水运行。检查系统静压是否满足要求，相关阀门阀位是否正确。

 29. 阀冷却控制保护系统与直流控制保护系统通信配置是怎样的?

答：以某特高压直流工程为例，阀冷却控制保护系统与直流控制保护系统通信配置如下：

（1）PROFIBUS 总线通信。阀冷系统各在线参数、主要机电、单元状态（工作 / 停止或开 / 关）通过 PROFIBUS 总线通信在上位机阀冷工艺原理图上显示并记录。

（2）光调制信号通信。阀冷控制保护（VCCP）与换流器控制保护（CCP）系统之间的接口信号包含直流控制系统主用 / 备用信号（Active）、远方切换阀冷主泵命令（Switchpump）、解锁 / 闭锁信号（Deblock）、阀冷系统跳闸命令（VCCP_Trip）、阀冷系统功率回降命令（Runback）、阀冷系统可用信号（VCCP_OK）、阀冷系统具备运行条件（VCCP_Rfo）、阀冷系统具备冗余冷却能力（Redundant）、阀冷控保系统主用 / 备用信号（VCCP_Active）、室外温度、阀厅温度、出阀温度、进阀温度信号（Temperatures）。

 30. 阀冷却设备出厂前例行试验有哪些?

答：（1）一般检验。外观检查；检查泵、各类阀门、测量仪表、管道等组件的安装情况；检查电气部分的电气配线、标识和编号等是否符合设计文件及有关标准的规定。

（2）仪表校验试验。对换流阀内、外冷却系统上主要采样仪表进行第三方校验，验证仪表读数和输出是否准确，并出具相关报告。

（3）压力试验。水冷却设备及管道设计压力 1.0MPa，试验压力 1.6MPa（水压），试验时间为 1h，设备及管路应无破裂或渗漏水现象（试验时，短接与换流阀塔对接处的管道）；闭式冷却塔设计压力 2.0MPa，测试压力 2.5MPa（气压）。

（4）水力性能试验。将水压计和流量计接入冷却水循环回路，模拟换流阀水路、空气冷却器、循环水管路的压力损失，开启主循环泵，通过调整主循环冷却设备供水阀门阀位，测量流量、压力，流量在 1.0 ~ 1.3 倍额定流量范围内，则认为合格。

（5）绝缘耐压试验。换流阀内、外冷却系统设备的电动机及低压电气设备与地（外壳）之间的绝缘电阻不低于 10MΩ；低压设备与地（外壳）之间能承受 2000V 的工频试验电压，持续时间为 1min。

（6）接地试验。试验前应断开控制柜电源，并清除测量点油污，采用直接测量法，将仪表端子分别与主接地端子、柜壳（或应接地的导电金属件）连接，检验可触及金属部分与主接地点之间电阻，测量值应不超过 0.1Ω。

（7）模拟控制与保护性能试验。模拟各种运行模式和故障情况，验证换流阀内冷却系统控制与保护的功能是否满足设计要求。

（8）水质性能试验。接通去离子水管路，并将电导率仪接入其中，开启离子交换器至额定流量，记录 2h 内外冷却水水质随时间的变化参数，4h 内电导率低于 0.2μS/cm，认为合格。

（9）连续运行试验。为保证阀冷却设备可靠性，在各单项试验合格后进行整机连续运行试验，对于例行试验连续运行时间为 6h。试验时，开启整机运行，调整管路各阀门，使主循环水管道流量、压力、电导率等达到并维持在额定值，电动机、水泵等主要部件在试验期间应无异常现象、无泄漏。

31. 阀冷却设备现场交接试验有哪些？

答：（1）安装检验。外观检查；检查管道、泵、测量仪表等组件的安装情况；检查电气部分的电气配线、标识和编号等是否符合设计文件及有关标准的规定。

（2）压力试验。水冷却设备及管道设计压力 1.0MPa，试验压力 1.6MPa（水压），试验时间为 1h，设备及管路应无破裂或渗漏水现象（试验时，短接与换流阀塔对接处的管道）。

（3）绝缘试验。阀冷却系统设备的控制器、电动机等低压电气设备与地（外壳）

之间的绝缘电阻不低于 10MΩ ；低压设备与地（外壳）之间应能承受 2000V 的工频试验电压，持续时间为 1min。

（4）模拟控制与保护性能试验。模拟各种运行模式和故障情况，验证换流阀内冷却系统控制与保护的功能是否满足设计要求。

（5）与上位机通信接口试验。验证阀冷却控制系统是否能准确地把换流阀内冷却水系统的运行状态、告警报文、在线运行参数正确上传至直流控制与保护系统；验证阀冷却控制系统与直流控制与保护系统之间的控制动作是否正确，直流控制与保护系统能否正确响应阀冷却控制系统的跳闸指令，阀冷却控制系统能否正确响应直流控制与保护系统的运行与停运指令等。

（6）连续运行试验。现场连续运行试验为 72h。

32. 换流阀与换流阀冷却系统联合试验有哪些？

答：（1）压力试验。

（2）水力性能试验。所有换流阀内、外冷却系统管路按设计要求连接后，测量冷却水流量、压力及多重阀单元的进出口压降，验证是否符合设计要求。

（3）直流控制与保护。验证保护动作的正确动作。

（4）热负载。换流阀带负载运行，验证阀冷却设备的冷却能力和温度调节能力。

| 第二节 |
阀内水冷系统

1. 阀内水冷系统由哪些部分组成？

答：阀内水冷系统主要由主循环冷却系统、去离子水处理系统、氮气稳压系统、补水装置、冷却介质及管道等组成。

2. 阀内水冷保护跳闸逻辑配置有哪些？

答：（1）膨胀罐液位超低；

（2）冷却水流量超低与进阀压力低；

（3）冷却水流量超低与进阀压力高；

（4）进阀压力超低与冷却水流量低；

（5）阀冷系统泄漏；

（6）当进阀温度的三套传感器均故障时，发闭锁直流指令；

（7）进阀温度超高；

（8）双 PLC 均故障，则停运直流系统。

3. 阀内水冷系统管道例行加压试验标准是什么？

答： 阀冷却水管静压试验每 3 年一次，施加水压至 1.2 倍运行压力，持续 30min，应无渗漏。

4. 阀内水冷系统主循环泵切换逻辑是什么？

答： 阀冷系统配置两台主循环泵，互为备用。阀内水冷系统主循环泵切换逻辑如下：

（1）主循环泵正常切换。当前泵工频运行时，当阀水冷系统出现以下情况时，系统切换到备用泵软启动转工频运行，同时当前泵停止：

1）两台主循环泵可通过主循环泵切换周期（可设定）实现主循环泵周期切换功能；

2）两台主循环泵可通过阀水冷系统就地操作面板实现主循环泵本地切换功能。

（2）主循环泵故障切换。当前泵工频运行时，当阀水冷系统出现以下故障时，系统均自动切换到备用泵软启动转工频运行，同时当前泵停止：

1）主循环泵过热报警。

2）主循环泵故障报警。

3）站用电 400V 电源故障。

（3）主循环泵压力低切换。阀水冷系统主循环泵出口设置两台压力变送器、三台进阀压力变送器，当任一台主循环泵出水压力变送器或进阀压力变送器测量值低于保护定值时，延时 3s，切换备用泵工频直接运行，同时控制系统报出"阀水冷系统压力低切换主泵，请检查并确认"报警时，系统压力低主循环泵不再执行切换。

（4）主循环泵切泵失败回切。当前主循环泵正常切换至备用泵运行失败时，控制系统检测出相关报警后回切到原运行主循环泵运行，包括当前运行主循环泵过热报警、主循环泵故障报警、站用电 400V 电源故障、"主循环泵出水压力低 + 进阀压力低"报警。

5. 阀内水冷系统补水装置如何配置？控制方式是什么？

答：（1）阀内水冷系统补水装置配置了一台原水泵、两台补水泵。补水泵采用一用一备的配置方式，互为备用。

（2）控制方式如下：

1）手动补水方式。手动模式与自动模式均能通过控制柜面板按钮启停补水泵，手动补水，两台可同时启动。

2）自动补水方式。自动运行中补水泵能根据膨胀罐液位自动补水。

3）不论是手动补水还是自动补水，原水罐液位低报警时均强制停补水泵，防止将大量空气吸入阀水冷系统。

4）补水泵或原水泵启动时，原水罐电磁阀开启。

5）原水泵只有手动启动功能，设置高液位强制停泵功能。

6. 阀内水冷系统电加热启停如何控制？

答：（1）当冬天室外环境温度极低且换流器处于低负荷运行时，电加热器启动以避免冷却水进阀温度过低。

（2）冷却水进阀温度小于等于 15℃ 时，电加热器 H03 和 H04 启动；冷却水进阀温度大于等于 17℃ 时，电加热器 H03 和 H04 停止。

（3）冷却水进阀温度小于等于 14℃ 时，电加热器 H01 和 H02 启动；冷却水进阀温度大于等于 16℃ 时，电加热器 H01 和 H02 停止。

（4）冷却水进阀温度接近阀厅露点时，4 台电加热器强制启动。

（5）电加热器的启动与主循环泵运行及冷却水流量超低值互锁。

（6）电加热器故障发出报警信号。

（7）加热失败发出"电加热失败"报警信息。

7. 阀内水冷系统电动三通阀控制原理是什么？

答：（1）冷却水进阀温度高于 25℃ 时，电动三通阀全开状态，保证全部冷却水通过室外冷却系统。

（2）冷却水进阀温度 20 ～ 25℃ 时，PLC 通过控制电动三通阀的阀门开度大小调节室外回路和室内旁路的流量比例，使冷却水进阀温度保持在 20 ～ 25℃。

（3）冷却水进阀温度低于 20℃ 时，电动三通阀处于关闭状态（保留设定的最小关限位），保证绝大部分冷却水流量通过室内旁路。

（4）通过电动阀的设定温度工作范围控制电动三通阀的开闭（开关方式是脉冲式）。

（5）电动三通阀故障发出报警信号。

8. 阀内水冷系统电动蝶阀控制原理是什么？

答：（1）阀水冷系统处于手动 / 自动模式下，均可在 HMI 操作面板上手动"开""关"电动蝶阀。

（2）两个电动蝶阀开 / 关切换时，其中一个电动蝶阀处于开状态，另一个处于关状态。

（3）阀水冷系统处于自动运行状态时，如果全开的电动蝶阀回路对应的电动三通阀故障，则处于热备用的电动三通阀所对应的电动蝶阀自动开启，已故障的电动三通阀所对应的电动蝶阀自动关闭。

（4）电动蝶阀故障时，在 HMI 操作面板上，可以手动对故障进行复位。

（5）阀水冷系统处于停止位时，电动蝶阀不接受任何指令。

9. 阀内水冷系统补气电磁阀控制原理是什么？

答：（1）阀水冷系统处于手动模式时，在 HMI 操作面板上可手动开关每个电磁阀。

（2）阀水冷系统处于自动模式时，阀水冷系统运行或停运，电磁阀根据膨胀罐压力设定值，自动开关。

（3）阀水冷系统处于停止模式时，电磁阀不接受任何指令，保持关闭状态。

（4）如果一个电磁阀故障，则自动切换到另一电磁阀运行。

（5）电磁阀自动切换的条件是补气电磁阀连续动作 25min 后膨胀罐压力仍未达到停止补气压力值。

10. 阀内水冷系统排气电磁阀控制原理是什么？

答：（1）阀水冷系统处于手动模式时，在 HMI 操作面板上，可以手动开关排气电磁阀。

（2）阀水冷系统处于自动模式时，阀水冷系统运行或停运，排气电磁阀根据膨胀罐压力设定排气值，自动开关，不接受手动操作。

（3）阀水冷系统处于停止模式时，排气电磁阀不接受任何指令，保持关闭状态。

11. 阀内水冷系统电源如何配置?

答:(1)动力电源配置。阀内水冷系统动力电源配置如图 6-1 所示。

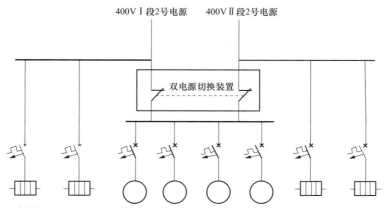

图 6-1 阀内水冷系统动力电源配置

(2)控制电源配置。阀内水冷系统控制电源配置如图 6-2 所示。

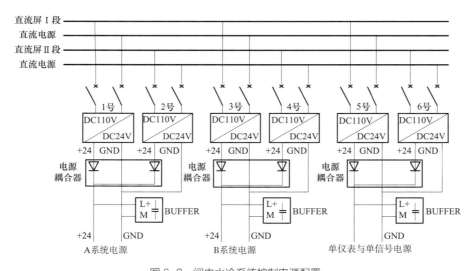

图 6-2 阀内水冷系统控制电源配置

12. 阀内水冷系统电源控制原理是什么?

答:(1)阀内水冷系统检测到工作动力电源故障(包括掉电、缺相、相间不平衡),立即切换至备用电源,切换过程不能导致系统压力、流量报警;

(2)任一路直流电源掉电,系统控制回路供电无扰动;

(3)直流控制电源全部掉电时,发出阀内冷控制系统故障(停运直流系统)信号。

13. 冗余 PLC 主站工作原理是什么?

答:(1)双 PLC 站同时采样,同时工作;

(2)如果工作中的 PLC 站发生故障,则切换至另一站;

(3)双 PLC 站均故障时,发出阀内冷控制系统故障(停运直流系统)信号。

14. 巡检时发现主循环泵轴封渗漏水如何处理?

答:(1)及时汇报;

(2)若相应主循环泵处于运行状态,切换主循环泵;

(3)若漏水严重,则断开主循环泵软启回路和工频回路动力电源,然后断开相应安全开关;

(4)关闭主循环泵两侧阀门,将异常主循环泵从水回路中隔离出来,通知检修人员和厂家人员进行处理;

(5)密切关注阀水冷系统运行情况,避免切换站用电系统。

15. 主循环泵巡视要点主要包括哪些?

答:(1)轴套油位应在油位线附近或符合厂家技术文件要求;

(2)应无明显渗漏油、漏水现象;

(3)应无异常噪声、振动,必要时采用噪声振动测试仪进行测量;

(4)轴承应无异响、卡涩;

(5)进、出口压力差应正常范围之内;

(6)主循环泵漏水检测装置应无异常报警;

(7)本体及轴承红外测温时,无异常温升。

| 第三节 |
阀外水冷系统

1. 阀外水冷系统由哪些部分组成?

答:阀外水冷系统主要是由闭式冷却塔、喷淋泵、补充水预处理系统、反渗透系统、喷淋水自循环过滤系统、喷淋水池及其排污、泵坑排污系统等组成。

2. 补充水预处理系统由哪些部分组成？主要流程是什么？

答： 喷淋水补充水处理系统主要由石英砂过滤器、活性炭过滤器、反渗透装置、管道、阀门、仪表及其他附属设备等组成。

其主要流程为喷淋水补充水→石英砂过滤器→活性炭过滤器→反渗透过滤装置→喷淋水池。

3. 阀外水冷系统电源如何配置？

答：（1）动力电源配置。

阀外水冷系统动力电源配置见图 6-3。

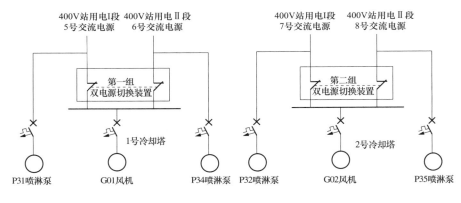

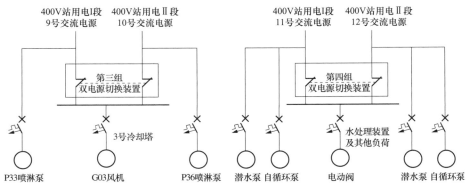

图 6-3　阀外水冷系统动力电源配置

（2）控制电源配置。

阀外水冷系统控制电源配置见图 6-4。

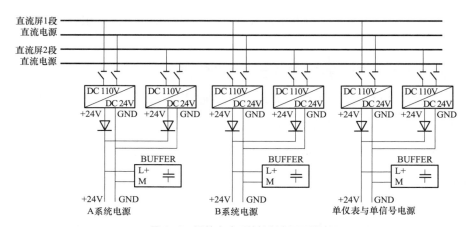

图6-4   阀外水冷系统控制电源配置

 4. 喷淋泵的控制原理是什么？

答：喷淋泵随阀水冷系统启动而启动，即使室外气温较低，风机停运后，喷淋泵仍单独运行，这有利于保持冷却水温度的稳定，可防止冬天管道系统结冻。

为防止喷淋水池液位测量系统故障等原因误停喷淋泵及风机，引起内冷水温度升高跳闸，喷淋水池液位低仅发告警信号，同时加装喷淋泵及风机手动启动功能。

工作泵发生故障时，自动切换至备用水泵，运行水泵与备用水泵之间周期性轮换（时间可调）。工作泵压力低于设定值时，自动切换至备用水泵。

 5. 潜水泵的控制原理是什么？

答：在阀水冷设备间喷淋循环水泵泵坑内积水坑设置液位计、潜水泵及液位报警系统。当积水坑内液位高于一定高度时，自动报警并启动潜水泵，工作泵故障时，备用泵自动投入运行，同时发送信号到控制系统（工作泵和备用泵既可自动控制也可手动强制投入）。当积水坑内液位低于一定高度时，自动停泵。

 6. 如何维护阀外水冷系统反渗透膜组？

答：（1）反渗透膜组整体拆开检查维护；

（2）根据实际堵塞物进行酸洗或碱洗。

 7. 高压泵出水压力高和进水压力低报警如何处理？

答：（1）高压泵出水压力高报警。一是因为高压泵进水口阀门开度过大，调节阀门开度即可；二是因为反渗透膜组堵塞，需要及时进行清洗维护反渗透膜组。

（2）高压泵进水压力低报警。一是因为高压泵进水口阀门开度过小，调节阀门开度即可；二是因为高压泵进水口前端保安过滤器堵塞，需要及时更换保安过滤器滤芯。

8. 如何维护冷却塔？

答：（1）初次启动时，进行以下操作：

1）清除所有杂物，如进风格栅上的树叶和垃圾；

2）冲洗冷水盘（过滤网保持在原位），冲掉沉积物和污垢；

3）拆下过滤网，冲洗干净后重新装上；

4）检查机械浮球阀是否运行灵活；

5）检查水分配系统的喷嘴，如需要可进行清洁，检查喷嘴的方位是否正确（初次启动时无需检查，喷嘴的清洁和方位设定已在工厂完成）；

6）检查并确保挡水板安全就位；

7）调整通风机皮带的松紧；

8）在季节性启动前先润滑通风机轴承；

9）用手转动风叶，确保风叶转动正常无阻碍；

10）目测通风机叶片，从叶片尖端到通风机轮毂之间的剪刃间隙应为 10mm 左右（最小 6mm），叶片应被安全地固定在通风机轮毂上。

（2）设备电源接通后，进行以下操作：

1）检查并确认通风机转动方向正确；

2）测量所有三相供电的电压和电流。

（3）每月维护时，进行以下操作：

1）清洁水盘滤网；

2）检查排污阀，确认其开启；

3）检查水喷淋系统及其喷淋状况；

4）润滑通风机轴承；

5）检查皮带松紧度并调节；

6）检查通风机网罩，进风格栅，通风机和干式盘管。

（4）每季度维护时，进行以下操作：

1）清洗冲刷水盘；

2）检查脱水器（挡水板）；

3）检查风叶有无裂缝、是否平衡、振动情况如何。

（5）停机期间，进行以下操作：

1）停机几周时，齿轮减速器加满油，运行时将油排至正常油位；

2）停运一个月或更长时，旋转电动机轴或通风机10圈，用高阻表测量电动机绕组。

（6）季节性停机时，进行下列操作：

1）将闭式冷却塔里的水排空；

2）将冷水盘冲洗干净，吸入口滤网仍保持在原位；

3）吸入口滤网应拆下冲洗干净后，再安装上去；

4）冷水盘的排水应保持在打开状态；

5）应润滑通风机轴承和电动机底座的调节螺栓，设备放置一段时间后初次启动时也应润滑；

6）检查机组的防腐保护层是否完整，必要时进行清洁并重新喷涂；

7）通风机轴承和电动机轴承需要每月至少手动转动一次，确定机组的切断开关已被锁上并标识后，用手抓住通风机叶片转动几周检查有无异常情况。

9. 阀外水冷系统高压泵的控制逻辑是什么？

答：（1）高压泵进水压力低会停止运行泵，启动备用泵；

（2）高压泵具有轮换运行逻辑，本次补水启动一台泵运行，下次补水启动另一台水泵；

（3）高压泵可在人机接口（HMI）上手动切换和启动。

10. 工业补水泵如何控制？

答：（1）水处理程序自动控制，系统启动补水时，自动启动工业补水泵；

（2）工业补水泵就地控制柜在自动位置，可在水处理系统人机接口（HMI）上手动启动；

（3）工业补水泵就地控制柜在手动位置，可手动直接启动。

11. 阀外水冷系统水泵电动机如何维护？

答：（1）外观检查及清洁。

（2）绝缘测试。电动机绕组对地绝缘不小于1MΩ（1000V绝缘电阻表），相间电阻基本相同，运转正常，无异常声响，接线盒内接线牢固，无锈蚀，无腐蚀。

第七章

站用电运检技术

| 第一节 |
站用电源及运行方式

1. 一般典型站用电源的配置是什么？

答：通常典型站用电交流系统包括 500/35kV 降压变压器，35/10kV 站用变压器，110/10kV 站用变压器，10/0.4kV 站用变压器，10kV 开关柜等设备。

站用电对于变电站非常重要，变电站的控制保护系统、故障率波、测量装置等都取自站用电，如果站用电停电，变电站将全站瘫痪，对电网也会造成很大的危害。所以设计站用电源时需要有两回取自站内的电源，还有第三回取自站外的电源，从而保证站用电源的可靠性。

通常典型站用电系统共 3 回，如图 7-1 所示，Ⅰ、Ⅱ回电源分别取自站内 500kV GIS 交流Ⅰ母、Ⅱ母，正常运行时做主用电源；Ⅲ回电源取自 220kV 变电站的 110kV 母线，正常运行时作为备用。

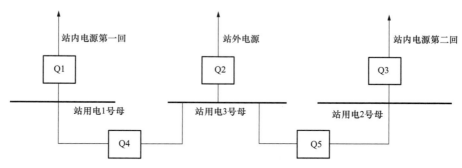

图 7-1 换流站典型站用电系统接线示意

2. 500kV、35kV 站用电正常运行方式是怎样的？

答：第Ⅰ回站用电源取自站内 500kV GIS 1M 号母线，经变压器 511B 带 35kV 站用变压器 31B 给 10kV 1M 号母线供电，为主用电源。500、35kV 进线正常运行方式接线见图 7-2。

第Ⅱ回站用电源取自站内 500kV GIS 2M 号母线，经变压器 512B 带 35kV 站用变压器 32B 给 10kV 2M 号母线供电，为主用电源。

第Ⅲ回站外电源当地供电公司 220kV 及以上变电站，带 35kV 站用变压器 33B 给站内 10kV 3M 号母线供电，为备用电源。

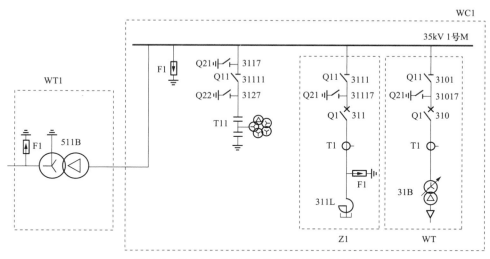

图 7-2 500kV、35kV 进线正常运行方式接线

 3. 10kV 站用电正常运行方式是怎样的？

答：10kV 站用电正常运行方式接线示意见图 7-3，10kV 为 3 段母线，1 母、2 母为双电源，3 母为备用母线电源，Q1 为 1 母进线开关，Q2 为 2 母进线开关，Q3 为 3 母进线开关，Q4 为连接 1 母和 3 母的联络开关，Q5 为连接 2 母和 3 母的联络开关，QX 为多条连接到下级 400V 电源的线路开关。正常运行时 Q1、Q2、Q3 为合上状态，Q4、Q5 为断开状态。此时 1 母和 2 母有负荷，3 母不带负荷，每个负荷有两路电源保证，当 1 母和 2 母任一母线失电，相应的联络开关将合上，将失电的母线带上电，保证负荷的两路电源的保障。

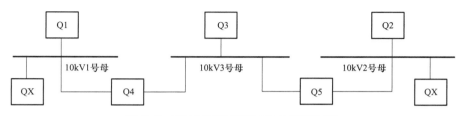

图 7-3 10kV 站用电正常运行方式接线示意

 4. 400V 站用电正常运行方式是怎样的？

答：一般非调相机典型特高压换流站站内配置极Ⅰ高端、极Ⅰ低端、极Ⅱ高端、极Ⅱ低端和站公用共五个主动力中心。

正常情况下，每个主动力中心的两路 10kV/400V 变压器进线作为工作电源，两段 400V 母线分段运行，400V 站用电正常运行方式接线见图 7-4，SA、SB 为 400V 母线，20N00+NE01、20N00+NE02 为 400V 进线电源柜，20N00+NE00 为联络柜。正常运行时 401、402 开关为合上状态，SA、SB 母线带电互为备用状态，当 401、402 其中一个开关跳开，450 开关会自动合上，使失电的母线恢复电源，保证双母线带电。

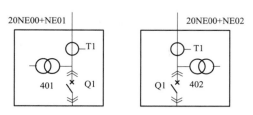

图 7-4　400V 站用电正常运行方式接线

5. 极Ⅰ、Ⅱ高端、低端阀组 110V 直流系统如何配置的?

答：每个阀组 110V 系统配置采用四充三蓄（即四个充电机三个蓄电池），110V 直流系统通常为三充两蓄，阀组保护室多设一组充电机和蓄电池给通信设备。高、低端阀组 110V 直流系统接线示意见图 7-5，配置 A、B、C 三段直流母线，充电机通过直流母线向馈线和蓄电池充电。110V 直流也是双电源双保险，在阀组保护室通信设备单独设置一路直流电源。

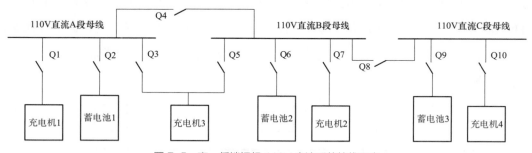

图 7-5　高、低端阀组 110V 直流系统接线示意

6. 极Ⅰ、Ⅱ高端、低端阀组 110V 直流系统正常运行方式有哪些?

答：正常运行方式为在 A、B 段直流母线，充电机 1、蓄电池 1、充电机 3、蓄电池 2 运行，充电机 3 备用；在 C 段直流母线充电机 4 和蓄电池 3 运行。高、低端阀组 110V 直流系统接线示意见图 7-5，Q1、Q2 合上，Q3、Q4、Q5 断开，Q6、Q7 合上，

Q8 断开，Q9、Q10 合上。

7. 极Ⅰ、Ⅱ高端、低端阀组 110V 直流系统非正常运行方式有哪些?

答: 在 A、B 段直流母线，运行的充电机故障时，投入备用充电机，高、低端阀组 110V 直流系统接线示意见图 7-5，假如充电机 1 故障退出运行，则投入充电机 3，图中 Q1 断开、Q3 合上，保证 A 段母线充电机蓄电池正常运行。

当一组蓄电池和充电机需要检修或故障退出时合上母线联络开关，假如通信设备连的蓄电池和充电机需要同时退出检修则合上对应的母线联络开关，保证 C 段直流母线带电，图中 Q9、Q10 断开，Q8 合上。

8. 继电小室 110V 直流系统配置特点是什么?

答: 继电小室的 110V 直流系统的配置为"三充两蓄"（即三个充电机两个蓄电池），是控制保护室的典型配置，继电小室 110V 直流系统接线示意见图 7-6，配置 A、B 两段 110V 直流母线，直流母线负责给 110V 直流负载供电，每个负载有 A、B 两路双电源保障。运行时充电机向母线和蓄电池提供电源，蓄电池时刻保持慢电的状态，充电机 3 为备用充电机，当运行充电机故障时备用充电机投入，当充电机都故障时蓄电池才向直流母线供电，但只能保持一段时间。

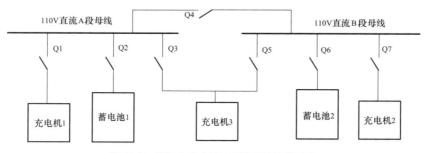

图 7-6 继电小室 110V 直流系统接线示意

9. 继电小室 110V 直流系统正常运行方式是什么?

答: 正常运行时充电机 1、蓄电池 1 投入，A 段母线供电正常，充电机 2、蓄电池 2、B 段母线供电正常，充电机 3 备用。继电小室 110V 直流系统接线示意见图 7-6，图中 Q1、Q2 合上，Q3、Q4、Q5 断开，Q6、Q7 合上。

10. 继电小室 110V 直流系统非正常运行方式是什么？

答：在 A、B 段直流母线，运行的充电机故障时，投入备用充电机，继电小室 110V 直流系统接线示意见图 7-6，假如充电机 1 故障退出运行，则投入充电机 3，图中 Q1 断开、Q3 合上，保证 A 段母线充电机蓄电池正常运行。

当蓄电池 1 和充电机 1 同时需要退出检修时，将母线联络开关 Q4 合上，Q1、Q2 断开，用 B 段母线将 A 段母线带电，保障直流负荷双电源，在检修完毕后将蓄电池 1 和充电机 1 投入，断开母线联络开关。

 11. 低压直流站用电设备室应该如何布置？

答：典型站用电直流系统分为 110V 直流系统和 220V 直流系统，其中 220V 直流系统仅有一组为调相机辅助设备直流电源系统；110V 直流系统共 7 套，1 号继电器室、2 号室继电器室、站及双极室直流系统均为三套充电装置两组蓄电池配置，极 I 高端阀组辅助设备室、极 I 低端阀组辅助设备室、极 II 高端阀组辅助设备室、极 II 低端阀组辅助设备室直流系统均为四套充电装置三组蓄电池配置。

 12. 站用电源的接线方式是什么？

答：典型站用电系统共 3 回，I、II 回电源分别取自站内 500kV GIS 交流 I 母、II 母，正常运行时做主用电源；III 回电源取自 220kV 变电站的 110kV 母线，正常运行时作为备用。对应的 10kV 母线分为 10kV I 母、10kV II 母、10kV III 母。

 13. 站用变压器设备配置情况如何？

答：典型站用变压器包括 500/35kV 降压变压器、35/10kV 站用变压器、110/10kV 站用变压器、10/0.4kV 站用变压器，详见表 7-1。

表 7-1　　　　　　　　　　典型站用变压器设备配置情况

序号	项目	安装地点	数量
1	500/35kV 降压变压器	500KV 交流系统 1、2 号母线	2 台
2	35/10kV 站用变压器	站内站用电区域	2 台
3	110/10kV 站用变压器	站外电源进线区域	1 台
4	10/0.4kV 站用变压器	极 1 高低端、极 2 高低端、站公用 400V、调相机交流配电室	12 台

14. 站用变压器日常维护及注意事项有哪些?

答: 站用变压器日常维护及注意事项见表7–2。

表 7–2　　　　　　　　　站用变压器日常维护及注意事项

序号	巡检类别	巡检内容
		日查
1	外观检查	(1) 一次接线完好; (2) 本体及各附件无明显变形、损坏等现象,无异物悬挂; (3) 各阀门、冷却器等无渗漏油现象; (4) 本体油位在正常范围,符合油位与油温对应曲线; (5) 油流方向指示正确; (6) 呼吸器外壳无破裂现象,硅胶变色部分不超过3/4,油杯中的油清洁; (7) 套管、冷却器散热片无严重污秒现象
2	声音检查	(1) 冷却器风扇、潜油泵运行声音正常; (2) 本体运行声音平稳,无异常振动
3	数据检查	(1) 油温、绕组温度在正常范围内,现场与控制室 OWS 显示基本一致; (2) 在线气体监测装置监测的数据在正常范围内,与控制室 OWS 显示基本一致
		月查
1	电源、盘面检查	(1) 冷却器电源控制柜各电源开关均在合上位置; (2) 同一极换流变压器电源控制柜选择同一路主电源供电
2	红外测温	套管接头,跳线接头
3	密封、防潮检查	(1) 冷却器电源控制、分接头控制柜关闭良好; (2) 机构箱内孔洞封堵严密,无异物
4	元器件、接线检查	(1) 机构箱内继电器、接触器、开关接线无发霉、锈蚀、过热现象,外观正常; (2) 端子接线无松动、脱落; (3) 机械挂锁完好
		年查
1	接地检查	检查构架、本体及盘柜接地连接良好
2	基础检查	检查构架基础平稳,无下沉、破损现象
3	标识检查	检查设备编号标识齐全、清晰、无损坏,相序标识清晰

15. 站用开关柜设备配置情况如何?

答: 站用开关柜设备配置情况见表7–3。

表 7-3　　　　　　　　　站用开关柜设备配置情况

项目	安装地点	数量
10kV 开关柜	10kV 室	25 面
400V 开关柜	极 1 高低端、极 2 高低端、站公用 400V、调相机设备室及各继电器室	58 面

 16. 站用开关柜操作方式及注意事项有哪些?

答：站用开关柜操作方式主要有远程操作和现场操作，操作时注意事项有：

（1）必须使用操作票进行操作；

（2）操作前需核对操作设备铭牌防止误操作；

（3）操作票时需注意备自投的投退；

（4）转检修时使用摇把需戴绝缘手套和穿绝缘靴。

| 第二节 |
站内直流和 UPS 电源系统

 1. 什么是低压直流系统？有什么作用？

答：蓄电池、充电设备、直流柜、直流馈电柜等直流设备组成电力系统中变电站的直流电源系统，称为低压直流系统。

直流系统的作用为：

（1）发电厂、换流站的直流系统在正常状态下为断路器、继电保护及自动装置、断路器跳闸与合闸、继电保护及自动装置、通信等提供直流电源；

（2）在站用电中断的情况下，不间断电源为其提供临时紧急电源。

 2. 什么是蓄电池浮充电和均衡充电？

答：浮充电是指在充电装置的直流输出端始终并接着蓄电池和负载，以恒压充电方式工作。正常运行时充电装置在承担经常性负荷的同时向蓄电池补充充电，以补偿蓄电池的自放电，使蓄电池组以满容量的状态处于备用。

均衡充电是指为补偿蓄电池在使用过程中产生的电压不均现象，使其恢复到规定的范围内而进行的充电。

3. 查找直流接地的注意事项有哪些？

答：（1）查找接地点禁止使用灯泡寻找的方法；

（2）用电压表检查时所用电压表的内阻不低于 2000Ω/V；

（3）当直流系统发生接地时禁止在二次回路上工作；

（4）处理时不得造成短路或另一点接地；

（5）查找和处理必须两个人一起进行；

（6）拉路前采取必要措施防止直流失电压可能引起的保护装置误动。

4. 直流系统为什么要设绝缘监察装置？

答：发电厂和变电站的直流系统与继电保护、信号装置、自动装置及户内配电装置的端子箱、操动机构等连接。直流系统比较复杂，发生接地故障的概率较高，当发生一点接地时，无短时电流流过，熔断器不会熔断，可以继续进行；但当另一点接地时，可能引起信号回路、继电保护等不正确动作，因此应设绝缘监察装置。

5. 蓄电池对照明有什么规定？

答：（1）蓄电池室照明应使用防爆灯，并至少有一个接在事故照明线上；

（2）开关、插座及熔断器应置于蓄电池室外；

（3）照明线应用耐酸碱的绝缘线。

6. 换流站不间断电源系统的配置原则是什么？

答：换流站典型不间断电源（UPS）系统共 4 套，站及双极设备室 1 套，容量为 30kVA，极 I 高端阀组辅助设备室、极 II 高端阀组辅助设备室和 51 继电器室各一套，容量为 3kVA，每套 UPS 系统均为双主机并联方式运行。

7. 正常运行时，站内 UPS 系统是如何工作的？

答：通常不间断电源（UPS）系统会配置两套 UPS 装置，双母线接线，两段母线设置母联开关，整个 UPS 装置的作用是输出稳定可靠的 220V 交流电，用于某些特定的重要装置。不间断电源系统配置示意见图 7-7，图中隔离变压器用于滤除电压扰动保持电压的稳定，整流元件可将交流变为直流，逆变元件可将直流变为交流，变压器可将电压变为需要的数值。静态开关为不同情况下的选择器，UPS 装置的特点为静态开关具有超高的切换速度，切换过程设备不断电，重要数据不会丢失。

正常运行时，Q2、Q5 开关合上，Q1、Q3、Q4、Q6 开关断开，输出为 220V 交流电，母联开关 Q7 断开，通过两段 220V 母线向负荷供电。

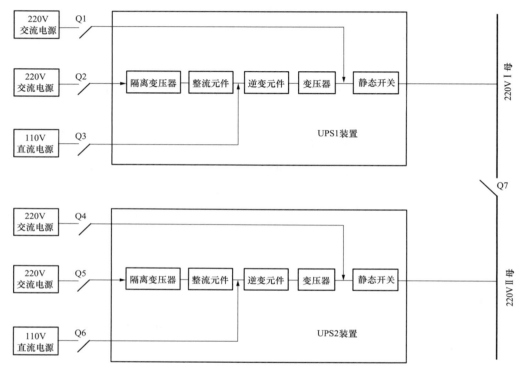

图 7-7 不间断电源系统配置示意

8. 发生故障时，不间断电源系统如何运行？

答： 不间断电源（UPS）系统配置示意见图 7-7，当任一套 UPS 交流站用电源故障时，由直流 110V 向 UPS 供电。如 UPS1 装置出现此种故障，Q2 断开、Q3 合上且优先切换到 110V 直流电源，直流电源通过逆变元件输出 220V 交流电源，切换通过静态开关装置完成。

当交流站用电源和 110V 直流电源故障时，备用 220V 交流电源投入，直接输出。如 UPS1 装置出现此种故障，Q3 断开、Q1 合上；UPS2 装置出现此种故障现象，Q5 断开、Q4 合上。

当任一套 UPS 装置故障，合上母联开关 Q7，两段母线并联运行，非故障 UPS 装置向母线供电，确保给各类负荷提供可靠电源。

| 第三节 |
站用电二次系统

1. 站用电二次系统配置组成有哪些?

答：站用电二次系统配置如下：500kV 站用变压器保护，两套电量保护和非电量保护；35kV 站用变压器保护，一套电量保护和非电量保护；110kV 站用变压器保护，变压器差动保护、非电量保护（气体保护）；10/0.4kV 站用变压器，过电流保护、差动保护、非电量保护（温度保护）；400V 和 10kV 开关柜配备过电流保护。

2. 站用电备自投具有什么作用?

答：备用进线自动投入装置简称备自投装置，主要作用是提高站用电的供电可靠性，由于变电站内控制保护等重要设备均由站用电供电，为保证供电设计了站用电备自投，以保证各种突发情况下变电站内重要二次设备的运行。

3. 站用电 10kV 备自投逻辑如何实现?

答：10kV 备自投逻辑如表 7-4 所示。

表 7-4 站用电 10kV 备自投逻辑

动作条件	动作结果	
	自动备用功能	自恢复功能
101_U_OK&102_U_OK&100_U_NOTOK	100_U_NOTOK 保持 1s，再经 20ms 延时，发出分 130 开关指令，此逻辑不向 10kV 3M 号作备用	当 100_U_OK 时，经 600ms 延时，发出合 130 开关指令
101_U_OK&102_U_NOTOK&100_U_OK	102_U_NOTOK 保持 1s，再经 20ms 延时，发出分 120 开关指令，然后经 600ms 延时，发出合 132 开关指令	当 102_U_OK 时，经 20ms 延时，发出分 132 开关指令，再经 600ms 延时，发出合 120 开关指令

续表

动作条件	动作结果	
	自动备用功能	自恢复功能
101_U_NOTOK&102_U_OK&100_U_OK	101_U_NOTOK 保持 1s，再经 20ms 延时，发出分 110 开关指令，然后经 600ms 延时，发出合 131 开关指令	当 101_U_OK 时，经 20ms 延时，发出分 131 开关指令，再经 600ms 延时，发出合 110 开关指令
101_U_NOTOK&102_U_NOTOK&100_U_OK	101_U_NOTOK&102_U_NOTOK 保持 1s，再经 20ms 延时，发出分 110、120 开关指令，然后经 600ms 延时，发出合 131、132 开关指令	当 101_U_OK（102_U_OK）时，经 20ms 延时，发出分 131（132）开关指令，再经 600ms 延时，发出合 110（120）开关指令
101_U_OK&102_U_NOTOK&100_U_NOTOK	100_U_NOTOK&102_U_NOTOK 保持 1s，再经 20ms 延时，发出分 130、120 开关指令，然后经 600ms 延时，发出合 131、132 开关指令	当 102_U_OK 时，经 20ms 延时，发出分 131、132 开关指令，再经 600ms 延时，发出合 120 开关指令
101_U_NOTOK&102_U_OK&100_U_NOTOK	100_U_NOTOK&101_U_NOTOK 保持 1s，再经 20ms 延时，发出分 130、110 开关指令，然后经 600ms 延时，发出合 132、131 开关指令	当 101_U_OK 时，经 20ms 延时，发出分 131、132 开关指令，再经 600ms 延时，发出合 110 开关指令

注　1. 110、120、130、131、132 开关控制方式应在"远方"位置，备自投功能"自动控制"方式。
　　2. 101_U_OK 经逻辑判断后表示 10kV 1M 号母线电压或者 10kV 1M 号进线电源电压正常；
　　　101_U_NOTOK 经逻辑判断后表示 10kV 1M 号母线电压或者 10kV 1M 号进线电源电压丢失。

4. 站用电 400V 备自投逻辑如何实现？

答： 400V 备自投逻辑如表 7-5 所示。

表 7-5　　　　　　　　　　站用电 400V 备自投逻辑

动作条件	动作结果	
	自动备用功能	自恢复功能
P1U2_1_U_OK&P1U2_2_U_NOTOK	延时 2.8s，发出分 414 开关指令，再经延时 3.7s 合 420 开关指令	当 P1U2_2_U_OK 时，延时 2.8s，发出分 420 开关指令，再经延时 3.7s 合 414 开关指令
P1U2_1_U_NOTOK&P1U2_2_U_OK	延时 2.8s，发出分 413 开关指令，再经延时 3.7s 合 420 开关指令	当 P1U2_1_U_OK 时，延时 2.8s，发出分 420 开关指令，再经延时 3.7s 合 413 开关指令

注　1. 400V 进线开关、联络开关控制方式应在"远方"位置，备自投功能应在"自动控制"方式。
　　2. P1U2_1_U_OK、P1U2_2_U_OK 分别表示 400V A 段母线或进线电源、B 段母线或进线电源电压正常；P1U2_1_U_NOTOK、P1U2_2_U_NOTOK 分别表示 400V A 段母线或进线电源、B 段母线或进线电源电压正常。

| 第四节 |
站用电事故紧急处理

1. 站用电常见故障有哪些?

答：（1）500/35kV 变压器压力释放报警；

（2）500/35kV 变压器油位高 / 低报警；

（3）500/35kV 变压器油温 / 绕组温度高；

（4）500/35kV 变压器轻瓦斯报警；

（5）500/35kV 变压器重瓦斯动作；

（6）500/35kV 变压器保护动作跳闸；

（7）500/35kV 变压器 TV 断线报警；

（8）站用电丢失一路进线电源；

（9）站用电 35kV 开关故障；

（10）站用 35/10kV 变压器温度高报警；

（11）站用 35/10kV 变压器气体继电器告警及动作；

（12）站用 35/10kV 变压器保护动作；

（13）站用 10/0.4kV 变压器温度高报警；

（14）站用 10/0.4kV 变压器保护动作跳闸；

（15）站用电 10kV 开关储能不正常；

（16）站用电 10kV 母线故障；

（17）站用电 400V 母线故障；

（18）400V 负荷开关跳闸；

（19）110V 直流系统接地故障；

（20）直流充电机故障；

（21）UPS 系统故障；

（22）蓄电池电压低蓄电池故障；

（23）48V 直流通信电源故障。

2. 500/35kV 变压器压力释放报警有什么现象？如何处理？

答：（1）现象：事件记录发 511B（512B）压力释放报警。

（2）处理：

1）汇报相关领导。

2）现场检查变压器压力释放阀动作情况：若压力释放阀未动作，通知检修人员检查报警回路；若压力释放阀已动作并喷油，向上级调度部门申请将变压器转检修，并进行该变压器所带负荷倒换，待变压器停运后，通知检修人员处理。

3）查站用电负荷运行正常。

 3. 500/35kV 变压器油位高 / 低报警有什么现象？如何处理？

答：（1）现象：事件记录发 511B（512B）变压器油位高 / 低报警。

（2）处理：

1）立即现场检查变压器外观有无异常，检查油位指示位置是否正常，使用红外测温仪检查储油器油位是否正常。

2）检查各部温度是否正常，若变压器油位指示正常且温度未见明显升高，通知检修人员检查处理；若现场检查油位指示偏高，通知检修人员检查处理。

3）若变压器大量漏油，立即将有关情况汇报相关领导，并向上级调度部门申请将该变压器负荷进行倒换、将该变压器转检修。

 4. 500/35kV 变压器油温 / 绕组温度高有什么现象？如何处理？

答：（1）现象：事件记录发 511B（512B）变压器油温 / 绕组温度高报警。

（2）处理：

1）检查变压器温度指示，如果各部温度在报警值以下，且未发现其他异常，通知检修人员检查处理。

2）若现场检查变压器温度明显升高：检查冷却器风机是否全部启动，若未全部启动，检查未启动原因，并采取降温措施；若冷却器已全部启动，则适当转移变压器负荷，视现场情况采取辅助降温措施，若温度仍继续升高或没有下降趋势，立即将有关情况汇报相关领导，并向上级调度部门申请将该变压器负荷进行倒换、将该变压器转检修，通知检修人员处理。

3）检查站用电负荷运行情况。

5. 500/35kV 变压器轻瓦斯报警有什么现象？如何处理？

答：（1）现象：事件记录发 511B（512B）变压器轻瓦斯报警。

（2）处理：

1）立即汇报上级调度部门及相关领导。

2）现场检查变压器运行情况，查看油温、绕温是否正常，检查信号回路是否正常；若发现明显异常，转移站用电负荷，申请将故障变压器转检修；若现场未发现异常，通知检修人员取油样、气体分析，加强监视。

 6. 500/35kV 变压器重瓦斯动作有什么现象？如何处理？

答：（1）现象：

1）事件记录发 511B（512B）变压器重瓦斯动作报警；

2）变压器高 / 低压开关跳闸；

3）站用电 10kV 备自投系统动作，10kV 母线联络运行。

（2）处理：

1）立即汇报上级调度部门及相关领导；

2）检查站用电 10kV 备自投动作正常，站用电负荷运行正常，必要时手动倒换站用电运行方式；

3）检查变压器呼吸器有无大量气泡，本体有无喷油、损坏等明显故障，变压器油位是否正常；

4）查看保护装置动作情况；

5）将故障变压器转检修，通知检修检查处理；

6）整理故障录波和事件记录，收集故障信息，并传真至调度及相关部门；

7）如经检修人员确认重瓦斯保护误动，经分部主管生产领导批准，报上级调度部门同意后，停用重瓦斯保护（但差动及其他保护必须投入），按上级调度部门指令对变压器充电恢复运行。

 7. 500/35kV 变压器保护动作跳闸有什么现象？如何处理？

答：（1）现象：

1）事件记录发 511B（512B）变压器保护动作跳闸报警；

2）对应变压器高 / 低压开关跳闸；

3）站用电 10kV 备自投系统动作，10kV 母线联络运行。

（2）处理：

1）立即汇报上级调度部门及相关领导；

2）检查站用电 10kV 备自投动作正常，站用电负荷运行正常，必要时手动倒换站用电运行方式；

3）对变压器本体进行认真检查，如油温、瓷套管、冷却器运行情况等是否有明显异常；

4）检查保护装置动作情况；

5）检查变压器保护区范围的所有一次设备有无异常，重点检查有无接地、闪络等；

6）向上级调度部门申请将变压器转检修，通知检修人员检查处理；

7）整理故障录波和事件记录，收集故障信息，并传真至调度及相关部门；

8）若变压器外部检查和内部分析均无异常，经分部主管生产领导批准，可向上级调度部门申请进行一次试送电。

8. 站用 35/10kV 变压器保护动作有什么现象？如何处理？

答：（1）现象：

1）事件记录发站用变压器 31B、32B 保护动作报警；

2）变压器高、低压开关跳闸。

（2）处理：

1）汇报相关领导。

2）检查设备动作情况，确认 10kV 和 400V 备自投动作情况，检查 400V 重要负荷运行情况；

3）检查保护装置动作情况，收集故障信息；

4）对保护范围内所有连接的电气设备进行检查，有无短路、闪络等明显故障现象；

5）将故障设备转至检修，通知检修人员检查处理。

9. 站用 10/0.4kV 变压器保护动作跳闸有什么现象？如何处理？（以站用变压器 11B 变压器为例）

答：（1）现象：

1）变压器高、低压侧开关均跳开；

2）事件记录发站用电变压器保护动作报警。

（2）处理：

1）汇报相关领导。

2）检查变压器高、低压侧开关确已跳开，检查保护装置动作情况。

3）检查 400V 备自投动作情况：若动作正常，检查 410 开关合上正常，检查相关负荷运行正常；若 400V 备自投未动作，则退出 400V 备自投功能，手动合上 410 开关，检查相关负荷运行正常。

4）将故障变压器转检修，通知检修人员处理。

10. 站用电丢失一路进线电源有什么现象？如何处理？（以站用电第 I 回 35kV 进线为例）

答：（1）现象：

1）站用电相应开关跳开，进线电压显示为零；

2）事件记录发站用电丢失报警。

（2）处理：

1）立即汇报上级调度部门及相关领导；

2）若站用电 10kV 系统备自投动作正常，检查 110 开关拉开正常，131 开关合上正常，检查 400V 负荷（包括换流变压器辅助电源、水冷系统电源、低压直流系统、空调系统等）运行正常；

3）若站用电第 III 回电源备用不正常，且 10kV 0M 号母线在检修或不可用，则检查 400V 410、420、430、440、450、460 开关合上正常，检查 400V 负荷运行正常；

4）如 400V 系统未自动切换，应及时将 400V 母线联络运行，检查 400V 负荷运行正常；

5）检查站用电第 I 回电源停电原因，检查保护动作信息及相应开关状态，执行保护动作的相关处理预案；

6）通知检修人员检查处理。

11. 站用电 10kV 母线故障有什么现象？如何处理？（以 10kV 1M 号母线为例）

答：（1）现象：

1）10kV　1M 号进线开关跳闸；

2）10kV 备自投功能闭锁；

3）400V 备自投动作，母线联络运行。

（2）处理：

1）检查 400V 备自投动作情况，站用电负荷运行情况；

2）检查 1M 号进线开关确已跳开；

3）汇报相关领导；

4）将故障 10kV 母线转检修，通知检修人员处理。

| 第一节 |
GIS 设备概况

1. 什么是 GIS？

答： GIS 是指六氟化硫封闭式组合电器，国际上称为气体绝缘开关设备，它将一座变电站中除变压器以外的一次设备，包括断路器、隔离开关、接地开关、电压互感器、电流互感器、避雷器、母线、电缆终端、进出线套管等，经优化设计有机地组合成一个整体，又称组合电器。

2. GIS 设备与 HGIS 设备的区别是什么？

答： HGIS 是一种介于 GIS 和空气绝缘的常规配电装置（AIS）之间的混合式配电装置。HGIS 的结构与 GIS 基本相同，但它不包括母线设备。其优点是母线采用敞开式布置方式，不装于 SF_6 气室内，是外露的，因而接线清晰、简洁、紧凑，安装及维护检修方便，运行可靠性高。

3. GIS 与 GIL 的区别是什么？

答： GIL 是气体绝缘金属封闭输电线路，是类似 GIS 封闭母线的气体绝缘大容量输电设备，其电气特性与架空线路相似且具有占地空间小等优点。

4. GIS 现场如何布置？

答： 以特高压韶山换流站为例，交流场 GIS 采用一字型平行布置，500kV 2M 号母线、交流线路和站用变压器出线布置在西侧（围墙侧），500kV 1M 号母线、换流变压器和大组交流滤波器出线布置在东侧（换流变压器广场侧）。断路器三相汇控柜布置在 2M 号侧，检修平台爬梯布置在 1M 号侧。具体布置形式如下：

（1）开关整体采用一字型，按照"123321"方式平行布置，由 2M 号侧到 1M 号侧依次为 A、B、C 三相。

（2）母线 TV 在 W3 和 W4 之间（5033、5041 开关）。

（3）1M 号母线地刀在 5071 和 5081 开关出线处。

5. GIS 主要设备有哪些?

答：GIS 主要设备有断路器、隔离开关、接地开关、电流互感器、电压互感器、避雷器、出线套管等。

6. GIS 断路器设备的基本原理是什么?

答：GIS 充分利用 SF_6 气体的灭弧和绝缘性能，开断过程中，通过热膨胀效应产生的热气体流入气缸内建立熄弧所需的压力，在喷口打开时形成吹弧气流并将电弧熄灭。

7. GIS 断路器合闸时灭弧室内操作机构如何动作?

答：断路器合闸时，合闸电阻断口与主断口同时受到操动机构的驱动进行合闸，但合闸电阻断口滞后于主断口约半个周波（8～11ms）关合，合闸电阻断口关合后将合闸电阻短接。

断路器合闸时灭弧室内操动机构，使绝缘杆、气缸、动主触头、动弧触头、喷口运动，先后与静弧触头及静主触头接触。

8. GIS 断路器分闸时灭弧室内操作机构如何动作?

答：断路器分闸时，主断口受到操动机构的驱动而迅速分闸，但合闸电阻断口仍在关合状态，待主断口开断负载电流或故障电流后，合闸电阻断口在弹簧的作用下断开，最终达到分闸位置。

断路器分闸时灭弧室内操动机构，使绝缘杆、气缸、动主触头、动弧触头、喷口运动，先后与静主触头及静弧触头分离。由于气缸运动，气缸内的 SF_6 气体受压缩，形成气流通过喷口吹向触头之间的电弧。

9. GIS 断路器灭弧室有哪些特点?

答：（1）采用直动式操作，转换环节最少，使灭弧室运动部件受力可靠；

（2）一个断口仅并联单只电容器，克服并联多组电容器结构复杂的缺点，使开断时断口电压更均匀，结构更简单可靠；

（3）灭弧室开断燃弧时间短，增加电寿命开断次数，保证电力设备更长期可靠运行。

10. GIS 断路器液压弹簧机构工作原理是怎样的?

答:液压弹簧机构通过弹簧机械储能和液压运行控制原理,根据三个储能位置碟形弹簧组释放压力,在储能活塞中机械储能通过弹簧移动转换为液压能量并储存在工作缸内,储液压能量在油缸里运动以进行快速分合闸,切换速度可通过节流螺栓调节。

11. GIS 断路器弹簧储能液压操动机构有哪些特点?

答:(1)能量储存由碟形弹簧组完成,是机械式能量储存,无漏氮,稳定性好,可靠性高,不受温度变化的影响。

(2)操动机构由充压模块、工作模块、储能模块、控制模块、监测模块组成,结构紧凑,没有外部管路连接,因而杜绝了液压油的渗漏。

(3)工作缸由精炼高均质铝合金制成,能防止液压油在高压区段中形成泄漏,须承受压力的动密封,所有散逸的油只能流回低压油箱。

(4)液压系统与大气采用气密式密封,无腐蚀。

(5)机构输出力矩大,传动平稳,操作噪声低,先进的液压阻尼系统可有效降低操作系统的磨损,并适应频繁操作。

12. GIS 断路器操作机构分为哪几个模块?

答:GIS 断路器操作机构分为充压模块、工作模块、储能模块、控制模块、监测模块 5 个模块。

13. GIS 断路器操作机构中充压模块由什么组成?

答:充压模块由电动机、齿轮、曲轴柱塞泵、放油阀以及位于低压储油器的油位指示器组成。

14. GIS 断路器操作机构中工作模块由什么组成?

答:工作模块由带变截面缓冲装置的活塞杆及作为其他功能元件基座的输出工作缸通过密封元件固定其他功能元件组成。

15. GIS 断路器操作机构中储能模块由什么组成?

答:储能模块由 3 个完全相同的储能缸、碟簧柱及其支撑环组成。

16. GIS 断路器操作机构中控制模块由什么组成?

答: 控制模块由 1 个合闸电磁阀、2 个分闸电磁阀和一套二级差动换向阀、调整分合闸速度的可调节流螺孔组成。

 17. GIS 断路器操作机构中监测模块由什么组成?

答: 监测模块由齿轮带动的限位开关、充压指示器和压力释放阀组成。

 18. GIS 隔离开关设备基本原理是什么?

答: 当绝缘轴随着隔离开关操作机构主轴旋转,纺锤操作杆也旋转,带动管型动触头前进或后退,从而从静触头中拔出或插入,完成隔离开关的分闸或合闸。

 19. GIS 隔离开关的作用是什么?

答:(1)使电的导电主回路有一明显断点;

(2)切断电容电流和电感电流。

 20. GIS 隔离开关操作机构有什么特点?

答:(1)装在壳体中的隔离开关动触头由绝缘杆及密封轴连接。

(2)管型动触头末端有一套筒,内侧螺纹与纺锤式操作杆相配。当绝缘轴随着操作机构主轴旋转,纺锤操作杆也旋转,带动管型动触头前进或后退,即从静触头中拔出或插入,从而完成隔离开关的分闸或合闸。

(3)合闸和分闸通过改变电动机的旋转方向实现。

 21. GIS 接地开关分为哪几类?

答: 接地开关分为线路侧快速接地开关(FES)和检修接地开关(ES)两种。

 22. GIS 线路侧快速接地开关和检修接地开关操作机构各有什么特点?

答: 线路侧快速接地开关(FES)具有短路关合能力,也具有开合架空线的容性和感性感应电流的能力。快速接地开关采用电动弹簧操动机构进行分相操作。

检修接地开关(ES)用于将 GIS 的各个对地绝缘部分接地,以便在维修或大修期间保护人身安全。检修接地开关采用电动操动机构,装配在 C 相,通过连杆进行三相联动。

23. GIS 电流互感器的工作原理是怎样的?

答: GIS 电流互感器为单相封闭式、穿心式结构,一次绕组为主回路导电杆,采用 SF_6 气体绝缘,二次绕组缠绕在环形铁芯上,采用浸漆绝缘。导电杆与二次绕组间有屏蔽筒,二次绕组引出线通过环氧浇注的密封端子板引出到端子箱,与各继电器、测量仪表连接。

24. GIS 电压互感器的工作原理是怎样的?

答: 电压互感器一次绕组"A"端为全绝缘结构,另一端作为接地端和外壳相连。一次绕组和二次绕组为同轴圆柱结构,一次绕组装有高压电极和中间电极,绕组两侧设有屏蔽板,使场强分布均匀;二次绕组接线端子由环氧树脂浇注而成的接线板经壳体引出,进入接二次接线盒。

25. GIS 间隔内装配单元主要包括哪些部分?

答: GIS 间隔内装配单元主要包括断路器、电流互感器、隔离开关、接地开关、盆式绝缘子、避雷器、进出线套管、波纹管、吸附剂、温补伸缩节、验电器探头、可拆卸母线、分支母线、电压互感器。

26. GIS 设备安装中间隔内装配单元中的波纹管、吸附剂、温补伸缩节分别起什么作用?

答:(1)波纹管的作用为温度补偿、长度补偿、振动补偿、方便拆卸。

(2)吸附剂的作用为吸收水分及燃弧产生的 SF_6 气体分解物。

(3)温补伸缩节的作用为装配调整、吸收基础间的相对位移和热胀冷缩的伸缩量等。

27. GIS 设备安装有哪些注意事项?

答:(1)对接环境湿度小于等于 80%,粉尘小于等于 0.5μm,尘埃小于 3500 颗 / L;

(2)用吸尘器对绝缘子表面和母线壳体内部进行仔细吸尘,用无毛纸对绝缘子表面、对接面和密封圈进行擦拭;

(3)用砂纸将母线导体表面打磨光滑,无划痕、毛刺;

(4)在对接面涂抹适量密封硅脂,增强密封性,但要防止密封硅脂不足影响 GIS 的密封性或涂抹过量导致盆式绝缘子闪络;

（5）用直尺测量导体末端和触指始端间的距离，保证导体和触指插接到位，接触良好；

（6）使用定位杆先导方式对接，采用力矩扳手对称均衡紧固对接法兰面螺栓，避免受力不均导致绝缘子开裂。

28. 断路器气室 SF$_6$ 气体微水含量合格范围是多少？

答：（1）有电弧分解的隔室，应小于 150μL/L；

（2）无电弧分解的隔室，应小于 250μL/L。

29. 主回路绝缘电阻测量时的试验方法和标准是怎样的？

答：（1）试验方法：耐压试验前后进行，用 2500V 绝缘电阻表测量主回路对地和相间，及断路器、隔离开关的断口间。

（2）试验标准：绝缘电阻应大于 2000 MΩ。

30. 测量断路器分、合闸线圈绝缘电阻及直流电阻时的试验方法和标准是怎样的？

答：（1）试验方法：用直流电阻测试仪测量断路器分、合闸线圈的绝缘电阻值。

（2）试验标准：绝缘电阻值不低于 10 MΩ，直流电阻值与产品出厂试验值相比较应无明显差别。

| 第二节 |
GIS 运行与操作

1. 交流系统设备状态主要分为哪几种？

答：交流系统设备状态主要分为检修状态、冷备用状态、热备用状态和运行状态四种。

2. 开关状态定义及其保护配置投入情况是什么？

答：（1）开关状态定义见表 8-1。

表 8-1　　　　　　　　　　开关状态定义

状态	开关	相连隔离开关	相连接地开关	相应保护装置
运行	合上	合上	断开	投入
热备用	断开	合上	断开	投入
冷备用	断开	断开	断开	投入
检修	断开	断开	合上	退出

（2）保护投入情况。开关相应保护装置包括该开关的失灵保护以及上级调度规定正常运行时需要投入的开关重合闸。

3. 母线状态定义及其保护配置投入情况是什么？

答：（1）母线状态定义见表 8-2。

表 8-2　　　　　　　　　　母线状态定义

状态	相连开关	母线接地开关	相应保护装置
运行	至少有一个相连开关为对应的运行、热备用、冷备用状态	断开	投入
热备用		断开	投入
冷备用		断开	投入
检修	冷备用	合上	退出

（2）保护配置投入情况。母线相应保护装置包括 500kV 母线的两套母差保护，不含交流滤波器母线和 35kV 母线差动保护。

4. 线路状态定义及其保护配置投入情况是什么？

答：（1）线路状态定义见表 8-3。

表 8-3　　　　　　　　　　线路状态定义

状态	线路开关	线路接地开关	相应保护装置
运行	至少有一个线路开关为对应的运行、热备用状态	断开	投入
热备用		断开	投入
冷备用	冷备用	断开	投入
检修	冷备用	合上	退出

（2）保护配置情况。线路相应保护装置包括该线路的两套主保护和独立配置的远方跳闸及过电压保护。线路冷备用、检修状态时相应保护的投退按照上级调度规程进行。

5. GIS 设备开关、隔离开关操作方式有哪几种?

答：（1）GIS 开关操作方式。

1）在运行人员工作站（OWS）上远方操作;

2）在交流场就地工作站的显示单元上进行后备操作;

3）在 GIS 就地控制柜上就地电动操作。

（2）GIS 隔离开关操作方式。

1）在运行人员工作站（OWS）上远方操作;

2）在交流场就地工作站的显示单元进行后备操作;

3）在 GIS 就地控制柜上就地电动操作;

4）在 GIS 隔离开关操作机构箱上就地手动操作。

6. GIS 设备操作前需要检查哪些项目?

答：GIS 设备操作前应检查相应设备气室的 SF_6 压力是否正常，断路器液压油的油位和储能是否正常。

7. GIS 设备操作后需要检查哪些项目?

答：GIS 设备操作后应检查设备机械位置指示、电气指示、带电显示装置、仪表及各种遥测、遥信等信号。判断时，至少应有两个非同样原理或非同源的指示发生对应变化，且所有这些确定的指示均已同时发生对应变化，方可确认该设备已操作到位。以上检查项目应填写在操作票中作为检查项。

8. GIS 设备如何带电检测?

答：（1）红外热像检测，红外热像图显示有无异常温升、温差和相对温差;

（2）SF_6 气体湿度（20℃）检测，运行中断路器灭弧室气室小于等于 300μL/L，其他气室小于等于 500μL/L;

（3）SF_6 气体纯度检测，断路器灭弧室气室纯度大于等于 99.5%，其他气室纯度大于等于 97%;

（4）SF₆气体分解物（20℃）检测，SO₂≤1μL/L，且H₂S≤1μL/L，CF₄增量≤0.1%；

（5）SF₆气体泄漏检测，各部位无泄漏现象。

9. GIS 各设备气室 SF₆ 气体微水含量合格范围是多少？

答：（1）有电弧分解的隔室，SF₆气体微水含量应小于150μL/L；

（2）无电弧分解的隔室，SF₆气体微水含量应小于250μL/L。

10. GIS 现场安装为避免受力不均导致绝缘子开裂，采用什么方式对接？

答：GIS现场安装使用定位杆先导方式对接，采用力矩扳手对称均衡紧固对接法兰面螺栓，避免受力不均导致绝缘子开裂。

11. 500kV 交流线路停、充电原则有哪些？

答：（1）两侧均为变电站的，一般在短路容量较大侧停、充电，短路容量较小侧解、合环；

（2）一侧为变电站（开关站、换流站）、一侧为发电厂的，一般在变电站（开关站、换流站）侧停、充电，发电厂侧解、合环；

（3）一侧为换流站、一侧为变电站（开关站）的，一般在变电站（开关站）侧停、充电，换流站侧解、合环。

12. 500kV 交流母线跳闸后试送电原则有哪些？

答：对停电母线进行试送时，应优先采用外来电源，试送开关必须完好，并有完备的继电保护，有条件者可对故障母线进行零起升压。

13. 什么种情况下线路应停运？

答：（1）两套线路保护均退出；

（2）两套远方跳闸及就地判别装置均退出；

（3）两套过电压保护均退出；

（4）线路任一侧CVT不可用。

14. GIS 断路器 SF₆ 额定、报警、闭锁状态时压力值是多少？

答：以韶山换流站交流场为例，GIS断路器为例，SF₆额定、报警、闭锁状态时压力值分别为 0.6MPa、0.53MPa、0.5MPa。

15. GIS 隔离开关、接地开关的 SF_6 额定压力值和报警值分别是多少?

答：以韶山换流站交流场为例，GIS 隔离开关、接地开关的 SF_6 额定压力值和报警值分别为 0.4MPa、0.35MPa。

16. GIS 电压互感器、电流互感器的 SF_6 额定压力值和报警值分别是多少?

答：（1）以韶山换流站交流场为例，GIS 电压互感器的 SF_6 额定压力值和报警值分别为 0.5MPa、0.45MPa ;

（2）以韶山换流站交流场为例，GIS 电流互感器的 SF_6 额定压力值和报警值分别为 0.4MPa、0.35MPa。

17. GIS 套管、母线的 SF_6 额定压力值和报警值分别是多少?

答：以韶山换流站交流场为例，GIS 套管、母线的 SF_6 额定压力值和报警值分别为 0.4MPa、0.35MPa。

18. GIS 接地开关如何分类?

答：GIS 接地开关通常分为普通接地开关和快速接地开关两类。普通接地开关用作正常情况下的工作接地，快速接地开关除具有工作接地功能外，还具有切合静电、电磁感应电流及关合峰值电流的能力。

19. GIS 就地汇控柜的作用是什么?

答：GIS 就地汇控柜的主要作用是监视和控制，包括气体压力、气体密度、状态、故障、电压、电流等的监视和控制。

20. 与 GIS 设备有关的标准化组织有哪些?

答：与 GIS 设备有关的标准化组织有国际标准化组织 ISO、欧洲标准化委员会 CEN、开放 GIS 协会 OGC。

21. GIS 现场交接试验项目有哪些?

答：（1）测量主回路的导电电阻;

（2）主回路的交流耐压试验；

（3）密封性试验；

（4）测量 SF_6 气体含水量；

（5）封闭式组合电器内各元件的试验；

（6）组合电器的操动试验；

（7）气体密度继电器、压力表和压力动作阀的检查。

| 第三节 |
GIS 二次系统

1. 断路器分、合闸回路分为哪几种类型？

答：（1）断路器合闸回路分为：

1）就地合闸，HK1 把手的 3、4 触点导通，SA1 转换开关的 3、4 触点导通，当断路器在分闸状态时，位置辅助开关 DL 的 1、2 触点闭合，使合闸线圈 Y1 励磁；

2）远方合闸，HK1 把手的 1、2 触点导通，当断路器在分闸状态时，位置辅助开关 DL 的 1、2 触点闭合，若远方有断路器合闸指令，合闸线圈 Y1 励磁；

3）防跳回路，断路器可靠合闸后，其位置辅助开关 DL 的 7、8 触点闭合，使防跳继电器 CJX 带电并通过触点 13、14 自保持，CJX 的动断触点 21、22 和 31、32 打开，使远方、就地合闸回路均断电，从而避免断路器跳跃。

（2）断路器分闸回路分为：

1）就地分闸，HK1 把手的 15、16 触点导通，SA1 转换开关 1、2 触点导通，当断路器在合闸状态时，位置辅助开关 DL 的 13、14 触点闭合，使分闸线圈 Y2 励磁；

2）远方分闸，HK1 把手的 13、14 触点导通，当断路器在合闸状态时，位置辅助开关 DL 的 13、14 触点闭合，若远方有断路器分闸指令，分闸线圈 Y2 励磁。

2. 断路器三相不一致保护原理是什么？

答：直流断路器本体三相不一致采用每相断路器分闸位置辅助动断触点并联及合闸位置辅助动合触点并联，之后再串联启动时间继电器，经时间继电器延时启动三相不一致保护继电器，经三相不一致保护继电器接通三相跳闸线圈，以断开仍在运行的其他相断路器。当不一致保护投入，任一相 TWJ 动作，且无电流时，认为该相开关在跳闸位置，当任一相在跳闸位置而三相不全在跳闸位置，则认为不一致。不一致时可经零序电流或负序电流开放，控制其投退。经可整定的动作时间满足不一致动作条件时，出口跳开断路器。

3. 断路器三相不一致保护判断依据是什么？

答：当断路器不管任何原因只有一相或两相跳开，处于非全相状态时可由保护跳开三相。其判据为：

（1）保护投入；

（2）任一相 TWJ 动作且该相无电流，认为该相断路器在跳闸位置；

（3）同样判断并非三相开关都处于跳闸位置，认为断路器三相不一致；

（4）不一致零序电流过电流元件动作或不一致负序过电流元件动作，控制其投退。经可整定的时间延时出口跳开断路器。

4. 隔离开关合闸控制回路工作原理是怎样的？

答：（1）直流合闸控制回路。当有远方或就地合闸指令时，若隔离开关在分闸状态时，位置辅助开关 DL 的 3、4 触点闭合，使合闸继电器 KM2 励磁；同时 KM2 动合触点 23、24 闭合，使 KM2 自保持，动断触点 21、22 断开，切断分闸回路。

（2）交流电机回路。合闸继电器 KM2 励磁后，其两对辅助触点 1L1、2T1 和 3L2、4T2 闭合，使交流电机 M1 励磁正转，LC1 交流电机激磁绕组（定子）电流方向为 D3 → D4。

5. 隔离开关分闸控制回路工作原理是怎样的？

答：（1）直流分闸控制回路。当有远方或就地分闸指令时，若隔离开关在合闸状态时，位置辅助开关的触点闭合，使合闸继电器励磁；同时动合触点闭合，动断触点断开，切断合闸回路。

（2）交流电机回路。合闸继电器励磁后，其两对辅助触点闭合，使交流电机励磁反转。

6. 接地开关分闸控制回路工作原理是怎样的?

答:(1)直流分闸控制回路。当有远方或就地分闸指令时,若隔离开关在合闸状态时,位置辅助开关的触点闭合,使合闸继电器励磁;同时动合触点闭合,动断触点断开,切断合闸回路。

(2)交流电机回路。合闸继电器励磁后,其两对辅助触点闭合,使交流电机励磁反转。

7. 3/2 接线方式中开关逻辑有哪些?

答:(1)当换流变压器与交流线路共串,若出现两个边开关跳开,仅"中开关"运行时,将造成对应直流单极无交流滤波器,应立即闭锁相应极或阀组;

(2)当换流变压器与交流滤波器共串,若出现两个边开关跳开,仅"中开关"运行时,将造成对应单极无法正常换相,应立即闭锁相应极或阀组;

(3)当交流滤波器与交流线路共串,出现两个边开关跳开,仅"中开关"运行时,将造成交流滤波器与交流线路直接相连,应立即跳开中开关。

8. 断路器保护配置原则有哪些?

答:断路器保护按单断路器、单重化配置,各断路器保护单独组屏,每面屏包含有 1 台断路器保护装置、1 台操作继电器装置和 1 台辅助装置。

9. 交流系统控制系统配置原则是什么?

答:交流系统控制系统的配置原则是采用双重化配置。

10. 交流系统保护系统配置原则是什么?

答:交流系统保护系统的配置原则是一主一备。

11. 什么是断路器失灵保护?

答:断路器失灵保护是指故障电气设备的继电保护动作发出跳闸命令而断路器拒动时,利用故障设备的保护动作信息与拒动断路器的电流信息构成对断路器失灵的判别,能够以较短的时限切除同一厂站内其他有关的断路器,使停电范围限制在最小,是防止因断路器拒动而扩大事故的有效措施。

12. 断路器失灵保护如何动作？

答：边断路器的失灵保护由母线保护或线路保护或变压器保护启动，失灵保护动作后先以较短延时再跳一次断路器，随后跳中断路器并经母线保护装置跳该母线上的所有断路器。如果连接元件是线路，还应启动该线路的远跳功能发远跳命令；如果连接元件是变压器，则启动变压器保护的跳闸继电器跳各侧断路器。

中断路器的失灵保护由线路或变压器保护启动，失灵保护动作后以较短延时再跳一次本断路器随后跳两个边断路器。如果连接元件是线路，还要启动该线路的远跳功能发出远跳命令；如果连接元件是变压器，则启动变压器保护的跳闸继电器跳各侧断路器。

线路保护或变压器保护动作后装置相应的开关量输入触点闭合启动失灵保护。母线保护动作以后，用边断路器操作箱中的 TJR 触点作为本装置相应的开关量输入触点，启动边断路器失灵保护。

13. 断路器重合闸保护分为哪几种？

答：断路器重合闸保护分为单相重合闸、三相重合闸、综合重合闸和重合闸停用。

| 第四节 |
GIS 设备常见故障及处理方法

1. GIS 设备常见的故障有哪些？

答：GIS 设备常见故障有 GIS 开关 SF_6 压力低、GIS 设备气室（开关气室以外）SF_6 气体压力低、GIS 开关操作机构储能不正常、GIS 隔离开关 / 接地开关拒动、GIS 隔离开关 / 接地开关操作不到位、GIS 电压互感器 / 电流互感器 / 交流母线故障等。

2. GIS 交流母线故障应如何处理？

答：（1）立即汇报上级调度及相关领导；

（2）全面检查故障母线上一次设备情况，查找故障原因；

（3）检查母线保护动作情况，记录故障电流，确认保护是否正常动作；

（4）若确认保护装置误动作，则将故障的保护装置退出，及时恢复母线运行；

（5）若发现母线气室存在漏气或其他明显故障，确认保护装置正确动作，经分部主管生产领导同意，向上级调度申请将故障母线转检修，做好安全措施；

（6）通知检修人员处理。

3. GIS 开关 SF$_6$ 压力低应如何处理？

答：（1）立即汇报上级调度及相关领导；

（2）现场检查时，应先确认 GIS 设备室入口 SF$_6$ 气体检漏仪无报警，若有报警，应启动事故轴流风机进行通风，戴防毒面具或正压式呼吸器、穿防护服及防护鞋方可进入；

（3）控制室检查一体化在线监测系统并现场检查开关气室 SF$_6$ 气体压力是否正常，若压力指示正常，则通知检修对相应的二次回路进行检查；

（4）若现场检查 SF$_6$ 压力偏低，使用 SF$_6$ 气体泄漏检测仪进行检测，未发现明显的泄漏点且压力未继续降低，则加强观察，必要时汇报调度，通知检修进行处理；

（5）如果开关气室 SF$_6$ 压力降低缓慢，则在开关 SF$_6$ 压力降至闭锁压力（0.50MPa）之前，向上级调度申请将该开关转至隔离，并通知检修人员处理；

（6）如果发现有明显的泄漏点，且 SF$_6$ 气体压力降低迅速，或已低于闭锁压力，严禁拉开开关，应立即断开开关操作电源和控制电源，并向上级调度申请通过拉开相邻开关的方式将该开关转至隔离，通知检修人员处理。

4. GIS 设备气室（开关气室以外）SF$_6$ 气体压力低报警应如何处理？

答：（1）立即汇报上级调度及相关领导；

（2）现场检查时，应先确认 GIS 设备气室入口 SF$_6$ 气体检漏仪无报警，若有报警，应启动事故轴流风机进行通风，戴防毒面具或正压式呼吸器，穿防护服及防护鞋方可进入；

（3）控制室检查一体化在线监测系统并现场检查该报警气室 SF$_6$ 气体压力是否正常，若压力指示正常，则通知检修对相应的二次回路进行检查；

（4）若现场检查 SF$_6$ 压力偏低，使用 SF$_6$ 气体泄漏检测仪进行检测，未发现明显的泄漏点且压力未继续降低，则加强观察，必要时汇报上级调度，通知检修进行处理；

（5）如果发现有明显的泄漏点，应向上级调度申请，通过拉开相邻断路器的方式将该气室隔离，并通知检修人员处理。

5. GIS 开关操作机构储能不正常应如何处理？

答：（1）立即汇报上级调度及相关领导；

（2）现场检查 GIS 开关储能指示是否在正常范围，若正常，则通知检修人员检查液压弹簧储能监视回路是否正常；

（3）如现场检查确认开关操作机构储能不正常，检查 GIS 开关液压弹簧储能电源是否正常，若电源小开关跳开，试合一次，试合不成功或合上后仍无法储能，通知检修人员处理；

（4）检查液压弹簧储能机构液压油位是否正常，有无渗漏现象，若油位较低或发现渗漏，通知检修人员进行检查；

（5）向上级调度申请将开关转至检修，做好安全措施。

6. GIS 开关拒动应如何处理？

答：（1）立即汇报上级调度及相关领导；

（2）查联锁条件是否满足；

（3）现场检查开关状态，检查 SF_6 压力和油压是否正常、控制方式是否为远控方式；

（4）检查 GIS 开关就地控制柜 LCP 屏内的电动机电源、控制电源是否投入，未投入则立即恢复电源；

（5）检查开关保护屏上操作继电器电源是否投入，未投入则立即恢复电源；

（6）若故障仍无法排除，应汇报相关调度，通知检修处理。

7. GIS 隔离开关 / 接地开关拒动应如何处理？

答：（1）立即汇报上级调度及相关领导；

（2）查看联锁条件是否满足；

（3）检查 GIS 隔离开关 / 接地开关相应就地控制柜 LCP 屏上是否有报警信号，若能复归则立即复归；

（4）检查 GIS 隔离开关 / 接地开关电机电源、控制电源是否投入，未投入则立即恢复电源；

（5）检查 GIS 隔离开关 / 接地开关相应就地控制柜 LCP 屏内控制方式是否为远控方式，若不是，恢复远控方式；

（6）若故障仍无法排除，通知检修人员处理。

8. GIS 隔离开关操作不到位应如何处理?

答：（1）立即汇报上级调度及相关领导；

（2）现场检查设备具体情况，如有无机构卡涩、脱扣、变形现象及有无异常声音等；

（3）若发现机构卡涩、脱扣、变形等，应立即通知检修处理；

（4）若现场听到放电声响，应向上级调度申请拉开相关断路器，将故障隔离开关隔离，操作前考虑直流系统方式调整、滤波器备用和站用电系统倒换，操作过程中，现场人员应保持足够安全距离；

（5）做好安全措施，通知检修人员处理。

9. GIS 接地开关操作不到位应如何处理?

答：（1）立即汇报上级调度相关领导；

（2）检查接地开关具体情况，若发现机构卡涩、脱扣、变形应立即通知检修处理；

（3）向上级调度申请对该接地开关进行试分合；

（4）如果操作不成功，通知检修人员处理。

10. GIS 电压互感器故障如何处理?

答：（1）检查电压互感器一次设备有无异常。

（2）检查电压互感器二次回路。

1）如发现电压回路二次小开关跳开、可试合一次，若试合不成功，则通知检修人员处理；

2）如发现二次接线松动、断线等现象，应断开二次回路小开关；

3）如二次电压回路未发现异常，经分部主管生产领导批准后向上级调度申请将其隔离，通知检修人员处理。

11. GIS 电流互感器故障如何处理?

答：（1）立即汇报上级调度及相关领导；

（2）检查电流互感器一次设备有无异常，使用红外测温仪检查是否发热；

（3）检查就地控制柜内电流互感器二次回路是否存在接线松动、开路现象；

（4）若一次设备存在异常、明显发热，二次回路存在断线、开路情况，应汇报上级调度，将其隔离；

（5）做好安全措施，通知检修人员处理。

12. GIS 出线套管出现裂纹，且有明显放电痕迹故障时如何处理？

答：（1）立即汇报上级调度及相关领导。

（2）现场检查套管故障情况，使用 SF_6 泄漏检测仪检查有无气体泄漏，检查过程中保持足够安全距离。

（3）若套管发生漏气或明显放电，经分部主管生产领导同意，向上级调度申请将相应线路、换流变压器、大组滤波器、直降变压器停运，隔离故障套管；操作前考虑直流系统方式调整、滤波器备用和站用电系统倒换。

（4）做好安措，通知检修人员检查处理。

13. 故障线路断路器跳闸时应如何处理？

答：（1）汇报上级调度及相关领导；

（2）检查站内直流系统、交流线路是否发生过负荷或超稳定限额，如有发生立即汇报调度进行调整；

（3）检查保护装置运行情况，并查看装置动作报告、故障录波，记录报警信息；

（4）检查一次设备动作情况，确认断路器实际位置；

（5）向上级调度详细汇报设备检查情况，并根据调度指令调整系统运行方式；

（6）整理故障录波、事件记录，并传真至相关上级调度和部门；

（7）若检查站内一次设备无明显异常，经检修人员确认为断路器保护误动，则向上级调度申请退出该保护，通知检修人员处理；

（8）若检查站内一次设备异常，则向上级调度申请将该断路器转检修并做好安全措施通知检修人员处理。

14. 交流线路功率超过热稳定限额的 80% 时如何处置？

答：（1）立即汇报上级调度及相关领导；

（2）加强对直流系统、交流线路电流、电压、功率的监视；

（3）根据上级调度安排调整有关运行方式。

第九章

交流滤波器设备运检技术

| 第一节 |
交流滤波器作用及分类

1. 交流滤波器的主要作用是什么？

答：交流滤波器的主要作用是向电网提供系统所需无功，滤除相应次数谐波，调节交流母线电压。

2. 交流滤波器主要分为哪几种类型？

答：交流滤波器主要分为双调谐滤波器（如交流滤波器组 HP12/24）、单调谐滤波器（如交流滤波器组 HP3、并联电容器组 SC）等类型。

3. 交流滤波器可用性条件有哪些？

答：（1）隔离开关在合上位置，接地开关在拉开位置；

（2）相应开关的锁定继电器没有动作。

| 第二节 |
交流滤波器配置及原理

1. 交流滤波器的主要设备有哪些？

答：交流滤波器的主要设备包括交流滤波器电容器、电抗器、电阻箱、避雷器、电流互感器、连接线和绝缘子等。

2. 交流滤波器配置原则有哪些？

答：以典型特高压换流站为例，交流滤波器组一般有四大组（基本命名为 WA-Z1、WA-Z2、WA-Z3、WA-Z4），每组均匀布置若干双调谐滤波器（如 HP12/24 滤波

器），按需求布置若干单调谐滤波器（如 HP3 滤波器），还可布置 SC 电容器，滤波器的
配置应满足设计所需滤波要求和无功补偿要求。

3. 无功控制模式有哪几种?

答：无功控制具备投入模式、手动模式、自动模式、退出模式等控制模式。

（1）投入模式。当无功控制选择投入模式时，缺省进入手动模式。此时，运行人
员可选择自动模式。

（2）手动模式。当无功控制选择手动模式时，满足 Minfilter 和 $Q_{control}/U_{control}$ 的滤波器组
投切操作由运行人员手动完成；而高优先级的滤波器投 / 切由无功控制自动完成，不受手
动模式影响，高优先级的滤波器投 / 切包括 Overvoltage control、Abs Min Filter、U_{max}、Q_{max}。
当需要投入滤波器以满足 Min Filter，或投入 / 切除滤波器满足 $Q_{control}$ / $U_{control}$ 时，无功控
制发送信号至 SCADA 系统提醒运行人员投 / 切滤波器组，并显示下一组要被投 / 切的
滤波器组。

同时为了便于维护，手动模式下可以选择单独的交流滤波器组、低压电容器组、
已被选定"参与无功控制"的低压电抗器组，使之不受无功自动控制的控制，仅由手
动投切操作。

（3）自动模式。当无功控制选择自动模式时，所有滤波器投 / 切都由无功控制自动
完成，运行人员仅需设定相关的参考值。

（4）退出模式。可手动选择退出模式，当无功控制选择退出模式时，无功控制不
自动进行任何投 / 切滤波器的操作，也不会给运行人员任何提示，但运行人员可进行手
动投 / 切操作。

4. 如何计算站内无功交换量?

答：交直流两侧的无功交换量计算公式为

$$\Delta Q = Q_{filter} - Q_{conv}$$

式中：Q_{filter} 为滤波器 / 低压电容器 / 低压电抗器提供的总无功；Q_{conv} 为换流器消耗的总无功。

5. 无功控制功能优先级怎么划分?

答：无功控制按各优先级决定滤波器的投切，其功能集成在 PCP 中。无功控制功
能优先级顺序及功能说明见表 9-1。

表 9-1   无功控制功能优先级功能说明

优先级	功能名称	功能说明
1	交流过电压控制 （Overvoltage Control）	当交流电压达到参考值时，快速切除交流滤波器至绝对最小滤波器
2	绝对最小滤波器控制 （Abs Min Filter）	为了防止滤波设备过负荷所需投入的滤波器组，正常运行时，该条件必须满足
3	最高／最低电压限制 （U_{max}/U_{min}）	用于监视和限制换流站稳态交流母线电压
4	最大无功交换限制 （Q_{max}）	根据当前运行状况，限制投入滤波器组的数量，限制稳态过电压
5	最小滤波器容量要求 （Min Filter）	为了满足滤除谐波的要求需投入的最少滤波器组
6	无功交换控制／电压控制 （$Q_{control}/U_{control}$）	控制换流站和交流系统的无功交换量为设定的参考值／控制换流站的交流母线电压为设定的参考值。$Q_{control}$ 和 $U_{control}$ 不能同时有效，由运行人员选择运行模式

优先级 1 为最高优先级，优先级 6 为最低优先级。无功控制各子功能的优先级，协调由各子功能发出的投切滤波器组的指令。某项子功能发出的投切指令仅在不与更高优先级的限制条件冲突时才有效。

6. 无功控制功能的控制方式及生效条件分别是什么？

答：无功功率控制（RPC）根据各优先级协调发出投切滤波器及低容低抗的指令，使得投切操作满足投切逻辑。当无功控制选择投入模式时，默认进入手动模式。此时，运行人员可选择自动模式。无功控制各子功能的控制方式及生效条件见表 9-2。

表 9-2   无功控制各子功能的控制方式及生效条件

子功能名称	控制方式	生效条件
交流过电压控制（Overvoltage Control）	控切限投	手动、自动模式均生效
绝对最小滤波器组数（Abs Min Filter）	控投限切	手动、自动模式均生效
交流母线电压限制（U_{max}/U_{min}）	控切限投／控投限切	手动、自动模式均生效
无功限制（Q_{max}）	控切限投（双极或单极停运） 不控切不限投（正常运行）	手动、自动模式均生效
最小滤波器组数（Min Filter）	控投不限投	只在自动模式生效
电压控制／无功交换控制（$Q_{control}/U_{control}$）	控切控投／控切控投	只在自动模式生效

7. 过电压快切功能是什么？

答： 当交流电压达到参考值时，快速切除交流滤波器至绝对最小滤波器。具体功能如下：

（1）最高稳态电压$<U_{ac}\leq1.1$p.u. 时，每隔 3s 切除 1 小组交流滤波器，直到当前功率下的绝对最小滤波器；

（2）$U_{ac}>1.1$p.u. 时，每隔 8s 切除 4 小组交流滤波器，达到当前功率的绝对最小滤波器后，如果过电压定值依然满足，每隔 8s 切除 4 小组交流滤波器直到当前功率下的绝对最小滤波器；

（3）$U_{ac}>1.2$p.u. 时，每隔 1s 切除 4 小组交流滤波器，达到当前功率的绝对最小滤波器后，如果过电压定值依然满足，每隔 1s 切除 4 小组交流滤波器直到当前功率下的绝对最小滤波器；

（4）$U_{ac}>1.3$p.u. 时，每隔 250ms 切除 4 小组交流滤波器，达到当前功率的绝对最小滤波器后，如果过电压定值依然满足，每隔 250ms 切除 4 小组交流滤波器直到当前功率下的绝对最小滤波器。

8. 绝对最小滤波器的作用是什么？

答： 绝对最小滤波器是为了防止部分交流滤波器组被切除后造成运行中的其他交流滤波器谐波过负荷所需投入的最少滤波器组。如果不能满足该条件，为了防止交流滤波器组损坏，直流系统将降低输送功率，以满足绝对最小滤波器组条件。如果降到最后一级功率仍无法满足绝对最小滤波器组要求，无功控制将在预先设定的时延后停运直流系统。该功能具有最高优先级，当与该功能的限制条件冲突时，禁止其他功能在交流滤波器组过负荷时切除交流滤波器组。

即使在手动控制模式，绝对最小滤波器控制也会自动投入相应的滤波器组，会在极启动时投入第一组交流滤波器。绝对最小滤波器控制要求投入的交流滤波器组是根据当前直流系统输送的功率以及运行模式，并考虑无功设备的容量后得到的。

9. 交流侧母线最高 / 最低电压控制的作用是什么？

答： 最高 / 最低电压控制（U_{max}/U_{min}）用于监视和限制换流站稳态交流母线电压。通过在电压超过最大限制时切除交流滤波器组和在电压低于最小限制时投入滤波器组对交流交流电压的异常进行控制。维持稳态交流电压在过电压保护动作的水平以下，避免保护动作；提供系统需要的无功支撑，避免电压崩溃。只有在 U_{max}/U_{min} 允许的情况下，$Q_{control}/U_{control}$ 发出的投入 / 切除交流滤波器组的指令才有效。

10. 最大交换无功控制的作用是什么？

答： 最大交换无功控制通过切除投入运行的交流滤波器组 / 并联电容器组，使得换流站流向交流系统的无功量不超过最高限幅值。正常运行情况下无功交换量始终小于 $Q_{max} = 10000Mvar$ 限值，所以 Q_{max} 功能不会生效。若双极或单极紧急停运，此时系统交换无功量仍很大（由于所投入的滤波器还未被切除），Q_{max} 功能将会生效 5s，其投切滤波器的型号及顺序与绝对最小滤波器控制中一致。只有在 Q_{max} 允许的情况下，$Q_{control}/U_{control}$ 发出的投入交流滤波器组的指令才有效。

11. 无功控制 $Q_{control}/U_{control}$ 的区别是什么？

答： 无功控制 $Q_{control}/U_{control}$ 模块用于控制换流站与交流系统的无功交换量或换流站交流母线电压为设定的参考值。

（1）无功控制（$Q_{control}$）。RPC 采用 $Q_{control}$ 方式时，当交直流两侧的无功交换量超过限制时，RPC 将发出指令以控制滤波器 / 并联电容器组的投切。

（2）电压控制（$U_{control}$）。RPC 采用 $U_{control}$ 方式时，控制原理与 $Q_{control}$ 相同，需要操作人员设定相应的参考值和动作死区。

12. 最小滤波器的作用是什么？

答： 当不能满足谐波滤波要求时，可利用最小滤波器模块发出投入交流滤波器组指令，直到滤波要求满足。当不能满足最小滤波器模块的要求时，将向操作人员发出报警信号。最小滤波器模块不能直接发出切除交流滤波器组指令，只能作为其他控制模块切除滤波器的使能信号，亦只能保证其他具有较低优先权的控制模块可以发出切除交流滤波器组指令。

13. 绝对最小滤波器不满足要求时会导致哪些后果？

答： 当前功率要求投入绝对最小滤波器而无可用滤波器时，为避免其他已投入交流滤波器过负荷运行，程序设定经过 30s 延时后，判定无滤波器投入则进行功率回降。

（1）当绝对最小滤波器不满足时，30s 后功率回降至小于当前滤波器组合对应的最大直流功率减 100MW 的水平。

（2）断开倒数第二组滤波器后，延时 5s 闭锁控制极，另一极仍保持原状态运行（若功率降为 0.1p.u.，则功率按 0.1p.u. 运行；若功率未达到 0.1p.u.，则按照当前滤波器组合对应的最大直流功率减 100MW 的水平运行）。

（3）断开最后一组滤波器后，延时 5s，运行的单极也执行直流闭锁。

14. 无功控制有哪些辅助功能?

答： 为了获得更好的控制效果，无功控制包含以下辅助功能：

（1）换流器无功控制（QPC）。通过增大点火角 / 熄弧角来增大换流站对无功的消耗，避免换流站与交流系统的无功交换量超过限制值。

（2）（Gamma Kick）。通过在投切滤波器组时瞬间增大 / 减小 alpha/gamma 角，使电压变化率减小到规定的范围以内。

| 第三节 |
交流滤波器运行及维护

1. 交流滤波器的投切方式有哪些?

答：（1）无功控制系统自动投切小组交流滤波器组；

（2）在 OWS 上手动投切小组交流滤波器交流滤波器组；

（3）在就地工作站上手动投切小组交流滤波器交流滤波器组；

（4）在交流滤波器断路器就地控制柜内手动投切小组交流滤波器交流滤波器组。

2. 哪种情况下不能进行手动投切交流滤波器的操作？

答： 功率升降及系统运行方式转换时不允许进行手动投切交流滤波器的操作。

3. 交流滤波器手动投切原则和注意事项有哪些?

答： 交流滤波器手动切除交流滤波器时应遵循"先投后切"的原则，优先采用同类型的滤波器进行替换，在现场检查先投入的交流滤波器运行正常，且直流系统运行稳定的情况下再切除相应的交流滤波器，相同类型的交流滤波器先投先退。运行中的交流滤波器组退出运行后，手动再次投入运行时，至少要等待 10 min。

4. 大组交流滤波器投入 / 退出运行时有哪些规定？

答：（1）大组交流滤波器保护动作跳闸，或其他保护动作造成大组交流滤波器失压时，若小组交流滤波器开关没有自动跳开，应立即拉开所带交流滤波器的开关并锁定，防止交流滤波器在停电情况投入，并加强对直流系统的监视，尽快恢复大组交流滤波器运行。

（2）交流滤波器母线投运时应通过大组交流滤波器靠母线侧开关充电，中间开关合环运行；退出运行时操作顺序相反。

（3）交流滤波器母线充电运行后，才能投切母线所带的滤波器；不允许通过合、分大组交流滤波器开关的方式投切滤波器组。

（4）交流滤波器母线退出运行前，应先退出该滤波器母线所带的小组滤波器，再拉开大组交流滤波器进线开关。

5. 交流滤波器运行时有哪些注意事项？

答：（1）运行中的交流滤波器组数不能满足正常备用时，应立即汇报调度和有关领导；

（2）交流滤波器投入或退出运行时，应认真做好相应的记录并现场检查确认该组交流滤波器投入或退出正常；

（3）交流滤波器转检修时，靠交流滤波器侧接地开关拉开后 420s 才能合上。

6. 正常运行时无功运行方式与无功控制方式应在什么状态？

答：直流系统正常运行时无功运行方式为"自动"，无功控制模式置"投入"，严禁将无功控制模式置"退出"位置。

7. 交流滤波器故障处理有哪些规定？

答：（1）交流滤波器电容器不平衡保护发告警信号时，如系统条件许可，可将故障交流滤波器退出运行进行处理。如未退出运行，应加强监视。如告警信号自行消除，换流站值班员应及时向上级调度调度员汇报。

（2）交流滤波器电容器不平衡保护Ⅱ段发告警信号时，应在 2h 内将故障交流滤波器退出运行进行处理。如无可运行的备用交流滤波器，应采取降低直流输送功率的方式退出故障交流滤波器。

（3）交流滤波器发失谐保护告警信号时，应加强监视；交流滤波器发过电流保护、零序电流保护告警信号时，可将故障交流滤波器退出运行进行处理；交流滤波器发电阻过负荷保护、电抗过负荷保护等告警信号时，应尽快将故障交流滤波器退出运行进行处理。如无可运行的备用交流滤波器，应采取降低直流输送功率的方式退出故障交流滤波器。

 8. 投入滤波器判断程序流程是怎样的？

答：投入滤波器判断程序流程如图 9-1 所示。其中 A 代表 HP12/24 双调谐滤波器，B 代表 HP3 单调滤波器，C 代表 SC。

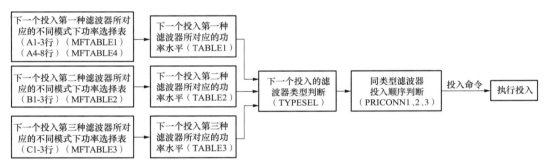

图 9-1　投入滤波器判断程序流程

 9. 切除滤波器判断程序流程是怎样的？

答：切除滤波器判断程序流程见图 9-2。其中 A 代表 HP12/24 双调谐滤波器，B 代表 HP3 单调滤波器，C 代表 SC。

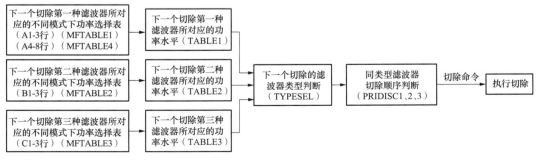

图 9-2　切除滤波器判断程序流程

10. 低压电抗器有哪几种控制模式?

答: 低压电抗器有手动和自动两种控制模式。

（1）每组低压电抗器均有参与换流母线电压控制、参与换流站无功平衡两种运行状态，被选为参与换流站无功平衡的低压电抗器不再参与换流母线电压控制。

（2）直流闭锁时，所有低压电抗器均参与换流母线电压控制。

（3）直流解锁时，两组低压电抗器均参与换流站无功平衡，直至直流闭锁；直流闭锁后，参与换流站无功平衡的低压电抗器恢复为参与换流母线电压控制。

（4）低压电抗器单独设置自动/手动切换功能，自动/手动切换功能对参与换流母线电压控制的低压电抗器有效。参与换流站无功平衡的低压电抗器投切由直流无功控制系统确定，不受低压电抗器单独设置的自动/手动方式限制。

11. 低压电抗器电压控制投切策略是怎样的?

答: 交流母线电压 U_{AC} 高于 550kV 时，延时 5s 投入 1 组低压电抗器；交流母线电压 U_{AC} 低于 500kV 时，延时 5s 切除 1 组低压电抗器。

12. 低压电抗器无功控制投切策略是怎样的?

答: （1）直流解锁前，第一组滤波器投入后，选择一组低压电抗器投入运行。直流解锁后，第二组滤波器投入后，投入另一组低压电抗器。

（2）直流功率增长过程中，在第 6 组滤波器投入后，第 7 组滤波器投入前，切除低压电抗器。

（3）直流功率下降过程中，在第 7 组滤波器切除后，第 6 组滤波器切除前，投入低压电抗器。正常情况下，这两组低压电抗器切除后，将参与电压控制。

| 第四节 |
交流滤波器检修和试验

1. 交流滤波器电容器专业巡视有什么要求?

答: （1）设备外观完好，外绝缘无破损或裂纹，无异物附着；

（2）防鸟害设施完好；

（3）本体密封良好，无渗漏油、膨胀变形，无过热，外壳油漆完好，无锈蚀；

（4）瓷套管表面清洁，无裂纹、闪络放电和破损；

（5）设备内部无异常声响；

（6）各连接部件固定牢固，螺栓无松动；

（7）引线平整无弯曲，相序标识清晰可识别；

（8）防污闪涂料无鼓包、起皮及破损；

（9）防污闪辅助伞裙无塌陷变形，黏结面牢固；

（10）引线可靠连接，各引线无断股、散股、扭曲现象，弧垂符合技术标准，设备线夹无裂纹、变色、烧损，连接螺栓无松动、锈蚀、缺失；

（11）接地可靠连接，无松动及明显锈蚀、过热变色、烧伤，焊接部位无开裂、锈蚀等；

（12）支架、基座等金属部位无锈蚀，底座、构架牢固，无倾斜变形，无破损、沉降；

（13）构架焊接部位无开裂，连接螺栓无松动；

（14）构架应可靠接地且有接地标识，接地无锈蚀、烧伤，连接可靠；

（15）绝缘底座（或绝缘支柱）表面无破损、积污，法兰无锈蚀、变色、积水。

2. 交流滤波器电抗器专业巡视有什么要求？

答：（1）本体表面应清洁，无变形，油漆完好，无锈蚀；

（2）器身清洁无尘土、异物，无流胶、裂纹；

（3）表面涂层应无破损、脱落或龟裂，表面憎水性能良好，无浸润；

（4）运行中无异常噪声、振动情况；

（5）包封表面无爬电痕迹；

（6）包封与支架间紧固带无松动、断裂；

（7）包封间导风撑条无松动、脱落，支撑条无明显脱落或移位情况；

（8）防护罩外观清洁，无异物，无破损、无倾斜；

（9）附近金属围栏无过热；

（10）引线可靠连接，各引线无断股、散股、扭曲现象，弧垂符合技术标准，设备线夹无裂纹、变色、烧损，连接螺栓无松动、锈蚀、缺失；

（11）接地可靠连接，无松动及明显锈蚀、过热变色、烧伤，焊接部位无开裂、锈蚀等，电抗器接地不应构成闭合环路并两点接地；

（12）支架、基座等金属部位无锈蚀，底座、构架牢固，无倾斜变形，无破损、沉降；

（13）构架焊接部位无开裂、连接螺栓无松动；

（14）构架应可靠接地且有接地标识，接地无锈蚀、烧伤、连接可靠；

（15）绝缘底座（或绝缘支柱）表面无破损、积污，法兰无锈蚀、变色、积水。

3. 交流滤波器电阻器专业巡视有什么要求？

答：（1）设备外观完好，外绝缘无破损或裂纹，无异物附着；

（2）设备内部无异常声响；

（3）引线可靠连接，各引线无断股、散股、扭曲现象，弧垂符合技术标准，设备线夹无裂纹、变色、烧损，连接螺栓无松动、锈蚀、缺失；

（4）接地可靠连接，无松动及明显锈蚀、过热变色、烧伤，焊接部位无开裂、锈蚀等；

（5）支架、基座等金属部位无锈蚀，底座、构架牢固，无倾斜变形，无破损、沉降；

（6）构架焊接部位无开裂，连接螺栓无松动；

（7）构架应可靠接地且有接地标识，接地无锈蚀、烧伤，连接可靠；

（8）绝缘底座表面无破损、积污，法兰无锈蚀、变色、积水；

（9）支柱绝缘子外观清洁，无异物，无破损，瓷绝缘子完好，无裂纹，无放电痕迹。

4. 交流滤波器电流互感器专业巡视有什么要求？

答：（1）设备外观完好，复合外套及瓷外套表面无裂纹、破损、变形、漏胶，明显积污，无放电、烧伤痕迹；

（2）设备外涂漆层清洁，无大面积掉漆；

（3）本体二次接线盒密封良好，无锈蚀；

（4）无异常声响、异常振动和异味；

（5）充油设备油位正常，无渗漏油；

（6）引线可靠连接，各引线无断股、散股、扭曲现象，弧垂符合技术标准，设备线夹无裂纹、变色、烧损，连接螺栓无松动、锈蚀、缺失；

（7）接地可靠连接，无松动及明显锈蚀、过热变色、烧伤，焊接部位无开裂、锈蚀等；

（8）支架、基座等金属部位无锈蚀，底座、构架牢固，无倾斜变形，无破损、沉降；

（9）构架焊接部位无开裂，连接螺栓无松动；

（10）构架应可靠接地且有接地标识，接地无锈蚀、烧伤、连接可靠。

 5. 交流滤波器避雷器专业巡视有什么要求？

答：（1）复合外套及瓷外套表面无裂纹、破损、变形，明显积污，无放电、烧伤痕迹；

（2）复合外套及瓷外套法兰无锈蚀、裂纹，黏合处无破损、裂纹、积水；

（3）瓷外套防污闪涂层无龟裂、起层、破损、脱落；

（4）整体连接牢固、无倾斜，连接螺栓齐全、无锈蚀、松动；

（5）内部无异响；

（6）接线板无变形、变色、裂纹；

（7）均压环表面无锈蚀、无变形、开裂、破损，固定牢固，无倾斜；

（8）均压环滴水孔通畅、安装位置正确；

（9）压力释放通道处无异物，防护盖无脱落、翘起，安装位置正确，防爆片完好；

（10）相序标识清晰、完整、无缺失；

（11）低式布置的金属氧化物避雷器遮栏内无异物；

（12）引线可靠连接，各引线无断股、散股、扭曲现象，弧垂符合技术标准，设备线夹无裂纹、变色、烧损，连接螺栓无松动、锈蚀、缺失；

（13）接地可靠连接，无松动及明显锈蚀、过热变色、烧伤，焊接部位无开裂、锈蚀等；

（14）支架、基座等金属部位无锈蚀，底座、构架牢固，无倾斜变形，无破损、沉降；

（15）构架焊接部位无开裂、连接螺栓无松动；

（16）构架应可靠接地且有接地标识，接地无锈蚀、烧伤、连接可靠；

（17）绝缘底座表面无破损、积污，法兰无锈蚀、变色、积水；

（18）支柱绝缘子外观清洁，无异物，无破损，瓷绝缘子完好，无裂纹，无放电痕迹；

（19）抄录避雷器动作次数，检查避雷器是否动作；

（20）抄录避雷器泄漏电流，检查泄漏电流是否正常。

6. 交流滤波器二次回路专业巡视有什么要求?

答:(1)交直流滤波器电容器不平衡电流是否在正常范围内;

(2)交直流滤波器光电流互感器监视数据是否正常;

(3)光电流互感器光纤绝缘子是否完好,是否破损断裂;

(4)光纤转接盒密封良好,无受潮痕迹。

7. 交流滤波器防主通流回路发热检修工作需要注意什么?

答:力矩检查每年一次,按力矩要求紧固,导线、母线接触良好。接触面检查每年一次,要求:

(1)引线无散股、扭曲、断股现象;设备线夹无裂纹、无发热;

(2)初测直流电阻,不超过 $20\mu\Omega$;

(3)力矩紧固后进行标记;

(4)对超标的接头进行打磨、清洁处理,紧固后复测;

(5)不同导电材质接触面应加装铜铝过渡材料,检查过渡材质表面完好无毛刺。

8. 电容器组外绝缘表面检修工作需要注意什么?

答:电容器组外绝缘表面检修周期每年 1 次,要求:

(1)电容器表面应清洁、外绝缘无损伤;

(2)绝缘子表面无缺损、裂纹或放电痕迹;

(3)严禁踩踏绝缘子;

(4)清洁绝缘子积尘和污垢,必要时可用清洁剂,然后用清洁水清洗并擦拭干净;

(5)瓷套有放电现象,需更换电容器;

(6)瓷套径向有穿透性裂纹应更换,外表破损面单个超 25mm^2 或总面积超 150mm^2 应修补或更换。

9. 电容器组构架或箱体检修工作需要注意什么?

答:电容器组构架或箱体检查每年 1 次,要求:

(1)构架外观良好,螺栓连接应紧固;

(2)无锈蚀;

（3）构架和箱体必要时做防腐处理；

（4）固定电容器的螺栓松动导致电容器不稳固，要进行紧固；

（5）只可使用设备许可力矩复紧导电面紧固件。

10. 电容器组接地引下线检修工作需要注意什么？

答： 电容器组接地引下线外观情况检查每年 1 次，要求：

（1）接地扁铁（铜）无锈蚀，连接可靠；

（2）接地标识明显、清晰，无脱落；

（3）导通试验合格，双根截面满足通流要求；

（4）接地引下线无锈蚀、脱开、断股现象；

（5）接地扁铁（铜）有锈蚀时，需用钢丝刷刷去锈迹，刷一层防锈漆，然后刷一层面漆；

（6）力矩参照 GB 50149—2010《电气装置安装工程 母线装置施工及验收规范》执行；

（7）接地标识油漆脱落、掉落时，需更换接地标识；

（8）接地导通试验数据不合格，需进行开挖检查，必要时需更换接地部分。

11. 电容器组铭牌及油漆检修工作需要注意什么？

答：（1）铭牌及油漆检查每年 1 次，要求铭牌清晰，油漆完好。

（2）铭牌如丢失或严重不清晰，重新安装铭牌，油漆完好。

（3）电容器外壳如有划痕或防锈漆被磨掉，要进行补漆，补漆与原颜色要一致，涂抹要均匀。

12. 电容器组防鸟帽检修工作需要注意什么？

答： 电容器组防鸟帽检查每年 1 次，无缺失或损坏，如有缺失或损坏应更换。

13. 电容器组防鸟帽渗漏油和变形情况检查工作需要注意什么？

答： 电容器组渗漏油和变形情况检查每年 1 次，要求电容器无变形、鼓肚及渗漏油现象。渗漏油、变形及鼓肚情况的应更换。

14. 交流滤波器电抗器外观检查工作需要注意什么?

答: 交流滤波器电抗器外观检查每年 1 次,要求:

(1) 上下汇流排应无变形和裂纹;

(2) 线圈至汇流排引线无断裂、松焊现象;

(3) 器身及金属件无变色、过热现象;

(4) 防护罩及防雨隔完好、紧固、无破损;

(5) 支座绝缘良好,支座紧固且受力均匀;

(6) 通风道无堵塞,器身清洁无尘土、脏物,无流胶、裂纹现象;

(7) 包封间导风撑条完好牢固;

(8) 表面涂层完好无龟裂;

(9) 防鸟网完好无破损。

15. 交流滤波器电抗器外绝缘表面情况检查工作需要注意什么?

答: 交流滤波器电抗器外绝缘表面情况检查每年 1 次,要求:

(1) 表面憎水性能无浸润现象,HC3 以上;

(2) 绝缘子无异常、干净;

(3) 绝缘子表面无缺损、裂纹或放电痕迹;

(4) 憎水性失效应去除并重新涂覆防污涂层;

(5) 瓷套有放电现象,需进行更换;

(6) 瓷套径向有穿透性裂纹应更换,外表破损面单个超 $25mm^2$ 或总面积超 $150mm^2$ 应修补或更换。

| 第五节 |
交流滤波器常见故障及处理方法

1. 交流滤波器常见的故障有哪些?

答: 交流滤波器常见的故障有交流滤波器开关 SF_6 压力低、油压低、储能不正常及拒动等故障;交流滤波器场隔离开关 / 接地开关拒动;电容器渗漏油;母线、母线电

压互感器 / 电流互感器、母线避雷器等设备故障；设备接头过热、电容器不平衡保护告警、电阻过负荷、电抗过负荷保护告警等；交流滤波器小组保护、大组保护动作、最小交流滤波器组数不满足、无功减载动作等故障。

 2. 交流滤波器开关 SF$_6$ 压力低应如何处理?

答：（1）汇报上级调度及相关领导。

（2）现场检查交流滤波器开关油压指示是否在正常位置，若正常，应通知检修人员检查弹簧储能监视回路是否正常。

（3）现场检查交流滤波器开关操作机构电源是否正常，若电源小开关跳开，试合一次，试合不成功通知检修处理。

（4）现场检查交流滤波器开关操作机构液压油有无渗漏，若有渗漏应通知检修人员处理。

（5）若交流滤波器开关油压低于合闸闭锁，且储能不能建立，应在油压低于分闸闭锁之前向国调申请拉开该开关，将其隔离，通知检修处理。

（6）若交流滤波器开关油压已低于分闸闭锁，且储能不能建立，向上级调度申请调整运行方式，将该大组交流滤波器退出以隔离故障开关，故障开关隔离后应将该大组滤波器转热备用。

（7）全过程中应注意滤波器投退对直流运行的影响，遵循先投后退的原则，尽量减少对直流系统的影响，通知检修处理。

 3. 交流滤波器开关油压低应如何处理?

答：（1）汇报上级调度及相关领导。

（2）现场检查交流滤波器开关弹簧储能指示是否在正常范围；若正常，应通知检修人员检查弹簧储能监视回路是否正常。

（3）现场检查交流滤波器开关操作机构电源是否正常，若电源小开关跳开，试合一次，试合不成功通知检修人员处理。

（4）如检查确认现场开关操作机构弹簧储能不在正常位置，向上级调度申请调整运行方式，将该大组交流滤波器退出以隔离故障开关，故障开关隔离后应将该大组滤波器转热备用。

（5）全过程中应注意滤波器投退对直流运行的影响，遵循先投后退的原则，尽量减少对直流系统的影响，通知检修人员处理。

4. 交流滤波器开关储能不正常应如何处理？

答：（1）汇报上级调度及相关领导。

（2）现场检查交流滤波器开关弹簧储能指示是否在正常范围；若正常，应通知检修人员检查弹簧储能监视回路是否正常。

（3）现场检查交流滤波器开关操作机构电源是否正常，若电源小开关跳开，试合一次，试合不成功通知检修人员处理。

（4）如检查确认现场开关操作机构弹簧储能不在正常位置，向上级调度申请调整运行方式，将该大组交流滤波器退出以隔离故障开关，故障开关隔离后应将该大组滤波器转热备用。

（5）全过程中应注意滤波器投退对直流运行的影响，遵循先投后退的原则，尽量减少对直流系统的影响，通知检修人员处理。

5. 交流滤波器开关拒动应如何处理？

答：（1）汇报上级调度及相关领导。

（2）检查各种联锁条件是否满足。

（3）现场检查开关状态，检查其操作机构是否故障。

（4）检查 SF_6 压力是否正常，弹簧储能是否正常。

（5）检查开关的操作电源、电动机电源、操作继电器箱电源是否投入，未投则立即恢复电源。

（6）检查开关就地控制屏控制把手位置是否正常。

（7）如果属于机械故障或其他故障，则立即通知检修人员处理，必要时向上级调度申请调整运行方式，将该大组交流滤波器退出以隔离故障开关，故障开关隔离后应将该大组滤波器转热备用。

（8）全过程中应注意滤波器投退对直流运行的影响，遵循先投后退的原则，尽量减少对直流系统的影响。

6. 交流滤波器场隔离开关 / 接地开关拒动应如何处理？

答：（1）汇报上级调度及相关领导。

（2）检查各种联锁条件是否满足。

（3）检查现场隔离开关、接地开关间的机械联锁是否被设置，如果有，则立即释放。

（4）现场检查隔离开关/接地开关操作机构箱电机电源、操作电源是否投入，未投入立即投入。

（5）检查隔离开关/接地开关控制方式是否正常。

（6）如果热继电器动作，则复归该继电器，如果该热继电器继续动作，则通知检修人员处理。

（7）如果属于机械故障或其他故障则立即通知检修人员处理。

7. 交流滤波器母线电压互感器故障应如何处理?

答：（1）汇报上级调度及相关领导。

（2）检查故障电压互感器有无异常，若有明显的闪络、漏油等故障，则向上级调度申请调整系统功率和滤波器分布，将故障的电压互感器所在大组母线停运，进行隔离检修。

（3）若电压互感器本体无异常，则检查电压互感器二次回路。

1）如发现电压回路二次小开关跳开，应查看图纸，区分跳开的小开关为测量回路或保护回路，若为测量回路，可试合一次，若合不上，则停用；若为保护回路，应先向上级调度申请退出与此小开关有关的保护，方可进行试合，试合不成功，则停用。

2）如发现二次电压回路有断线等异常现象，应断开二次回路小开关，若为保护回路，应先向上级调度申请退出与此小开关有关的保护。

8. 交流滤波器场电流互感器故障应如何处理?

答：（1）汇报上级调度及相关领导；

（2）立即派人现场检查对应电流互感器是否正常（一次设备、二次设备）；

（3）根据设备故障程度向上级调度申请进行滤波器替换，将故障交流电流互感器所在滤波器停运，做好安措通知检修处理。

9. 交流滤波器场母线避雷器故障应如何处理?

答：（1）汇报上级调度及相关领导；

（2）现场对避雷器进行外观检查，灭弧口是否冲开，避雷器是否有破裂、闪络

现象;

（3）如果避雷器有明显故障，立即向上级调度申请将相应的滤波器母线停电，全面检查故障区域内其他设备有无损坏;

（4）做好安措，通知检修人员处理。

 10. 交流滤波器母线故障应如何处理?

答:（1）汇报上级调度及相关领导;

（2）现场检查母线差动保护范围内一次设备外观有无异常，母线有无脱落、摆动、断股，母线上所有开关是否均已跳开，若没有跳开，应手动拉开;

（3）如果找到故障点，应向上级调度申请将故障母线转至检修;

（4）经过检查不能找到故障点时，经分部主管生产领导及上级调度许可，可对停电母线试送电一次，试送开关必须完好，并有完备的继电保护;

（5）整理故障录波、事件记录，并传真至相关调度和部门。

 11. 交流滤波器／并联电容器设备接头过热时应如何处理?

答:（1）汇报上级调度及相关领导，密切监视设备运行状况;

（2）若接头温度过高，汇报相关领导并向上级调度申请退出该小组滤波器（应考虑直流系统运行需要，并遵循"先投后退"原则）;

（3）通知检修人员处理。

 12. 交流滤波器电容器不平衡保护Ⅰ段、Ⅱ段发告警信号时应如何处理?

答:（1）汇报上级调度及相关领导。

（2）检查报警滤波器的运行参数是否正常，现场检查报警滤波器设备运行情况。

（3）若交流滤波器发电容器不平衡保护Ⅰ段告警信号、过电流保护、零序电流保护告警信号时，如有备用滤波器，申请将故障交流滤波器退出运行进行处理;如无备用，应加强监视并将有关情况汇报上级调度。如告警信号自行消除，应及时向上级调度汇报。

（4）若交流滤波器电容器不平衡保护Ⅱ段发告警信号时，应在 2h 内申请将故障交流滤波器退出运行进行处理。如无备用交流滤波器，应申请降低直流输送功率后退出故障交流滤波器。

（5）若现场检查发现设备故障或异常，应及时向上级调度申请将该组滤波器转检修。

（6）做好安全措施，通知检修人员处理。

13. 交流滤波器电阻过负荷保护告警信号时应如何处理？

答：（1）汇报上级调度及相关领导。

（2）检查报警滤波器的运行参数是否正常，现场检查报警滤波器设备运行情况。

（3）应尽快申请将故障交流滤波器退出运行进行处理。如无备用交流滤波器，应申请降低直流输送功率后退出故障交流滤波器。

（4）若现场检查发现设备故障或异常，应及时向上级调度申请将该组滤波器转检修。

（5）做好安全措施，通知检修人员处理。

14. 交流滤波器电抗过负荷保护告警信号时应如何处理？

答：（1）汇报上级调度及相关领导。

（2）检查报警滤波器的运行参数是否正常，现场检查报警滤波器设备运行情况。

（3）应尽快申请将故障交流滤波器退出运行进行处理。如无备用交流滤波器，应申请降低直流输送功率后退出故障交流滤波器。

（4）若现场检查发现设备故障或异常，应及时向上级调度申请将该组滤波器转检修。

（5）做好安全措施，通知检修人员处理。

15. 交流滤波器小组保护动作时应如何处理？

答：（1）汇报上级调度及相关领导；

（2）检查备用交流滤波器是否正常投入；

（3）现场检查相应滤波器开关已跳闸；

（4）检查滤波器设备情况，向上级调度申请将故障滤波器转检修；

（5）通知检修人员处理；

（6）整理故障录波、事件记录，并传真至相关调度和部门。

16. 交流滤波器大组保护动作时应如何处理?

答:(1)立即汇报上级调度及相关领导。

(2)检查备用交流滤波器投入情况。

(3)检查直流系统是否有功率回降。

(4)检查保护范围内设备动作情况,若小组滤波器开关没有跳开,则立即手动拉开。

(5)检查直流系统功率和交流母线电压,必要时向上级调度申请调整直流系统运行功率。

(6)现场检查保护范围内设备,若发现明显故障如闪络、断裂等,则根据故障位置向上级调度申请将相应设备转至检修,做好安全措施,通知检修人员进行处理。

(7)若现场检查未发现明显故障,同样通知检修对二次回路和保护动作原因进行检查分析。

(8)整理故障录波、事件记录,并传真至相关调度和部门。

17. 运行中最小交流滤波器组数不满足应如何处理?

答:(1)汇报上级调度及相关领导,密切监视直流系统运行状态;

(2)检查无功功率控制方式是否正常;

(3)检查可用滤波器的开关控制方式、弹簧储能是否正常;

(4)若以上检查均正常,应加强系统监视,必要时向上级调度申请投入备用的交流滤波器;

(5)若暂时无可用的备用滤波器,应加快现场检修滤波器检修工作,尽快恢复滤波器备用。

18. 交流滤波器 / 并联电容器的电容器渗漏油应如何处理?

答:(1)若缓慢向下滴油,汇报相关领导,并加强监视,及时安排进行检修处理;

(2)若渗漏速度很快,应立即向上级调度申请将故障滤波器停运转检修;

(3)通知检修人员处理。

19. 无功减载动作时交流滤波器如何处理?

答:(1)汇报上级调度及相关领导。

(2)若在升功率过程中出现无功减载报警,应立即检查无功功率控制方式和现场滤波器控制方式是否正常，在具有备用交流滤波器的情况下，手动或自动投入备用交流滤波器后，申请恢复运行功率。

（3）若为滤波器跳闸出现无功减载动作，应立即检查无功功率控制方式和现场滤波器控制方式是否正常，在具有备用交流滤波器的情况下，手动或自动投入备用交流滤波器后，向上级调度申请恢复原功率运行。

（4）通知检修人员检查滤波器无法自动投入原因。

（5）若现场无备用交流滤波器，应通知检修人员及时恢复滤波器备用。

第十章

直流场设备运检技术

| 第一节 |
直流场设备概述

1. 直流场由哪些核心设备组成?

答:直流场主要有以下核心设备组成:

(1)直流分压器。包括极母线直流分压器、中性线直流分压器。

(2)直流电流互感器。包括光电流互感器(不含直流滤波器不平衡光电流互感器)、电流互感器(电磁式)、零磁通电流互感器。

(3)平波电抗器。包括极母线平波电抗器、中性线平波电抗器。

(4)直流场断路器、隔离开关类设备。包括旁路断路器、直流断路器、隔离开关、接地开关。

(5)直流滤波器组。

2. 什么是直流的静电吸尘效应?

答:带电微粒在直流电压下受到恒定方向的电场力作用从而被吸引到绝缘子表面,即直流的静电吸尘效应。

3. 为什么直流设备外绝缘要加装防污闪辅助伞裙?

答:相较于交流设备,直流设备所在区域电场效应将使得设备外绝缘更易集聚灰尘,从而降低其外绝缘水平,为保障直流场设备具有足够的绝缘性能,要求加装防污闪辅助伞裙,提高防污闪性能和绝缘水平。

4. 为什么直流电压下绝缘子积污高于交流积污?

答:受静电吸尘效应影响,绝缘子表面电场力的垂直分量越大,积污就越多,而且灰尘微粒接近绝缘子表面电离区时,还会得到因局部电晕现象产生的电荷,从而使直流电压下绝缘子积污水平要远高于交流电压下的积污水平。

5. 什么是直流输电系统中的紧急移相功能?

答：紧急移相是将触发角迅速增加到 90° 以上，将换流器由整流状态转至逆变状态，以减小故障电流，加快直流系统能量释放，便于换流器闭锁。

6. 一极运行一极检修（调试）时有哪些注意事项?

答：直流输电系统一极运行一极停运时，不允许直接对停运极中性区域设备进行注流和加压试验。对停运极中性区域设备进行预防性高压试验，一定要采取隔离措施，避免直流控制保护系统检测到停运极中性区域电流互感器、电压互感器的二次测量。运行极的一组直流滤波器停运检修时，严禁对该组直流滤波器内与直流极保护相关的电流互感器进行注流试验。

7. 直流系统启动前需要满足什么条件?

答：换流变压器充电状态正常、相应阀组在闭锁状态、交流滤波器在可用状态、直流滤波器已连接、阀水冷系统运行正常、极在连接状态、两站 RFO 允许条件、换流阀无异常等条件均满足时，直流系统才能正常进行解锁启动。

8. 换流器在线投入 / 退出的操作流程是怎样的?

答：换流器在线投入前应检查相关换流器 RFO 允许条件均满足，相关设备运行无异常，具备投入运行的条件，且投入后的直流系统运行方式的最小功率要求大于目前系统运行功率，然后再顺控操作在线投入解锁相应换流器；换流器在线退出时，应检查相应换流器退出运行后直流系统不会出现过负荷运行状况，相应阀组的 BPS 等设备无异常具备在线退出的条件后方可使用顺控操作退出相应换流器。

9. 什么是直流线路自动再启动?

答：当直流线路发生故障时，线路保护动作，要求执行线路故障恢复时序。线路重启逻辑通过要求移相操作，迅速将直流电压降到 0，等到故障点去游离时间后，撤销移相命令，系统重新建立到故障前的电流、电压，恢复运行。重启时间、重启后的电压、重启次数可设定。设定值允许为零次（不进行重起操作，直接停运）、一次或两次全压再启动，一次降压再启动。每次再启动的去游离时间可单独设定，但不能超出一个合适的范围（过短造成的无法完成去游离，或过长导致对系统产生影响）。如果全压再启动次数已达到整定次数，但因绝缘恢复时无法在设定的时间内达到全压水平而未能成功，再启动逻辑会按预先设置的降压参考值进行一次降压再启动。

10. 什么是极开路试验?

答：极开路试验（OLT）是为了直流极长时间停运或者直流区域设备检修后，确保直流侧的绝缘水平仍符合运行要求，对直流侧线路或直流场设备施加直流电压用于检测相关设备绝缘是否存在异常的一种试验方法。

11. 为什么要进行极开路试验?

答：当直流输电系统阀厅内设备、极母线、平波电抗器等换流站站内直流一次设备或极控制系统部分二次设备检修或故障后，在正式送电前，相应换流站的检修或故障极应进行不带线路极开路试验，试验成功则该换流站的检修或故障极具备正式送电条件。另外，直流输电系统内直流线路检修或故障后，在正式送电前，相应直流线路应由任一换流站进行带线路极开路试验，试验成功则该直流线路具备正式送电条件。

12. 如何进行极开路试验?

答：（1）换流站站内直流设备、直流线路检修工作结束，相关安措已拆除时或直流输电系统故障，经检查已具备恢复条件时，换流站值班员向上级调度调度员申请进行极开路试验。

（2）上级调度调整直流输电系统两端站待试验极至试验所需状态后，许可进行相应极开路试验。

（3）直流输电系统采用不同模式进行极开路试验时，试验结果与对应结论见表10-1和表10-2。

表 10-1　　　　　双阀组极开路试验对比

模式	不带线路 OLT 试验电压	带线路 OLT 试验电压	试验结论
自动	$U_d \geq 800kV$	$U_d \geq 720kV$	具备全压 800kV 启动条件
自动	$U_d \leq 800kV$	$U_d \leq 720kV$	经国调许可后转手动模式重新试验
手动	$U_d \geq 800kV$	$U_d \geq 720kV$	具备全压 800kV 启动条件
手动	$560kV \leq U_d \leq 800kV$	$560kV \leq U_d \leq 720kV$	具备降压 560kV 启动条件

注　上述试验电压可考虑 ±5kV 测量误差。

表 10-2　　　　　　　　　　　　单阀组极开路试验对比

模式	不带线路 OLT 试验电压	带线路 OLT 试验电压	试验结论
自动	$U_d \geq 400\text{kV}$	$U_d \geq 360\text{kV}$	具备 400kV 启动条件
自动	$U_d \leq 400\text{kV}$	$U_d \leq 360\text{kV}$	经国调许可后转手动模式重新试验
手动	$U_d \geq 400\text{kV}$	$U_d \geq 360\text{kV}$	具备 400kV 启动条件

　　注　上述试验电压可考虑 ±5kV 测量误差。

　　（4）极开路试验试验电压升至目标值，并保持此值稳定运行 120s，即认为极开路试验成功。试验成功后，换流站值班员应先退出极开路试验模式，然后向上级调度汇报。

　　（5）自动 OLT 试验操作顺序：设定 OLT 模式（选择 ON），设定 OLT 控制方式（自动），解锁阀组或极（点击高端阀组、低端阀组或极解锁图标），电压自动上升至额定值并下降至 0，闭锁阀组或极（点击高端阀组、低端阀组或极闭锁图标），退出 OLT 模式（OFF）。

　　（6）手动 OLT 试验操作顺序：设定 OLT 模式（ON），设定 OLT 控制方式（手动），解锁阀组或极（点击高端阀组、低端阀组或极解锁图标），设定上升电压值，试验成功后设定电压值为 0，电压自动下降至 0，闭锁相应阀组或极（点击高端阀组、低端阀组或极闭锁图标），恢复 OLT 控制方式（自动），退出 OLT 模式（OFF）。

13. 直流系统顺控中包含哪几种控制模式？

　　答：（1）有功功率控制方式，如双极功率控制、单极功率控制、单极电流控制。

　　（2）有功功率运行方式，如联合控制、独立控制。

　　（3）电压运行方式，如全压运行、降压运行。

　　（4）RPC 控制方式，如自动控制、手动控制。

　　（5）无功功率控制方式 Q_{control}、U_{control}。

　　（6）回线运行方式，如金属回线方式、大地回线方式。

14. 阻冰模式和并联融冰模式有什么区别？

　　答：阻冰模式主要用于预防线路结冰，与常规直流换流站融冰模式类似；而并联融冰模式主要用于融化输电线路已有覆冰，是特高压直流的一种特殊运行方式。

15. 并联融冰前需要对一次设备做哪些调整?

答:(1)双极直流系统转为检修状态;

(2)进行融冰软接线安装;

(3)极1高端换流器转为连接状态,极1低端换流器转为隔离,极1为金属回线方式;

(4)极2高端换流器处于隔离状态(换流变压器充电),极2低端换流器处于隔离状态,极2处于极隔离状态。

 16. 直流场设备各有什么要求?

答:(1)交流滤波器。

1)检修:交流滤波器开关检修。

2)冷备用:安全措施拆除,交流滤波器断路器冷备用。

3)热备用:安全措施拆除,相关保护投入,交流滤波器断路器热备用。

4)运行:安全措施拆除,相关保护投入,交流滤波器断路器运行。

(2)直流滤波器。

1)检修:直流滤波器两侧隔离开关在拉开位置,两侧接地开关在合上位置。

2)运行:安全措施拆除,相关保护投入,直流滤波器两侧隔离开关在合上位置,两侧接地开关在拉开位置。

(3)换流变压器。

1)检修:换流变压器交流侧断路器在冷备用及以下状态,直流场极隔离,换流变压器各侧接地开关在合上位置。

2)冷备用:安全措施拆除,换流变压器交流侧隔离开关在拉开位置,换流变压器各侧接地开关在拉开位置。

3)充电:安全措施拆除,相关保护投入,换流变压器各侧接地开关在拉开位置,换流变压器交流侧断路器在运行状态。

(4)阀组。

1)检修:换流变压器与交流系统隔离,直流场极隔离,阀组相关接地开关在合上位置。

2)冷备用:安全措施拆除,换流变压器与交流系统隔离,中性母线断路器、金属回线隔离开关、大地回线隔离开关、极母线隔离开关在拉开位置,阀组相关接地开关在拉开位置。

（5）换流器。

1）检修：换流变压器及阀组在检修状态。

2）冷备用：换流变压器及阀组在冷备用状态。

3）热备用：安全措施拆除，相关保护投入，相应换流器阳极、阴极隔离开关，换流器阳极、阴极接地开关在拉开位置，换流变压器各侧接地开关在拉开位置，换流变压器交流侧隔离开关在合上位置，断路器在拉开位置。

4）充电：安全措施拆除，相关保护投入，相应换流器阳极、阴极隔离开关，换流器阳极、阴极接地开关在拉开位置，换流变压器各侧接地开关在拉开位置，换流变压器交流侧隔离开关、断路器在合上位置，阀闭锁。

5）连接：安全措施拆除，相关保护投入，相应换流器阳极、阴极隔离开关在合上位置，换流器阳极、阴极接地开关在拉开位置，旁通、旁通口在拉开位置，换流变压器各侧接地开关在拉开位置，换流变压器交流侧隔离开关、断路器在合上位置，阀闭锁。

6）运行：安全措施拆除，相关保护投入，相应换流器阳极、阴极刀闸在合上位置，换流器阳极、阴极接地开关在拉开位置，旁通开关、旁通刀闸在拉开位置，换流变压器各侧接地开关在拉开位置，换流变压器交流侧接地开关在合上位置，阀解锁。

（6）极。

1）直流场极隔离：中性母线断路器、金属回线隔离开关、大地回线隔离开关、极母线隔离开关在拉开位置。

2）直流场极连接：相关保护投入，中性母线断路器、金属回线隔离开关、大地回线隔离开关、极母线隔离开关在合上位置。

3）检修：极内所有换流变压器、阀组、直流滤波器在检修状态，直流场极隔离状态，极母线、中性线等有关接地开关在合上位置。

4）冷备用：安全措施拆除，极内所有换流变压器、阀组在冷备用状态，直流场极隔离状态，极母线、中性母线等有关接地开关在拉开位置。

5）热备用：安全措施拆除，相关保护投入，换流变压器在充电状态，至少有一个换流器在连接状态，且旁通断路器在合上位置，旁通隔离开关在拉开位置，本极内非运行换流器的旁通隔离开关在合上位置，直流侧极连接状态，有必备数量的直流滤波器运行，极母线、极线路、中性母线等有关接地开关在拉开位置，接地极系统运行（或金属回线运行），阀组闭锁。其中，接地极系统运行状态称为单极大地回线（GR）热备用，金属回线运行状态称为单极金属回线（MR）热备用。

6）运行：相关保护投入，直流场极连接状态，至少有一组换流器在连接状态，且旁通断路器、隔离开关在拉开位置，本极内非运行换流器的旁通隔离开关在合上位置，直流侧极连接状态，极母线、极线路、中性母线有关接地开关在拉开位置，有必备数量的直流滤波器运行，接地极系统运行（或金属回线运行），极按确定的方式形成直流回路，阀组解锁。

7）不带线路极开路试验（OLT）状态：极母线隔离开关拉开，其余设备状态同单极大地回线（GR）热备用。

8）带线路极开路试验（OLT）状态：本侧单极大地回线（GR）热备用，对侧极线路冷备用。

（7）接地极。

1）检修：接地极隔离开关在拉开位置，接地极隔离开关两侧接地开关在合上位置。若站内有金属回线转换开关，还需金属回线转换断路器及其两侧隔离开关在拉开位置。

2）冷备用：安全措施拆除，接地极隔离开关及其两侧接地开关在拉开位置。若站内有金属回线转换断路器，还需金属回线转换断路器及其两侧隔离开关在拉开位置。

3）运行：安全措施拆除，相关保护投入，若站内有金属回线转换断路器，则金属回线转换断路器及其两侧隔离开关在合上位置，接地极隔离开关及其两侧接地开关在拉开位置。若站内无金属回线转换断路器，则接地极隔离开关在合上位置，接地极隔离开关两侧接地开关在拉开位置。

（8）直流线路。

1）检修：两换流站极母线隔离开关在拉开位置，线路接地开关在合上位置。

2）冷备用：安全措施拆除，两换流站极母线隔离开关及线路接地开关在拉开位置。

3）运行：安全措施拆除，相关保护投入，两换流站极母线隔离开关在合上位置，线路接地开关在拉开位置。

17. 换流器在线投入/退出不成功有什么现象？如何处理？

答：（1）现象：

1）事件记录发操作指令被拒绝报警；

2）换流器在线投退不成功，直流系统仍按原运行方式运行。

（2）处理：

1）汇报上级调度及相关领导；

2）在软件中检查操作联锁条件是否满足;

3）现场检查操作设备机械联锁、控制方式、操作电源是否正常,若不在正常方式,立即恢复;

4）若现场检查无异常且软件联锁满足条件,通知检修人员进行处理。

| 第二节 |
直流断路器

 1. 直流断路器有哪些类型?

答:直流断路器主要分为 NBS、NBGS、BPS、GRTS、MRTB 几类。

 2. 简述各种直流断路器的动作原理。

答:NBS 的动作原理:当单极计划停运时,换流阀闭锁,通过 NBS 的振荡回路叠加反向电流将该极直流电流降为零,NBS 在无电流情况下分闸,将该极设备与另一个极隔离。如果换流阀内部发生接地故障,NBS 需要立即切断故障电流,但是如果故障电流很大,NBS 不会打开。

NBGS 的动作原理:安装于中性线和换流站接地网之间。当接地极线路断开时,不平衡电流将使中性母线电压升高,为了防止双极闭锁,提高高压直流输电系统的稳定性,利用 NBGS 的合闸建立中性母线与大地的连接,以保持双极继续运行,从而提高高压直流输电系统的可用率。当接地极线路恢复正常运行时,NBGS 必须能将流经至换流站接地网的电流转换至接地极线路。

BPS 的动作原理:工作原理类似于交流开关,用于配合完成阀组在线投退、隔离/连接操作,从而实现不同方式倒换作用。

GRTS 的动作原理:安装于接地极线与极线之间,用于在不停运的情况下,将直流电流从单极金属回线转换至单极大地回线。

MRTB 的动作原理:装设于接地极线回路中,用于将直流从单极大地回线转换到单极金属回线,以保证转换过程中不终端直流功率输送。如果允许暂时中断直流功率输送,可以不装设 MRTB。MRTB 必须与 GRTS 联合使用。

3. 直流断路器操作方式有哪几种?

答:(1)在运行人员工作站(OWS)上远方顺控(或单步)进行操作;

(2)在就地工作站(DLC)上进行后备操作;

(3)在直流场开关操作机构箱上就地电动操作。

4. 旁通断路器分合联锁逻辑分别是怎样的?

答:旁通断路器 BPS 分合联锁分析见表 10-3。

表 10-3　　　　　　　旁通断路器 BPS 分合联锁分析

操作	联锁公共条件	联锁分项条件	适用范围
合闸联锁	(1)解锁/联锁把手在联锁状态; (2)远方/就地把手在远方位置	旁通对投入指示	P1.WP.Q1、P1.WP.Q2、P2.WP.Q1、P2.WP.Q2
		换流器隔离	
		换流器退出命令	
	本阀组闭锁指示		
分闸联锁	(1)解锁/联锁把手在联锁状态; (2)远方/就地把手在远方位置	BPI 在合位指示	
		流过 BPS 上的电流允许分闸	

5. 金属回线转换断路器分、合闸联锁条件是怎样的?

答:金属回线转换断路器分、合闸联锁分析见表 10-4。

表 10-4　　　　　　　金属回线转换断路器分、合闸联锁分析

操作	联锁公共条件	联锁分项条件
合闸联锁	(1)解锁/联锁把手在联锁状态; (2)远方/就地把手在远方位置	(1)WN.Q18、WN.Q19 在合位; (2)WN.Q18、WN.Q19 在分位。 仅站 1 有此开关,上述条件有一个满足即可
分闸联锁	(1)解锁/联锁把手在联锁状态; (2)远方/就地把手在远方位置	(1)WN.Q3 开关充电且无 SF$_6$ 压力告警 (2)双极闭锁状态;或站内接地极连接、双极平衡运行且 IDEL < 50A;或本极极隔离、对极金属回线连接、对极金属回线有流,或对极极隔离、本极金属回线连接、本极金属回线有流; (3)本极未出现锁定 WN.Q3 指示、对极未出现锁定 WN.Q3 指示且 WN.Q3 充电装置完好或 IDEL < 4697A 时。 仅站 1 有此开关,上述条件同时满足即可

6. 大地回线转换断路器分、合联锁条件是怎样的?

答: 大地回线转换断路器分、合联锁分析见表 10-5。

表 10-5　　　　　　　　　大地回线转换断路器分、合联锁分析

操作	联锁公共条件	联锁分项条件	适用范围
合闸联锁	(1)解锁/联锁把手在联锁状态; (2)远方/就地把手在远方位置	(1) WN_Q16 在合位且本极与对极 WP_Q18 不同时在合位; (2) 本极及对极 WP_Q18 在分位、本极 WN_Q16 在分位。 仅站 1 有此开关,上述条件满足一个即可	仅站 1WN_Q2
分闸联锁	(1)解锁/联锁把手在联锁状态; (2)远方/就地把手在远方位置	(1) WN_Q2 开关充电且无 SF₆ 压力告警; (2) IDME < 2500A 且本极 WN_Q16 在分位, 或 IDME < 2500A 且两极闭锁时, 或 IDME < 2500A 且本极极隔离、对极大地回线有流、大地回线运行下, 或 IDME < 2500A 且对极极隔离、本极大地回线有流、大地回线运行下; (3) 本极未出现锁定 WN_Q2 指示; (4) 对极未出现锁定 WN_Q2 指示。 仅站 1 有此开关,上述条件同时满足即可	

7. 站内接地开关 NBGS 分、合联锁条件是怎样的?

答: 站内接地开关 NBGS 分、合联锁分析见表 10-6。

表 10-6　　　　　　　　站内接地开关 NBGS 分、合联锁分析

操作	联锁公共条件	联锁分项条件	适用范围
合闸联锁	(1)解锁/联锁把手在联锁状态; (2)远方/就地把手在远方位置	(1) 不在大地回线运行方式; (2) 本极和对极均有阀组在运行状态	WN.Q1
分闸联锁	(1)解锁/联锁把手在联锁状态; (2)远方/就地把手在远方位置	(1) 满足以下条件: 1) 极 1、极 2 均在极隔离状态; 2) WN.Q15 在分位; 3) 大地回线运行方式; 4) 金属回线运行方式; 5) 逆变站 WN.Q17 在合位, NBSF 发分 NBS 命令。 (2) WN.Q1 解锁状态。 (3) WN.Q1.Q1 无 SF₆ 压力低报警。 (4) WN.Q1.Q1 弹簧已储能。 (5) IDGND < 5000A	

8. 阀组在线投退时，旁通断路器如何进行操作？

答： 阀组在线退出时，旁通断路器将根据相关指令结合换流阀闭锁逻辑进行合闸操作，保证直流系统电流能够正常流过，而不造成直流系统电流断流；阀组在线投入时，旁通断路器将根据指令待阀组解锁后进行分闸操作，从而保证阀组投入后的正常运行。

9. 旁通断路器与旁通隔离开关的联锁逻辑是什么？

答： 当阀组由隔离转至连接时，顺控联锁逻辑将先合上换流器阴、阳极隔离开关和旁通断路器后，再分开旁通隔离开关；而当阀组由连接转至隔离时，顺控联锁逻辑将先合上旁通隔离开关，再分开旁通断路器和换流器阴、阳极隔离开关。

10. 换流站是如何实现金属大地回线方式转换的？

答： 从单极大地回线方式转换为金属回线方式，当另一个导线极已经连通后，需要断开接地极时，必须依靠 MRTB 将通过接地极的电流断开，将系统电流从"大地回路"切换至"金属回路"。同理，从金属回线方式转换至大地回线方式，当接地极已经连接导通后，需要断开金属回线，必须依靠 MRS 将另一极线路上通过的电流，将系统电流从"金属回路"切换至"大地回路"。

11. NBS 与 NBGS 断路器有何区别？

答： NBS 由振荡回路以及直流断路器组成，主要用于极隔离／极连接操作时进行方式倒换操作或故障时拉开故障电流。

NBGS 相对于与其他直流断路器有一个显著的特点，即接地极线路故障时必须能够迅速合闸，使中性线与站内接地极连接，从而确保中性线电压不会急剧增加，因此 NBGS 除了包含一个带振荡回路的直流断路器外，还有一个高速隔离开关。正常运行时，高速隔离开关处于断开位置，而带振荡回路的直流断路器位于合闸位置。一旦接地极线路故障，高速隔离开关立即合闸。当故障消除后，带振荡回路的直流断路器拉开流入站内接地网的直流电流；振荡过程结束后，高速隔离开关拉开，带振荡回路的直流断路器合闸。

12. 为什么直流场断路器分合闸二次回路不得采用 RC 加速回路？

答： 若直流场断路器的二次分闸回路采用 RC 加速设计，即由分闸线圈和 RC 并联部件串接而成，线圈直流电阻通常为几欧姆，在分闸回路带电时，由于电容器相当于通路，分闸线圈短时获得很大的电流，以快速启动铁芯运行。而此类设备对二次电缆及直流系统要求较高，运行中常出现因直流电缆压降或跳闸继电器触点压降过大而拒动的故障，导致分闸失败和电阻烧毁，因此不宜采用。

13. 直流断路器的开断可分为几个阶段?

答：（1）强迫电流过零阶段；

（2）介质恢复阶段；

（3）能量吸收阶段。

14. 直流断路器 SF_6 压力低如何处理?

答：（1）现场检查断路器 SF_6 压力指示是否正常，汇报上级调度及相关领导；

（2）若现场检查断路器无明显漏气点、主断口 SF_6 压力指示在 0.62MPa（以韶山站为例）及以上，且无下降趋势则应加强现场 SF_6 压力监视，通知检修人员检查原因。

（3）若现场检查断路器无明显漏气点、主断口 SF_6 压力指示在 0.60MPa 以上，且无下降趋势则应加强现场 SF_6 压力监视，同时通知检修人员带电补充 SF_6 气体。

（4）若现场检查断路器无明显漏气点、主断口 SF_6 压力指示在 0.60MPa 以上，且有下降趋势则应向上级调度申请降低直流功率或转移功率，将相应极停运，做好安措通知检修人员处理。

（5）若现场检查断路器有明显漏气点、SF_6 压力下降很快、主断口已接近或低于 0.60MPa，则立即断开断路器的控制电源，向上级调度申请降低直流功率或转移功率，将相应极停运，做好安措通知检修人员处理。

15. 旁路断路器区域断路器弹簧储能故障应如何处理?

答：（1）立即派人现场检查断路器储能是否正常、储能电动机电源开关是否跳闸，汇报相关领导。

（2）若现场断路器储能正常、储能电动机电源正常，则应加强监视，并通知检修人员检查原因。

（3）若现场断路器储能不正常或未储能，立即查找原因。若是电动机电源开关跳闸，则手动合上电源开关检查断路器自动储能正常；若电动机电源开关再次跳开或因驱动链条或储能弹簧故障导致无法储能，通知检修人员处理，必要时向上级调度申请停运对应换流器或极并将该断路器转至检修。

 16. 直流断路器保护动作如何处理？

答：（1）汇报上级调度及相关领导；

（2）检查站内直流系统、交流线路是否发生过负荷或超稳定限额，如发生立即汇报调度进行调整；

（3）检查保护装置运行情况，并查看装置动作报告、故障录波，记录报警信息；

（4）检查一次设备动作情况，确认断路器实际位置；

（5）向上级调度详细汇报设备检查情况，并根据调度指令调整系统运行方式；

（6）整理故障录波、事件记录，并传真至相关调度和部门；

（7）若检查站内一次设备无明显异常，经检修人员确认为断路器保护误动，则向上级调度申请退出该保护，通知检修人员处理；

（8）若检查站内一次设备异常，则向上级调度申请将该开关转检修并做好安全措施通知检修人员处理。

| 第三节 |
平波电抗器

 1. 什么是平波电抗器？

答：平波电抗器是一种用于直流换流站直流侧的电抗器，是换流站的重要设备之一，与直流滤波器一起构成换流站直流侧的直流谐波滤波回路，用于滤除直流系统特征谐波分量，目前主要可分为干式和油浸式两种形式。

 2. 平波电抗器有什么作用？

答：（1）限制故障电流的上升率；

（2）平滑直流电流的纹波；

（3）防止直流低负荷时的电流断续；

（4）防止直流线路或直流场产生的陡波冲击波进入阀厅，保护换流阀免受过电压应力而损坏；

（5）与直流滤波器一起构成直流谐波滤波回路。

 3. 干式平波油浸器与油浸式平波电抗器有什么区别?

答：（1）干式平波电抗器。通过绝缘子支撑，对地绝缘简单；无油，无火灾危险和环境影响；噪声低，质量小，运行维护费用低，电感值比油浸式平波电抗器小，冷却方式为自然风冷。

（2）油浸式平波电抗器。有铁芯，单台电感量大，油纸绝缘系统成熟，多为强油循环风冷方式，运行可靠；安装在地面，重心低，抗振性好；套管可直接穿入阀厅，避免了水平穿墙套管导致的不均匀湿闪问题。

 4. 平波电抗器平时运维有哪些注意事项?

答：（1）检查电感线圈、接头无发热、变色，螺栓无松动现象；

（2）检查外观无变形，内部无鸟巢；

（3）检查支持绝缘子无裂缝、破损，无放电及闪络痕迹，外观清洁，安装牢固；

（4）在新投入或检修改造的平波电抗器在投运 72 h 内，气象突变（如大风、大雾、冰雹等）、高温季节、雷雨过后、晶闸管触发角较大或高峰负载期间、平波电抗器有严重缺陷或经受短路事故冲击后、平波电抗器过负荷运行时，应开展特巡，增加巡视次数，缩短巡视周期。

| 第四节 |
直流隔离开关和接地开关

 1. 直流隔离开关和接地开关设备有什么特点?

答：相较于交流系统隔离开关和接地开关，直流隔离开关及接地开关绝缘水平更高，耐污水平要求更高，且均为单相设备。

2. 直流场隔离开关拒动应如何处理?

答:(1)汇报上级调度及相关领导;

(2)在软件中检查隔离开关联锁条件是否满足;

(3)现场检查隔离开关操作箱内控制方式是否正常,如不是,应立即恢复正常位置;

(4)检查隔离开关的操作电源是否在合上位置,若跳开,可进行一次试合,不成功应通知检修处理;

(5)若现场检查未发现异常,应通知检修隔离开关处理,必要时向上级调度申请将该隔离开关转检修;

(6)分析隔离开关拒动的原因,原因不清之前严禁手动进行操作。

3. 直流场接地开关拒动应如何处理?

答:(1)汇报上级调度及相关领导;

(2)在软件中检查接地开关的联锁条件是否满足;

(3)现场检查接地开关操作箱内控制方式是否正常,如果不是,应立即恢复正常位置;

(4)检查接地开关的操作电源是否在合上位置,若跳开,可进行一次试合,不成功应通知检修人员处理;

(5)若现场检查未发现异常,应通知检修人员检查处理。

4. 直流极母线隔离开关温度过高应如何处理?

答:(1)密切监视该隔离开关的运行状态,使用红外测温工具持续对该隔离开关进行测温;

(2)汇报相关领导;

(3)如果此隔离开关温度没有下降的趋势,始终维持在高位,甚至其温度在不断上升直至最高允许值,则向国调申请降低直流系统负荷,若降低负荷后隔离开关温度仍未下降,则将相应极停运,将该隔离开关转为检修;

(4)如果该隔离开关的过热是由于环境因素引起,经过观察该隔离开关温度有下降的趋势,则应加强监视。

5. 换流器阳极隔离开关（AI）分合联锁条件是怎样的?

答：阳极隔离开关 AI 分合联锁条件见表 10-7。

表 10-7　　　　　　　　　阳极隔离开关 AI 分合联锁条件

操作	联锁公共条件	联锁分项条件	适用范围
合闸联锁	（1）解锁/联锁把手在联锁状态； （2）远方/就地把手在远方位置	（1）本阀组闭锁状态指示； （2）阀厅 4 台接地开关均在分位	P1.WP.Q13、P1.WP.Q14、P2.WP.Q13、P2.WP.Q14
分闸联锁	（1）解锁/联锁把手在联锁状态； （2）远方/就地把手在远方位置	（1）本阀组闭锁状态指示； （2）本极对阀组闭锁状态指示； （3）BPI 合闸指示	

 6. 换流器阴极隔离开关（CI）分合的联锁条件是怎样的?

答：阴极隔离开关 CI 分合联锁条件见表 10-8。

表 10-8　　　　　　　　　阴极隔离开关 CI 分合联锁条件

操作	联锁公共条件	联锁分项条件	适用范围
合闸联锁	（1）解锁/联锁把手在联锁状态； （2）远方/就地把手在远方位置	（1）本阀组闭锁状态指示； （2）阀厅 4 台接地开关均在分位	P1.WP.Q11、P1.WP.Q16、P2.WP.Q11、P2.WP.Q16
分闸联锁	（1）解锁/联锁把手在联锁状态； （2）远方/就地把手在远方位置	（1）本阀组闭锁状态指示； （2）本极对阀组闭锁状态指示； （3）BPI 合闸指示	

 7. 阀厅接地开关分合联锁条件是怎样的?

答：阀厅接地开关分合联锁条件见表 10-9。

表 10-9　　　　　　　　　阀厅接地开关分合联锁条件

操作	联锁公共条件	联锁分项条件	适用范围
合闸联锁	（1）解锁/联锁把手在联锁状态； （2）远方/就地把手在远方位置	（1）AI 在分位； （2）CI 在分位； （3）两进线开关两侧隔离开关均至少有一把在分位	阀厅接地开关
分闸联锁	（1）解锁/联锁把手在联锁状态； （2）远方/就地把手在远方位置	（1）阀厅紧急门关闭； （2）阀厅主门锁已锁上	

8. 极母线出线隔离开关分、合联锁条件是怎样的?

答:极母线出线隔离开关分、合联锁条件见表 10-10。

表 10-10　　　　　　　　　极母线出线隔离开关分、合联锁条件

操作	联锁公共条件	联锁分项条件
合闸联锁	(1)解锁/联锁把手在联锁状态; (2)远方/就地把手在远方位置	联合控制: (1)站间通信正常且对站本极极母线出线接地开关 Px.WP.Q23 接地开关在分位; (2)本极中性线已经连接; (3)极母线接地开关 Px.WP.Q22、Px.WP.Q23 在分位; (4)站间通信正常且对站本极不在 OLT 模式; (5)本极旁路线隔离开关 Px.WP.Q18 在分位; (6)本极不在 OLT 模式
		独立控制: (1)本极中性线已经连接; (2)极母线接地开关 Px.WP.Q22、Px.WP.Q23 在分位; (3)本极旁路线隔离开关 Px.WP.Q18 在分位; (4)本极不在 OLT 模式
分闸联锁	(1)解锁/联锁把手在联锁状态; (2)远方/就地把手在远方位置; (3)本极闭锁; (4)IDL ≤ 100A 延时 5s	

| 第五节 |
直流滤波器

1. 直流滤波器由哪些部分组成?

答:直流滤波器一般由电容器组、电阻器、避雷器、电抗器、电流互感器等组成。

2. 直流滤波器的作用是什么?

答:直流滤波器是用于阻碍并短路交流信号的滤波器。所有换流器在换流过程中都不可避免地产生谐波,为了防止换流器换流产生的谐波电流对通信系统造成干扰,换流器直流侧一般都装有直流滤波器,以滤除直流侧的谐波电流。

3. 直流滤波器投退有哪些注意事项?

答:(1)直流滤波器可以带电投切。

(2)直流滤波器高压侧隔离开关最大可拉开 250A 直流电流,低压侧隔离开关无分断电流能力。

(3)手动投切直流滤波器应与顺控操作顺序一致。切除时,先拉高压侧隔离开关,后拉低压侧隔离开关;投入时,操作顺序相反。正常情况应采用顺控操作。

(4)直流滤波器由连接(Connected)状态至隔离(Isolated)状态操作时,高压侧接地开关在高压侧隔离开关拉开延时 420s 后才自动合上。

 4. 手动投切直流滤波器的操作流程是怎样的?

答:手动投切直流滤波器应与顺控操作顺序一致。切除时,先拉高压侧隔离开关,后拉低压侧隔离开关。

 5. 运行极的直流滤波器停运检修时有哪些注意事项?

答:(1)新投入或检修后的直流滤波器,应进行机动检查,并进行带电红外测温;

(2)运行极的直流滤波器停运检修时,对该组直流滤波器内与直流极保护相关的电流互感器进行注流试验前,必须充分考虑注入的电流对其他直流保护的影响,并采取一定的安全措施,避免直流极保护误动。

 6. 直流滤波器电容器漏油应如何处理?

答:(1)现场检查电容器漏油情况,监视该组滤波器不平衡电流值,汇报相关领导;

(2)若现场电容器确实大量漏油,向国调申请停运该组滤波器;

(3)将退出运行的滤波器做好安措,通知检修人员处理。

 7. 直流滤波器保护报警如何处理?

答:(1)汇报上级调度及相关领导;

(2)检查直流滤波器一次设备有无明显故障,如有应向上级调度申请将该组滤波器转至检修;

(3)如未发现明显异常,应加强监视,若滤波器运行情况持续恶化,则应在保护动作跳闸之前向上级调度申请将该组滤波器转至检修；

（4）通知检修人员检查处理。

 8. 直流滤波器保护动作跳闸如何处理?

答：（1）汇报上级调度及相关领导；

（2）现场检查直流滤波器一次设备有无明显故障；

（3）整理故障录波、事件记录，并传真至相关调度和部门；

（4）做好安全措施，通知检修人员检查处理。

 9. 换流站直流侧谐波有什么危害?

答：换流站直流侧谐波的危害有对直流系统本身的危害、对线路邻近通信系统的危害、通过换流器渗透至交流系统的危害等。

 10. 直流滤波器配置哪些保护?

答：直流滤波器主要配置直流滤波器差动保护、直流滤波器不平衡保护、直流滤波器高压电容器接地保护、直流滤波器电阻过负荷保护、直流滤波器电抗过负荷保护、直流滤波器失谐监视等保护。

| 第六节 |

直流避雷器

 1. 直流避雷器有哪些类别?

答：直流避雷器分为直流极线避雷器、极中性线避雷器、双极中性线避雷器、阀厅内 800kV/400kV 极线避雷器、阀厅内中性母线避雷器、换流阀塔避雷器等。

2. 直流避雷器日常巡视时应注意什么?

答：日常巡视时应注意直流避雷器外观有无破损放电痕迹、有无异常声响、表计是否完好无积水、喷口是否有动作痕迹、设备标示完整、清晰、无脱落、泄漏电流是否在正常范围内、动作次数是否异常等情况。

3. 直流避雷器泄漏电流异常增大或减小应如何处置?

答:(1)汇报上级调度及相关领导;

(2)现场对避雷器进行外观检查,灭弧口是否冲开,避雷器是否有破裂、闪络现象;

(3)如果避雷器有明显故障,立即向上级调度部门申请将相应的设备进行停电,全面检查故障区域内其他设备有无损坏;

(4)做好安措,通知检修人员处理。

| 第七节 |
直流测量装置

1. 直流测量装置有哪些?

答:直流测量装置主要有电压量测量装置和电流量测量装置,如直流分压器、电子式电流互感器(光电流互感器)、零磁通电流互感器等设备。

2. 光电流互感器与零磁通电流互感器有何区别?

答:两者测量原理不同,零磁通电流互感器是基于零磁通补偿原理,带电子测量单元的一种直流电流互感器;而光电流互感器实际为一种电子式电流互感器,通过远端模块采集测量电阻和 Rogowski 线圈的信号从而进行直流电流的测量。

3. 光电流互感器常见故障类型有哪些?

答:光电流互感器常见的故障类型主要有 RTU 驱动电流异常故障、RTU 温度异常故障、RTU 数据电平低故障、远端模块故障、一次设备异常等。

4. 直流滤波器不平衡光电流互感器故障如何处理?

答:(1)如果极母线差动保护动作出口,应立即检查直流负荷的转移与变化,防止另一个极过负荷运行,必要时向上级调度申请调整系统运行方式。

（2）检查一次设备动作情况，检查故障光电流互感器有无异常，查看光通道参数是否正常。

（3）汇报上级调度及相关领导。

（4）如果确认为直流滤波器进线光电流互感器故障时，应将直流滤波器隔离，做好安全措施，通知检修人员处理。

（5）如果出现滤波器不平衡保护报警，则应向调度申请，将该组直流滤波器转至检修状态，通知检修人员处理。

5. 极母线光电流互感器故障如何处理？

答：（1）如果极母线光电流互感器故障导致相应保护动作出口，汇报上级调度及相关领导，检查另一个极运行情况，若过负荷应立即向上级调度申请将功率值降至额定功率运行，通知检修人员处理。

（2）整理故障录波、事件记录，并传真至相关调度和部门。

（3）若保护没有动作，则检查故障光电流互感器外观有无异常，查看光通道参数是否正常，并通知检修人员处理。

（4）若光电流互感器只有单系统出现故障，则应加强监视，必要时申请停电处理。

（5）如果由于光电流互感器的原因，故障极未转至极隔离时，应及时通知检修人员处理。

6. 零磁通电流互感器故障如何处理？

答：（1）立即检查事件记录，判断保护动作是否正确，并安排人员现场检查保护区内的一次设备是否异常。如果零磁通电流互感器故障导致相应保护动作出口，汇报调度及领导；如果故障极未转至极隔离时，应及时通知维护人员进行处理；若正常极隔离，检查另一个极运行情况，若过负荷应立即申请调度将功率值降至额定功率运行，通知维护人员。

（2）汇报调度及相关领导，打印事件记录和故障录波图并传真至上级调度，并立即通知维护人员到现场处理如有必要应检查线路故障定位（LFL）事件记录。

（3）申请调度将相关极转为检修状态。

（4）现场检查零磁通电流互感器表面是否有明显放电痕迹，如有应立即汇报领导，并准备相关的备品备件。

（5）如果未检查出异常，在得到相关领导同意后，申请调度对故障极进行 OLT 试验（不带线路），试验正常，恢复该极运行。

7. 直流分压器气体压力低报警分为几个等级？会造成哪些后果？

答：（1）一段报警：动作后果仅作用于报警。

（2）二段报警：动作后果仅作用于报警。

（3）三段闭锁：动作后果将会导致相应极闭锁。

8. 直流分压器气体压力低如何处理？

答：（1）立即汇报上级调度及相关领导。

（2）现场检查故障直流分压器的气体压力是否达到报警值，两只压力表读数是否一致。

（3）若现场压力指示正常，通知检修人员检查二次回路。

（4）若报警压力表读数相差较多，应及时申请将相应的保护系统退出。

（5）若现场压力指示均达到报警值，检查未发现明显泄漏点，压力无继续下降趋势，通知检修人员带电补气，并加强监视。

（6）若压力指示均达到报警值，且压力有下降趋势，应及时向上级调度申请进行功率调整，停运故障设备所在极。

（7）若故障直流分压器气体压力低动作，跳开故障设备所在极。

1）立即检查另一极过负荷情况，必要时向国调申请进行运行方式调整；

2）检查直流场设备动作情况；

3）将故障直流分压器转至检修。

（8）做好安全措施，通知检修人员处理。

第十一章
调相机运检技术

| 第一节 |
调相机结构及其附属设备

 1. 调相机系统主要由哪些部分构成?

答：调相机系统主要由调相机本体及其附属设备、励磁系统、封闭母线、变压器、冷却系统、润滑油系统、启动系统、保护系统、监控系统（DCS）、同期装置等组成。

 2. 调相机的调相机本体结构由哪些设备组成?

答：调相机本体结构主要由定子机座、定子、定子出线、转子、冷却器、轴承、集电环、盘车装置、出线盒和隔音罩等组成。

| 第二节 |
调相机励磁系统

 1. 调相机励磁系统由哪些部分组成?

答：调相机励磁系统主要由自动电压调节器（AVR）、可控硅整流装置、灭磁及过电压保护装置、启动励磁系统、励磁变压器及启动励磁变压器等组成。

 2. 励磁系统功能有哪些?

答：（1）正常运行或异常情况下，供给电机励磁电流，并根据电动机实际情况调整励磁电流，维持机端电压在给定的水平上；

（2）使并列运行的各同步电动机所带的无功功率得到平稳合理的分配；

（3）增加并入电网运行的电动机的阻尼转矩，以提高电力系统稳定性及输电线路的有功功率传输能力；

（4）在电力系统发生短路故障造成机端电压严重下降时，强行励磁，将励磁电压迅速升到足够的顶值，以提高电力系统的暂态稳定性；

（5）在电动机突然解列甩负荷时，强行减磁，将励磁电流迅速降低到安全数值，以防止电动机电压过分升高；

（6）在电动机内部发生短路时，快速灭磁，将励磁电流迅速减小到零值，以减小故障的损害程度；

（7）在不同运行工况下，根据要求对电动机实行过励磁限制和欠励磁限制等限制，以确保机组的安全稳定运行。

其中，对于调相机而言，励磁系统的主要作用是：

（1）在启动过程中，配合 SFC 完成机组启动；

（2）在运行过程中，维持机组电压水平，调节无功出力。

3. 励磁系统控制策略有哪些？

答： 励磁系统控制策略主要为电压闭环控制、电流闭环控制、恒无功或恒功率因数调节。调相机励磁系统采取"慢速无功 + 快速电压环"的控制方式。

4. 调相机启机的过程中励磁系统是如何工作的？

答： 在启动过程中，励磁系统配合 SFC 完成机组启动。

（1）监控系统给 SFC 启动指令（脉冲信号），并闭合启动励磁的输入断路器、启动励磁切换断路器、直流灭磁开关，SFC 给启动励磁装置开机指令（脉冲 0.5～1s），将励磁电流给定值发送给启动励磁装置，启动励磁装置通过外接 380V 电源为定子提供励磁电流，SFC 拖动调相机转速到 3150r/min 以上，机端电压大约 10% 额定机端电压。

（2）监控系统给 SFC 停机指令（脉冲信号），SFC 退出运行，调相机进入惰转状态，转速自然下降。

（3）监控系统发主励开机令（脉冲 0.5～1s）先启动励磁建压后切换至主励磁，励磁系统转换为自并励方式运行，实现调相机快速升压，并切除启动励磁装置的直流回路开关；主励磁装置检测到启动励磁磁场断路器分断后，再将机端电压升压到额定值。

（4）同期装置判断机端电压、转速、相位，在满足条件时并网。

| 第三节 |

调相机 SFC 系统

1. 调相机 SFC（静止变频器系统）的作用是什么？

答：大型同步调相机在并网前需要通过外部电源拖动至额定转速以上，进行同期并网。而 SFC 系统（静止变频器）可以将调相机从静止状态拖动至额定转速，实现并网。在同步调相机启动过程中，同步调相机的转子转速严格依赖于定子磁场的频率，通过静止变频器在定子上产生一个交变的定子磁场，从而拖动调相机转子不断向前加速，达到额定转速。

2. 调相机 SFC 系统的工作原理是什么？

答：SFC 系统（静止变频器）是一对在直流侧通过平波电抗器等元件直接连接在一起的三相全控晶闸管换流桥，其中一个桥工作在整流桥状态，另一个桥工作在逆变桥状态。电能从整流桥一侧流向逆变桥一侧，连接整流桥和逆变桥两侧不同频率的系统，实现三相交流系统与有源（无源）负载之间的电能交换。从原理上看，静止变频器都是可逆的，改变换流桥的触发角度，转换换流桥的工作状态（整流桥状态、逆变桥状态）就可使电能的流向反转。根据需要，整流桥与逆变桥均可设计成 6 脉动、12 脉动或更多脉动的形式。静止变频器实际上是一个微型的"背靠背"直流输电系统。

3. 调相机 SFC 系统的基本组成是什么？

答：SFC 系统包括一次功率设备和二次控制设备，属于交 - 直 - 交变换结构。SFC 系统结构见图 11-1，SFC 系统一般由输入变压器、晶闸管整流器、电抗器、晶闸管逆变器、二次控制系统及保护等组成。

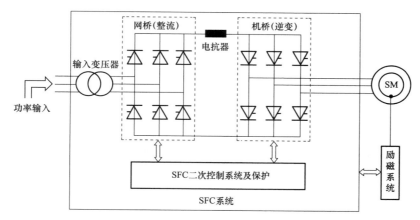

图 11-1 SFC 系统结构

 4. 调相机 SFC 系统拓扑结构可分为哪些？

答： SFC 系统拓扑结构从功率桥交流电压等级分，有高－低结构、高－高结构、高－低－高结构；从功率桥脉动数分，有 6-6 脉动、12-6 脉动、12-12 脉动。

 5. 调相机 SFC 系统逆变输出频率控制方式有哪几种？

答： 根据逆变输出频率控制方式，同步调相机变频调速系统可分为自控式和它控式两种。它控式是指给同步调相机供电的逆变器是独立的，逆变器输出频率由转速给定信号决定，多用于转速开环调速系统，适于多台机组并联运行的场合，但存在转子振荡及失步的问题；而自控式变频调速系统是由转子磁极位置检测的信号自动控制与转子转速相对应的频率，因此不会有失步现象。

 6. 调相机 SFC 系统网桥采用什么控制方式？

答： 网桥采用"转速外环＋电流内环"的具有快和慢两种响应特性的控制方式，转速外环有很好的稳态性能，电流内环具有很快的响应特性。

 7. 调相机 SFC 系统强迫换相的特点是什么？

答： 在前期调相机加速过程中，每次给两相定子绕组通电（两相定子绕组的电流大小相等，方向相反）时都产生同向的脉动电磁转矩，将转子一步步向前拖动。随着转子的不断加速，速度逐渐增大，逆变器换相的频率也相应增大，与转子保持同步，定子电流产生的磁极总是及时出现在不断加速旋转的转子磁极前，吸引转子磁极，对转子进行牵引，直到转子转速达到 5%～10% 额定转速。逆变器不能直接通过触发需要导通的晶闸管夺取需要关断的晶闸管电流实现换相，而是通过关断前面的整流桥来关断原来导通的一对晶闸管，然后重新触发下一步需要导通的新的一对晶闸管，这种工作方式称为强迫换相。转速低时，逆变器交流侧电势（即调相机的机端电压或调相机内电势）太低，直接通过触发需要导通的晶闸管后，被触发晶闸管的电压优势不足以夺取需要关断的晶闸管电流，不能顺利换相，当转速达到一定程度时，逆变器交流侧电势变大，可向整流器一样直接触发换相，无须再关断逆变桥前的整流桥。

8. 调相机 SFC 系统机桥控制的原理是什么？

答：采用定冗余角控制方式，触发角会及时根据电流的大小进行调整，既保证了机侧的功率因素，又可有效避免换相失败的发生，提高了启动的成功率。

9. 调相机 SFC 系统本体保护配置有哪些？

答：静止变频器具有完备的保护功能，配有功率回路的变频差动保护，可及时保护设备安全，故障响应时间小于 10ms；还可提供 SFC 系统输入变压器等设备的保护，如常规保护、机组差动保护功能、网/机桥差动保护、网/机桥电流变化率以及过电流保护、网/机桥电压异常保护、机桥磁链异常保护、机侧接地保护、过速保护等。

10. 调相机 SFC 系统启动过程中的操作顺序是什么？

答：（1）选择就地模式；

（2）选择启动机组；

（3）启动冷却风机；

（4）合切换开关；

（5）合输入断路器；

（6）启动励磁系统；

（7）进行转速解锁；

（8）增速减速操作；

（9）退出启动流程。

11. 调相机 SFC 系统启动时的保护配置有哪些？

答：SFC 系统启动时保护配置有变流器差动保护、短路过电流保护、电流变化率保护、网侧同步电压保护、网桥阳极低电压保护、网桥阳极过电压保护、TV 监视、机组磁通保护等。

12. 调相机 SFC 系统在投入使用前要进行哪些静态调试？

答：（1）检查、上电：对设备外观、安装、接线进行检查，并上电检查二次交直流电源的情况是否完好。

（2）模拟量测试：电压互感器额定 57.7V，电流互感器额定 5A，可通过调整通道系数加以修正。

（3）开关量测试：DI 信号需外部人为短接，DO 信号可在装置"调试菜单"开出调试。

（4）小信号测试：利用万用表测量弱模输出，自环方式测量输入，可调整比例系数、零漂系数加以修正。

（5）单脉冲测试：在单晶闸管两侧加低压交流电压，利用示波器测量机侧 6 路、网侧 12 路脉冲的触发情况。

（6）转子通流：设定励磁给定值，观测励磁测量值是否正确，以及励磁阶跃情况。

（7）初始转子位置测试：在转子通流的基础上，进行转子位置测量测试，确保测量位置与实际位置一致。

（8）定子通流测试：仅在定子回路触发一组脉冲，不进行换相，测试转子能否转动，且转动方向的正确性。

（9）脉冲换相测试：设定拖动转速小于 5Hz，进行机组拖动试验。

（10）自然换相测试：设定拖动转速大于 5Hz，进行机组拖动试验。

13. 调相机 SFC 系统中各部件的作用是什么？

答：SFC 系统由输入变压器（隔离变压器）、整流桥、平波电抗器、逆变器等组成，整流桥将 50Hz 交流电转换成直流电，经平波电抗器后，逆变桥再将直流电逆变为与机组频率完全一致的交流电；SFC 系统根据机组位置信号，选择最优的两相导通，以产生最大的力矩，将机组稳步拖动起来，达到指定转速。

14. 调相机 SFC 系统的启动步骤有哪些?

答：（1）SFC 系统在停止状态，无其他检修工作；

（2）辅助系统电源正常，且无故障，无告警信号；

（3）SFC 系统准备就绪，然后发出"SFC 就绪"信号给监控系统；

（4）高压隔离开关状态正确；

（5）SFC 系统具备启动条件，然后人工就地启动或监控远程启动；

（6）SFC 系统的冷却系统运行，投入切换开关，并将切换开关位置反馈给监控系统；

（7）SFC 系统准备带电，然后合 SFC 电源开关，并将电源开关位置反馈给监控系统；

（8）SFC 系统带电状态下，控制励磁系统将励磁电流反馈给监控系统；

（9）SFC 系统拖动调相机运行至设定转速，并将转速达到信号发送给监控系统。

15. 调相机同期过程中励磁系统、SFC 系统、监控系统、同期装置如何配合完成?

答：（1）监控系统收到 SFC 系统传出的转速达到 3150r/min 的信号后，发出 SFC 系统退出指令；

（2）SFC 系统接收到监控系统发出的退出指令后，SFC 系统封脉冲，跳开输入断路器，并向监控系统发已退出指令；

（3）监控系统收到 SFC 系统已退出指令后，SFC 系统与调相机脱离；

（4）监控系统依次发指令跳开隔离开关，让励磁系统增磁；

（5）励磁系统增磁，使机端电压增至系统电压；

（6）同期装置捕捉同期点并网。

16. 调相机 SFC 系统如何保护晶闸管?

答：晶闸管采用光触发或电触发方式，SFC 系统具备完善的触发及保护功能，实时监测晶闸管导通状态。触发保护系统具备硬件过电压自触发保护功能，晶闸管发生过电压时，触发保护系统应瞬时动作于强制保护性触发，保护晶闸管。

整流器和逆变器晶闸管元件配置合适的暂态过电压保护装置，暂态过电压保护装置采用电阻与电容器串联方式，其参数选择应保证晶闸管元件不因过电压而损坏。

17. 调相机 SFC 系统力矩控制原理是什么?

答：电动机力矩计算公式为

$$T_{\mathrm{M}} = c \times I_{\mathrm{d}} \times \cos\phi \times \Psi$$

式中：c 为计算系数。

基于电动机力矩控制原理，SFC 系统通过网桥触发角进行电流 I_{d} 控制，通过机桥触发角进行功率因数 $\cos\phi$ 控制，通过对励磁系统电流的控制进行机组磁链 Ψ（电压）控制。

18. 调相机 SFC 系统断路器需满足哪些要求?

答：（1）SFC 系统断路器操动机构的控制电源采用三相交流 380V 电源或直流 220V（或直流 110V）；

（2）输入断路器能操作空载的变压器而不产生严重的过电压；

（3）断路器与隔离开关之间有可靠的防止误操作的电气闭锁；

（4）断路器及其附属设备装于金属柜内，并配置控制箱，断路器位置指示及其他辅助设备应满足实现自动 / 手动、就地 / 远方控制监视。

19. 调相机 SFC 系统切换开关需满足哪些要求?

答：（1）操动机构作控制电源应采用三相交流 380V 电源或直流 220V/ 直流 110V；

（2）切换开关应适合频繁操作工况；

（3）切换开关应设在金属柜内，并配置控制箱；

（4）切换开关配置应满足两套 SFC 系统同时启动两台调相机的要求。

20. 调相机 SFC 系统触发试验操作步骤有哪些?

答：（1）确认 SFC 系统未处于工作状态；

（2）将 SFC 系统控制屏柜上的"远方 / 就地"把手打到"就地"位置；

（3）在 PCS–9575U 控制单元中整定试验状态，并确认系统却已处于试验状态；

（4）检查阀触发测试回路接线已完成；

（5）进入 PCS–9575U 控制单元，将网桥触发试验或机桥触发试验置为 1，控制器 VCU 输出网 / 机桥的阀触发测试信号；

（6）当需要停止试验时，将网桥触发试验或机桥触发试验置为 0；

（7）试验完成后，恢复修改过的定值至原来状态。

21. 调相机 SFC 系统短路保护原理是什么？

答： SFC 系统短路保护基于 SFC 系统网桥、机桥电流互感器测量的瞬时电流值。针对 SFC 系统内可能出现的严重短路故障，短路保护设置了两段，保护一段具有反时限特性，反时限过电流是一种过电流过热限制；另一段为过电流速断，加快严重过电流时的保护动作速度。必须对 SFC 系统主回路的电流进行限制，防止过电流导致 SFC 系统功率部分因过热而损坏。回路发热与回路电流平方和该电流持续时间的乘积呈正比，即回路电流及允许运行时间呈反时限曲线。

22. 调相机 SFC 系统电流变化率保护原理是什么？

答： 电流变化率保护基于 SFC 系统网桥、机桥电流互感器测量的瞬时电流值，计算出某一项电流 I 的变化率

$$\mathrm{d}I/\mathrm{d}t=[I(n)-I(n-1)]/t$$

式中：t 为采样间隔。

当 $\mathrm{d}I/\mathrm{d}t$ 大于定值时，$\mathrm{d}I/\mathrm{d}t$ 保护动作，跳 SFC 系统开关。

23. 调相机 SFC 系统网桥低电压保护和过电压保护原理是什么？

答： 网侧同步电压保护分为网桥阳极低电压保护和网桥阳极过电压保护。

（1）网桥阳极低电压保护。当网桥输入电压低于 0.85 倍额定值时，瞬时动作将变流桥电流降为零；电压低于 0.85 后，在 1s 内又恢复到大于 0.85 倍，则重新开始启动；电压低于 0.85 倍后，持续时间大于 1s，SFC 系统跳闸。

（2）网桥阳极过电压保护。当网桥输入电压高于 1.1 倍额定值时，瞬时动作将变流桥电流降为零；电压高于 1.1 倍后，在 1s 内又小于 1.1 倍，则重新开始启动；电压高于 1.1 倍后，持续时间大于 1s，SFC 系统跳闸。

24. 调相机 SFC 系统机组磁通保护原理是什么？

答： 机组磁通保护包括机组过磁通保护和机组低磁通保护。在机组正常启动过程中，机组频率（转速）和机端电压满足一定的关系，若以 SFC 系统额定工作电压和频率为基准，则有 $V/f=1$，其中机端电压 V 与频率 f 均为标幺值。当 $1.1 \leqslant V/f \leqslant 1.2$ 时，发过磁通告警信号；当 $V/f \geqslant 1.2$ 时，过磁通保护动作，SFC 系统跳闸；当 V/f 小于设定值，发出低磁通告警信号。

| 第四节 |
调相机运行方式

1. 调相机与主变压器的接线方式有哪些特点?

答： 调相机与主变压器采用单元接线方式，见图 11-2。单元接线是大型调相机组普遍采用的接线形式，调相机出口不装设断路器，调相机出口通过分相封闭母线与主变压器连接，单元接线简单，开关设备少，操作方便。由于不设调相机电压级母线，而在调相机和变压器之间采用封闭母线，使得在调相机和变压器低压侧短路的概率和短路电流相对于具有调相机电压级母线时有所减小，同时也减少了故障发生的可能性，从而提高了工作的可靠性。

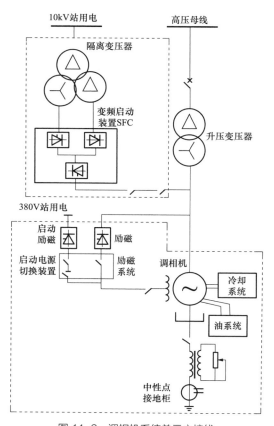

图 11-2 调相机系统单元主接线

2. 调相机单元接入系统的方式有哪几种？

答：经过论证，调相机单元接至 500kV（750kV）母线更为经济，目前有以下几种方式：

（1）单个调相机单元直接接至换流站交流侧母线或滤波器大组母线。

（2）调变组接断路器后直接接入 500kV（750kV）母线。

（3）所有调相机单元共同接入换流站母线或者交流滤波器大组母线。

3. 调相机系统 10kV 站用电系统接线方式特点是什么？

答：10kV 母线采用单母线接线方式，设置 2 个工作段和一个备用段；10kV 工作母线和备用母线间设置分段开关，当工作母线段失去电源时可以自动投切，通过备用段母线由备用电源供电。每套变频启动装置从换流站 10kV 备用段各引接一路电源，由专用隔离变压器通过 SFC 整流和变频后接入变频启动切换柜，切换至相应的调相机回路后经隔离开关输入调相机定子，调相机站仅变频启动装置（SFC）电源为 10kV 站用电，其他设备电源均用 400V。

4. 调相机系统 400V 站用电系统接线方式特点是什么？

答：站用 400V 系统采用动力中心、电动机控制中心接线形式。动力中心用单母线分段接线，双套的辅助设备分接在两个半段上，每个半段由一台低压工作变压器供电，两台变压器电源分别取自 10kV 不同的工作段，互为备用；全站设公用负荷供电用的动力中心，采用单母线分段接线，每个半段由一台低压公用变压器供电，两台变压器电源分别取自 10kV 不同工作段，互为备用，可靠性高。

5. 调相机封闭母线由什么组成？有什么特点？

答：金属封闭母线是用金属外壳将导体连同绝缘等封闭起来的组合体，按类型分为离相式封闭母线和共箱式封闭母线。封闭母线主要由母线导体、外壳、绝缘子、金具、密封隔断装置、伸缩补偿装置、短路板、穿墙板、外壳支持件、各种设备柜及与调相机、变压器等组成。

与裸母线相比有诸多优点：

（1）减少接地故障，避免相间短路；

（2）减少母线周围钢结构发热；

（3）减少相间电动力；

（4）采用空气循环干燥方式运行的封闭母线，可以防止绝缘子结露；

（5）维护量小。

6. 调相机站用电动机有哪些？作用分别是什么？

答： 站用电动机包括交流润滑油泵、直流应急油泵、交流顶轴油泵、直流顶轴油泵、润滑油输送泵、排油烟风机、原水泵、超滤反洗泵、反渗透给水泵、反渗透高压泵、EDI 给水泵、清洗泵、污水泵、主循环泵、补水泵、盘车等的电动机。

（1）冷却水泵电动机。有定子冷却水泵和转子冷却水泵电动机，主要作用是带动定子冷却水泵转子冷却水泵运转，将冷却水输送至调相机定子、转子，用于冷却定子线棒、转子绕组，保证线棒温度正常。

（2）顶轴油泵电动机。有两台交流油泵电动机和一台直流油泵电动机，电动机带动油泵运转，使润滑油在转子轴颈和轴承之间形成连续的润滑油膜，当转速较低时油膜会被破坏，顶轴油泵就是为了这种情况下形成连续保护油膜设立的。

（3）盘车电动机。调相机盘车主要用于平稳启机和停机，保护转子，盘车电动机为三相异步电动机，为其提供动力。

（4）排烟风机电动机。用于排放轴瓦和主油箱内的油气，并保持油箱和轴瓦的微负压，为三相异步电机。

7. 调相机 400V 站用电系统运行方式有哪些？

答：（1）正常情况下，调相机 400V 站用电Ⅰ/Ⅱ两段母线分段运行，分别取自分列运行的 10kV 站用电Ⅰ、Ⅱ回母线。即 10kV 站用Ⅰ回通过 1 号低压站用变压器供 400V 站用Ⅰ段母线，10kV 站用Ⅱ回通过 2 号低压站用变压器供 400V 站用Ⅱ段母线。

（2）400V Ⅰ段（或Ⅱ段）母线进线电源在故障或检修情况下，两段母线经母联开关联络运行。即有Ⅰ段（或Ⅱ段）母线进线电源停电，备自投检测到该进线无压，经过一段延时后，跳开该进线开关，合上母线分段开关，即正常段带故障段运行，若检测到该进线电压恢复，则恢复 400V 正常运行方式。

8. 调相机直流电源系统的组成及作用是什么？

答： 调相机直流电源系统有一套 110V 低压直流系统和一套 220V 低压直流系统。

110V 低压直流系统包括三套高频开关直流电源系统、两组蓄电池组，分别为调相机控制系统、保护系统提供直流电源；220V 低压直流系统包括两套高频开关直流电源系统、一组蓄电池组。

9. 调相机 UPS 系统的原理及特点有哪些？

答：调相机 UPS 系统由一路交流工作电源、一路直流备用电源和一路交流备用电源组成，正常情况下，交流工作电源经整流器、逆变器、静态开关给负荷供电，逆变电源系统由室内 110V 直流 A、B 段母线供电，经逆变器、静态开关给负荷供电。当交流站用电源丢失或整流器故障时，由直流 110V 向 UPS 供电，经逆变器、静态开关给负荷供电；当逆变器故障时，UPS 内部静态开关自动切换至由旁路交流供电；当逆变器、静态开关均故障时，手动合上检修旁路开关，由交流交流备用电源直接带负荷。

10. 调相机站用电接地方式有哪些？

答：调相机站用电取自换流站内 10kV 站用电系统，换流站内 10kV 站用电系统为不接地系统，调相机站 400V 站用电系统采用中性点直接接地方式，中性点直接接地系统的优点是发生单项接地时，其他两完好相对地电压不升高，因此可降低绝缘费用，保证安全；缺点是发生单相接地短路时，短路电流大，需要迅速切除故障部分，供电可靠性差。

11. 调相机封闭母线的连接方式有哪些？

答：封闭母线的连接方式分为硬性焊接、软连接焊接、螺栓固定的软连接。软连接焊接是在硬性焊接的基础上增加伸缩节，伸缩节采用氢弧焊与母线连接在一起；螺栓固定的软连接是伸缩节装设在母线与设备连接处，一端与母线经氢弧焊接在一起，另一端经螺栓与设备连接在一起。

12. 调相机离相封闭母线系统的组成有哪些？

答：调相机离相封闭母线系统由导体和外壳组成的母线本体，电压互感器柜、中性点接地柜、空气循环干燥装置等配套装置，母线支撑和吊装钢结构件，母线和主变压器、厂用变压器、电压互感器柜以及调相机等设备的接口组成。

13. 调相机封闭母线空气循环干燥装置有什么特点?

答： 干燥装置采用大流量空气闭式循环干燥方式，对母线内的循环空气不断进行干燥，可使母线内湿度保持很低的水平，而且对母线的密封要求相对不高，是离相封闭母线防结露的理想产品。

干燥装置采用精密湿度传感器，实时监测、显示母线内部的相对湿度，自动控制装置的启停。干燥装置采用精密温度传感器，实时监测加热桶内以及排湿气口的温度，自动控制加热器的启停。干燥装置采用"PLC+触摸屏"控制，运行稳定可靠，配合电动三通球阀，可实现全动无人值守。干燥装置采用分子筛作吸附剂，吸湿能力强，使用寿命长。

 14. 封闭母线的运行维护有什么特点?

答：（1）封母的接头温度不应超过允许值；

（2）定期检查封母及外壳的运行情况；

（3）调相机停机检修时应对封母进行必要的清扫，与主变压器一起做绝缘预防性试验后，方可投入使用；

（4）各部件绝缘子无裂纹、破碎现象，无放电痕迹及电晕现象；

（5）检查密封情况，必要时测母线与外壳的绝缘电阻；

（6）检查柜内设备有无异常，如锈蚀、线头松动；

（7）微正压装置检查正常，是否有渗油、漏气等情况。

 15. 站用电源的切换方式有哪些?

答： 站用电的切换方式按操作控制分为手动切换和自动切换；按运行状态分为正常切换、事故切换；按断路器的动作顺序分为并联切换、断电切换、同时切换；按切换速度分为快速切换、慢速切换。

 16. 站用电源快速切换的特点有哪些?

答： 由于站用电负荷多为异步电动机，工作电源失电后电动机发生惰行，母线电压为众多电动机的合成反馈电压（称为残压），在残压的频率和幅值下降到某一段区间的过程中合上备用电源，既能够保证电动机安全，又不使电动机转速下降太多，即快速切换。快速切换的整定值有频差和相角差，在装置发出合闸命令前瞬时将实测值与整定值进行比较，判断是否符合合闸条件。

17. 站用电源同期捕捉切换的特点有哪些?

答: 实时跟踪残压的频率和角差变化,在残压和备用电源电压第一次相位重合时合闸,即同期捕捉切换,同期捕捉切换时间约为 0.6s,对于残压衰减较快的情况,该时间要短得多。同期捕捉切换同期与发电机同期并网同期不同,是指在相角差附近一定范围内合闸。实现同期捕捉切换有两种基本方法,一种是基于恒定越前相角,原理是计算并整定合闸提前角,达到整定值后进行合闸切换;另一种是恒定越前时间,原理是计算出离相角差过零点的时间,当该时间接近合闸回路总时间时,发出合闸命令。

18. 站用电源残压切换的特点有哪些?

答: 当残压衰减到 20%~40% 额定电压后实现的切换通常称为残压切换。残压切换虽能保证电动机安全,但由于停电时间长,电动机自启动是否成功、自启动时间等都受到较大的限制。根据相关资料得知,残压衰减到 40% 的时间约为 1s,衰减到 20% 的时间约为 1.4s,因此残压切换时间过长。

19. 调相机哪些系统用三相异步电动机?

答: (1) 润滑油系统中有交流润滑油泵电动机、输送泵电动机、油净化装置真空泵电动机、交流顶轴油泵电动机、排烟风机电动机。

(2) 转子、定子内冷水系统中的转子内冷水泵电动机、定子内冷水泵电动机。

(3) 除盐水系统中的原水泵电动机、反洗水泵电动机、RO 给水泵电动机、一级高压泵电动机、二级高压泵电动机、EDI 给水泵电动机、纯水输送泵电动机、清洗水泵电动机、污水泵电动机。

(4) 外冷却水系统中的循环水泵电动机、补水泵电动机、冷却风机电动机。

(5) 盘车中的盘车电动机。

20. 电动机启动前有什么检查工作?

答: (1) 检查工作票已终结,现场无人,电动机周围清洁,无妨碍运行的物件;

(2) 检查继电保护及联锁装置正常投退;

(3) 其他设备应具备启动条件,无倒转现象;

(4) 润滑油量充足,油位指示在正常范围,油色透明无杂质,无渗油;

（5）直流电动机应检查整流子、碳刷接触良好、表面光滑，无渗油；

（6）电动机地脚螺栓、接地线及靠背轮防护罩牢靠良好；

（7）手动盘车无卡涩现象，定子、转子无摩擦声；

（8）其他电气仪表、热工仪表正确。

 21. 电动机的紧急停运条件有哪些？

答：（1）危及人身安全时；

（2）电动机所带机械设备损坏无法正常运行时；

（3）电动机内部发生碰撞，出现明显的摩擦声，定子、转子相互摩擦；

（4）发生危及电动机安全运行的水淹、火灾时；

（5）发生强烈振动及危险程度严重时；

（6）电动机转速急剧下降时，电流增大或到零时；

（7）电动机各部件温度急剧上升，超过允许值且继续上升；

（8）电动机电缆引线严重过热或漏油；

（9）电动机及其所属设备冒烟着火。

 22. 调相机运行过程中存在哪些损耗？

答：调相机运行过程中的损耗有铜损、铁损和机械损耗三种。

 23. 调相机运行时的铜损是指什么？

答：铜损是指线圈导体存在电阻，电流通过线圈导体产生的损耗。

 24. 调相机运行时的铁损是指什么？

答：铁损是指铁芯中磁场变化产生的损耗，为减少铁损，铁芯由硅钢片叠压而成。

 25. 调相机运行时的机械损耗是指什么？

答：机械损耗是指通风和轴承部分摩擦引起的损耗。

| 第五节 |

调相机冷却系统

 1. 调相机冷却系统的重要意义是什么？

答：调相机运行时会产生热量，使调相机转子、定子、定子绕组等各部件温度升高。通过适当的冷却方式、选用有效的冷却介质，带走调相机运行时产生的热量，将调相机各关键部件的温度维持在合适范围内，以保证调相机的安全运行。

 2. 调相机常用的冷却方式是什么？

答：调相机冷却系统包括内冷系统和外冷系统，其中内冷系统有空气内冷和水内冷两种方式，外冷系统有空气外冷、水外冷和空气－水外冷相结合三种方式。

 3. 调相机采用空气冷却有什么优缺点？

答：空气冷却的优点是设备运行成本低廉，所需的附加设备简单，维修方便；缺点是空气的比热容小，冷却效果较差，限制了调相机的容量，且调相机组容易脏污。

 4. 调相机采用水冷却有什么优缺点？

答：水冷却的优点是水具有较高的散热性能，黏度小，能通过小而复杂的截面，化学性能稳定，不会燃烧，而且价廉；缺点是增加了水路系统，容易腐蚀铜线和漏水，使运行的可靠性降低。

 5. 空气内冷调相机的系统结构是怎样的？

答：空气内冷隐极同步调相机的定子铁芯沿轴向共分为11个风区，即5个进风区、6个出风区相间布置。冷风经转子两端浆式风扇加压后进入调相机顶部通风罩，经5个进风区进入铁芯径向风道，冷却定子铁芯及定子绕组后排入气隙，与转子的径向出风一起进入相邻出风区，冷却出风区的定子铁芯及定子绕组。这样可有效缩短定子的风路长度，降低定子绕组和定子铁芯沿轴向温度分布的不均匀性，降低高点温度，提高定子绕组与定子铁芯绝缘的寿命。

转子本体绕组采用斜副槽径向通风技术，在转子副槽离心压头和风扇压头的共同作用下，冷风经副槽入口进入后沿轴向流动，冷却完转子绕组后径向排入空气隙。通过优化转子副槽的斜度，使转子轴向风量分配趋于均匀，降低了转子绕组的温度不均匀性，减小了转子结构件的热应力。

调相机的铁芯采用空气冷却，冷风由转子两端风扇向调相机中部压入，过程中完成热交换，热风再从中部流向布置在定子机座底部或定子两侧冷却器，完成热交换；转子端部绕组采用两路通风、双排通风孔加补风孔的设计，最大限度地增加了转子绕组的过风和散热面积，提高了转子端部绕组风道的风速，有效降低了转子端部绕组的温升及其高点温度，提高了转子端部绕组及绝缘的寿命。

6. 空内冷调相机的空气冷却器如何配置？主要特点是什么？

答： 空内冷调相机共有 4 组空气冷却器，冷却器具有较大的换热裕度，冷却器风室设计采取两端对称均流的措施，可以保证停一组冷却器调相机仍有 80% 的出力能力。

空气冷却器主要特点如下：

（1）空气冷却器设置在定子机座底部，杜绝冷却器意外漏水对调相机的危害；

（2）空气冷却器的设计中采取有效的技术措施，防止空气冷却器的管道漏水，防止冷却器意外漏水，配备漏水监测装置；

（3）冷却器安装设计结构运行中可将每组冷却器相互隔离，满足机组运行时更换或检修空气冷却器；

（4）冷却器冷却管材质采用海军铜（黄铜中添加 1% 的锡，具有较强的抵抗海水侵蚀的能力），满足冷却水要求，减少运行维护的工作量；

（5）冷却器风室内设置有补风孔，并配置空气过滤器以杜绝灰尘侵入。

7. 调相机铁芯通风冷却系统流程是怎样的？

答： 定子铁芯采用径向全出风结构，除出线铜排和套管外，调相机定子沿轴向中心位置对称。出线端半个调相机的具体风路为冷却气体由风扇从端盖进风口打入，一路进入气隙，经定子铁芯径向通风道流向铁芯背部，冷却定子铁芯本体及阶梯段；另一路绕过出线端定子线圈端部，冷却定子出线铜排和套管，然后流入定子背部。两路气体由机座出风口进入空气冷却器，如此循环，实现对调相机的冷却。

8. 调相机铁芯通风冷却系统是怎样安装的?

答: 调相机的铁芯采用空气冷却,空气冷却器采用穿片式,将散热片用胀管工艺穿装在冷却管上,增大散热面积,提高冷却器的热交换性能,冷却管采用耐腐蚀材料,空气冷却器装在调相机定子机座两侧。

9. 调相机水系统各设备是什么材质?

答: 转子、定子内部冷却水管是铜材料,其他管道一般采用不锈钢。

10. 调相机水系统如何组成?

答: 调相机水系统包括调相机定、转子内冷水系统、除盐水系统(化学水系统)、外部冷却水系统。

11. 调相机定子冷却水系统工作原理是怎样的?

答: 定子冷却水路每半个线圈(即每个线棒)一个水路,是直接通入冷却水的,每根线棒既是电的回路,又是水的通路。冷却水从出线端进入线棒,沿着线棒轴向流过,从线棒非出线端流出后,从定子出水管流出。每个水路进水和出水用聚四氟乙烯软管与总管连接。

12. 调相机转子冷却水系统工作原理是怎样的?

答: 转子内冷水系统中,转子每个槽有两排线圈,每排线圈为一个水路(底匝线圈进水,顶匝线圈出水),所有水路的进水和出水与外层用不锈钢丝补强的绝缘聚四氟乙烯管相连。冷却水从励磁端进入转子,沿转子中心孔轴向流过,当冷却水经端部汇水箱和进水管后,流到转子绕组并从转子出水管流出。

13. 调相机通风系统工作原理是什么?

答: 调相机的定子铁芯和端部结构件及转子表面依靠空气冷却,冷风由装在调相机转轴上的风扇提供,与空气冷却器一起组成一个封闭循环系统。冷风从两端的轴向风扇打入,通过转子表面经定子铁芯径向通风道再从基座下面的出风口进入空气冷却器(即径向全出风方式)。

14. 调相机水箱工作原理是什么？

答：调相机水箱包括定子冷却水箱和转子冷却水箱，定子冷却水箱为闭路循环水系统中的一个储水容器，转子冷却水箱为开式循环水系统中的一个储水容器。水箱装有液位开关，用于自动控制补水以保持箱内正常的液位水平及对过高或过低的液位发出报警；水箱上还配有液位计，用于观察水箱液位。

15. 调相机冷却水系统水泵如何配置？

答：调相机定子冷却水系统和转子冷却水系统各装有两台并联的离心式水泵，互为备用。泵的出口处装有单向止回阀以隔离两台水泵，两台水泵具有联动功能，即一台水泵退出运行时，备用水泵立即自动启动。

16. 调相机定子冷却水、转子冷却水的功能有哪些？

答：（1）定子冷却水的功能如下：

1）定子冷却水系统为闭式自循环系统，调相机定子线组连同外部连接管道及定冷水集装装置形成一个完整回路，由集装装置中的水泵推动回路中的水不停进行闭式循环，通过定子水冷却器带走调相机定子线圈的热损耗；

2）定子冷却水处理（杂质过滤、离子交换器除盐、加碱调节 pH 值等）；

3）定子线圈进水温度控制，流量、压力及电导率监测等；

4）水回路电导率、pH 值、溶氧量检测；

5）定子线圈反冲洗；

6）定子线圈断水保护。

（2）转子冷却水的功能如下：

1）转子冷却水系统为开式自循环系统，调相机转子线圈连同外部连接管道及转子冷却水集装装置形成一个完整回路，由集装装置中的水泵推动回路中的水不停进行循环，通过转子水冷却器带走调相机转子线圈的热损耗；

2）转子冷却水处理（杂质过滤、离子交换器除盐、加碱调节 pH 值等）；

3）转子线圈进水温度控制，流量、压力监测等；

4）水回路电导率、pH 值、溶氧量检测；

5）转子线圈断水保护装置；

6）转子水系统采用连续补水方式，与除盐水系统统筹设计。

17. 调相机水过滤器工作原理是什么?

答：调相机定子冷却水系统和转子冷却水系统中各装有两台并联的水过滤器，正常情况下一台运行，另一台备用。过滤器的两端跨接压差开关，当过滤器两端压差增大到一定值时，压差开关动作并发出"过滤器压差高"报警信号，此时应及时将备用过滤器投入运行，清理或更换被堵塞的过滤器滤芯。

18. 调相机离子交换器有什么作用?

答：调相机离子交换器的作用是保持进入定子线圈和转子线圈的冷却水处于合适的低电导率状态，这是因为定子绝缘引出管需承受定子线圈对地电压，水系统运行时，从冷却水路中分路一部分冷却水，使之流经一台混床式离子交换器实现冷却水的低电导率。流经离子交换器的冷却水水量通过流量表计指示，并由手动阀门控制通过离子交换器的水量。在正常情况下，只需少量的冷却水流经离子交换器，即可保证主循环水路中冷却水的电导率处于规定的范围内；只有电导率居高不下时，才有必要增大流经离子交换器的水量。

19. 调相机补充水系统如何工作?

答：调相机水系统的补充水来自除盐水系统。补充水依序通过补水过滤器、减压阀、电磁阀（或旁路阀）、流量开关和离子交换器，然后进入水箱。电磁阀的开闭由位于水箱上的液位开关控制。为了防止补充水进水压力过高，进水管道上装有安全阀。

20. 调相机定子内冷水在线化学仪表的作用是什么?

答：定子线圈冷却水的在线化学仪表包括电导率仪、pH 计和溶氧仪，用于监测冷却水水质。在线仪表安装在定子线圈主水管路的旁路和离子交换器的出水管路上，用于监测主水路和离子交换器的水质。电导率仪带有报警开关，当主水路中的电导率达到 5.0、9.5μS/cm 时，分别发出"电导率高"和"电导率非常高"警报。离子交换器出口水路中的电导率达到 2.0μS/cm 时，发出"离子交换器出口电导率高"报警。离子交换器出口水路中的电导率可直接反映出离子交换器内树脂的饱和情况。

21. 调相机冷却水断水保护工作原理是怎样的?

答：定子冷却水断水保护采用三个开关加一个变送器形式，流量低报警值为 90%

额定流量，低低报警值为 80% 额定流量，同时三取二作为跳机保护信号。转子冷却水断水保护采用三个开关加一个变送器形式，断水保护低报警值为 90% 额定流量，低低报警值为 80% 额定流量，同时三取二作为跳机保护信号。

22. 调相机定子冷却水和转子冷却水电加热器如何选型？

答： 为保证冷却水在 2h 内将水温从 20℃ 加热至 45℃，定子冷却水电加热器功率采用 60kW；转子冷却水电加热器功率采用 30kW。

23. 调相机内冷水的水质要求有哪些？

答： 内冷水用于调相机导线内部的冷却，应以保证调相机安全运行为前提，因此水质要求如下：

（1）具有良好的绝缘性能，以防线圈短路。调相机运行中，空芯铜导线带电，为防止铜导线接地，必须保持较高的绝缘水平，即要求冷却水具有一定有电阻率（电导率），电导率值小于 2.0μS/cm 是从绝缘方面提出的。

（2）无机械杂质，防止结垢和堵塞。由于导线内部水的通流面积很小，因此要求水中无机械杂质，绝对不允许出现堵塞，没有可造成沉积物产生的条件，不结垢，以免降低冷却效果，使调相机线圈超温、绝缘老化。为防止空芯导线阻塞，引起冷却不足，必须防止铜导线内结垢和沉积物沉积。结垢主要由冷却水硬度指标进行控制，目前冷却水硬度指标控制得较好，因此沉积物往往与系统腐蚀有密切联系。

（3）整个系统不应有腐蚀现象。防腐是调相机内冷水系统在实际运行中存在的最主要问题。空芯铜导线腐蚀，一方面会引起内冷水中铜离子增加，导致调相机泄漏电流的增加；另一方面，腐蚀产物在空芯铜导线内沉积可能使空芯铜导线内部发生堵塞，从而导致铜导线的温度上升，绝缘受损，甚至烧毁。

24. 调相机冷却水水质恶化的一般原因有哪些？

答： 调相机冷却水的监测指标有电导率、pH 值、铜、硬度等，如果水质恶化，原因可能有：

（1）冷却器有渗漏，使调相机冷却水电导率升高，甚至出现硬度；

（2）内冷水混床失效，无法截流水中的杂质离子，甚至放出杂质离子；

（3）铜导线腐蚀严重，使水中铜含量迅速增加；

（4）水冷箱换水量太小，导致水内冷系统杂质含量升高；

（5）当用除盐水作补给水源时，要注意除盐水箱的水质，避免补水系统的酸性水或再生液渗漏入内冷水系统。

25. 哪些情况下应对内冷却水系统进行化学清洗？

答：（1）定子槽部中段线棒层间温度的温差值呈上升趋势，并达到或超过 8K；

（2）定子线棒出水接头间温差达到或超过 8K；

（3）在相同条件下，定、转子进、出水压力差超过正常值的 10%；

（4）在相同条件下，内冷却水流量明显下降；

（5）内冷却水箱的内壁及监视窗上有明显的黑褐色粉末附着物；

（6）定子绕组温度呈上升趋势，并达 90℃；

（7）出水温度呈上升趋势，并达 80℃。

26. 调相机空气外冷的组成有哪些？

答：调相机空气外冷系统主要由空冷器、水过滤器、电加热器、管路及阀门三部分组成，其中空冷器主要由换热管束、管箱、风机、构架、楼梯、栏杆、检修平台、百叶窗等组成。

27. 调相机外冷水系统主要由哪几部分组成？

答：外冷水系统主要由冷却塔、水处理系统及其辅助系统组成，其中冷却塔主要由换热盘管、换热层、动力传动系统、水分配系统、检修门及检修通道、集水箱、底部滤网等组成，水处理系统及其辅助系统由喷淋系统、喷淋水自循环水处理回路、喷淋水补水回路、喷淋水加药系统及平衡水池等组成。

28. 调相机除盐水系统的功能是什么？

答：（1）通过过滤、反渗透和 EDI 装置处理，将原水制成水质较高的除盐水；

（2）除盐水系统与调相机转子水系统结合，满足调相机转子水系统连续小流量旁路循环水的处理，从而保证调相机转子水系统的水质；

（3）除盐水水量满足调相机内冷水补水量需求；

（4）在系统出口增加 pH 调节装置，提高水 pH 值达到调相机内冷水补水水质要求。

29. 调相机反渗透水处理装置的工作原理是怎样的？

答：反渗透是一种以压力梯度为动力的膜分离技术，与分子过滤器一样，可有效去除水中的溶解盐类、胶体、细菌和有机物。反渗透过程是自然渗透的逆过程，在使用过程中，为产生反渗透过程，需用水泵将含盐水溶液施加压力，以克服其自然渗透压，从而使水透过反渗透膜，而将水中溶解盐类等杂质阻止在反渗透膜的另一侧；同时，为防止原水中溶解盐类杂质在膜表面聚焦，运行时浓水不断冲洗膜表面并将浓水中及膜面上的杂质带出，继而实现反渗透除盐净化的全过程。

 30. 调相机 EDI 装置的工作原理是怎样的？

答：EDI 装置可去除水中的微量离子，保证产水满足后续冷却水的进水要求。浓水进水口设置调节阀，避免浓水压力大于淡水压力；EDI 浓水排放设置流量控制阀，控制 EDI 的回收率。浓水应有足够压头（0.25MPa）或设置浓水泵使浓水回收至超滤水箱，EDI 产水也应有足够压头（0.10MPa）或专用装置使产水进入除盐水箱。EDI 装置的每个膜组件应设置独立的电流计，EDI 膜组件安装在组合架上，组合架上配备全部管道和接头，及所有的支架、紧固件、夹具和其他附件。EDI 系统所配仪器、仪表的性能、配置点及数量等满足系统安全、稳定、可靠运行的需要。

 31. 调相机内冷水质量监测项目有什么？

答：调相机内冷水质量监测项目主要有电导率、铜、pH 值和硬度等。

| 第六节 |
调相机油系统

 1. 调相机油系统有什么功能？

答：（1）润滑油系统设计为自循环系统，调相机轴瓦、外部管道和润滑油模块形成一个完整回路，通过润滑油泵从主油箱吸油为轴瓦提供润滑油；

（2）根据调相机给出的转速信号启动顶轴油泵，为轴瓦提供高压顶轴油，使轴在一定的压力和流量下被顶起到要求的高度，消除轴瓦和轴的摩擦，同时减小盘车的启动力矩；

（3）启动盘车装置时，通过润滑油泵为盘车装置提供润滑油；

（4）通过润滑油冷却器带走轴瓦摩擦产生的热量；

（5）润滑油油质处理（油净化装置）、杂质过滤等；

（6）润滑油进油温度控制、压力监测、油位监测、母管压力低保护等；

（7）通过储油箱和输送泵实现对主油箱的补排油。

 2. 调相机油系统有哪些油泵？各有什么作用？

答：每台调相机配置两台交流润滑油泵、一台紧急润滑油泵（直流油泵），每台油泵均可承担调相机 100% 负荷所需的润滑油量。配置两台交流顶轴油泵、一台紧急顶轴油泵（直流油泵），每台油泵均可承担调相机 100% 负荷所需的顶轴油量。调相机厂房内设置两台输送泵，全站共用，主要用于调相机停机检修时，将润滑油液从主油箱排至储油箱；或调相机重新投运时，将储油箱内油补充至主油箱。

 3. 润滑油泵切换逻辑是什么？

答：润滑油泵组的设置能保障在故障发生时，主交流润滑油泵快速切换至备用交流润滑油泵；在两台交流润滑油泵均故障时，快速切换至紧急润滑油泵（直流油泵）。交流润滑油泵电动机的供电电源要求来自不同的供电母线。

 4. 顶轴油泵切换逻辑是什么？

答：顶轴油泵组的设置能保障在故障发生时，主交流顶轴油泵快速切换至备用交流顶轴油泵；在两台交流顶轴油泵均故障时，快速切换至紧急顶轴油泵（直流油泵）。交流顶轴油泵电动机的供电电源要求来自不同的供电母线。

 5. 调相机的油系统的组成有哪些？

答：（1）润滑油集装装置。包括与调相机连接的润滑油泵及电动机、顶轴油泵及电动机、排油烟管路、冷却器、过滤器、支架、附件等。

（2）润滑油净化、储存、排空及输送系统。包括油净化装置、储油箱、输送泵及它们与主油箱连接的管路、支架、附件等。

6. 润滑油的基本特征有哪些？

答：（1）颜色和透明度。颜色主要取决于沥青、树脂及其他杂质化合物的含量，油品颜色越深说明越不稳定，不良组分杂质化合物的含量越高，油品加工精制的深度越低；透明度是鉴定油品受污染程度的外观指标，未被污染的油品外观清澈、透明，被污染的油品浑浊。

（2）密度和相对密度。油类常用的物理性能指标。

（3）黏度和黏度指数。要求黏度随温度的变化越小越好。

（4）水溶性酸、碱值。一般用 pH 值表示。

（5）抗乳化性。即油品本身抵抗油水乳浊液形成的能力。

（6）抗泡沫性能。是评定润滑油生成泡沫的倾向及稳定性的一项技术指标。

（7）抗氧化性。油的氧化劣化速度取决于油品的抗氧化能力。

（8）液相锈蚀与坚膜试验。用于检验油品的腐蚀性。

7. 大型调相机系统的油质要求有哪些？

答：（1）抗氧化安定性。润滑油不可避免地要与大量空气接触而被氧化，温度、水、金属催化剂及各种杂质都会加速油的氧化，因此必须有良好的抗氧化性。

（2）抗乳化性。水泄漏至油系统中与润滑油混合，在运行温度和循环搅拌条件下形成油水乳化液，会影响油的润滑性，因此必须有良好的抗乳化性。

（3）润滑性。选择合适的黏度和黏度指标的油品，对于保证系统处于良好的润滑状态非常重要。

（4）防锈性。油品在运行中形成一定量的低分子游离酸，腐蚀润滑系统的金属设备并导致卡涩、振动、磨损等，因此必须有一定的防锈性。

（5）抗泡沫性。油品老化会产生酸、树脂等老化产物，积累一定数量会产生大量泡沫，油箱实际油位下降，造成油泵气蚀，润滑油供油不畅，危及设备运行安全。

8. 大型调相机油系统的设计原则有哪些？

答：调相机转子作为高速旋转的大型部件，运行时必须对安装在转子端部的轴瓦提供强制润滑液，使转子与轴瓦之间形成稳定的油膜以免发生摩擦而烧瓦。同时，由于转子的热传导、表面摩擦以及油涡流会产生大量热量，为保证合适的油温，必须用较低温度的润滑油进行换热。调相机需要配置低压润滑油装置，为轴瓦提供强制润滑冷却油液；还需要配置高压顶轴油装置，在系统启动和转子失速时，强制顶起转子，保证转子与轴承间的必要间隙以容纳油膜，防止烧瓦。

9. 润滑油系统主要技术参数有哪些?

答:(1)轴瓦润滑油进口温度为 45~50℃;

(2)润滑油牌号是 46 号汽轮机油;

(3)轴瓦润滑油出口温度小于 70℃;

(4)非出线端轴承润滑油流量 460L/min;

(5)出线端轴承润滑油流量 360L/min;

(6)润滑油进油压力 0.08~0.12MPa;

(7)盘车润滑油流量 15L/min;

(8)盘车润滑油压力 0.1~0.15MPa;

(9)顶轴油流量 20L/min;

(10)顶轴油压力 10~12MPa。

10. 顶轴油泵有什么作用?

答:油泵出口装有溢流阀和调速阀,前者用于调节和限定顶轴油部分的最高供油压力,保护润滑油系统安全;后者用于分配调相机顶轴油的供油流量,使调相机转子满足顶起高度。

11. 润滑油系统板式冷却器如何切换?

答:润滑油系统有两台板式冷却器,正常运行工况下一台运行,另一台备用。冷却器与主、辅交流润滑油泵出口管路连接,任一润滑油泵运行时,润滑油都流经板式冷却器以调节油温。两台冷却器通过手动的双联式三通球阀切换,该阀把油通向两台冷却器的任一台,切换冷却器过程不会对润滑油流量造成影响。冷却器先启动一次侧(冷侧)循环,再启动二次侧(热侧)循环。两台冷却器需要相互切换时,需先把连接于两冷却器之间的旁通阀和排气阀打开,约 3min 后进行旋转双联式三通球阀手轮进行切换,切换完成后关闭旁通阀和排气阀。

12. 润滑油系统油净化装置的作用是什么?

答:油净化装置用于连续处理净化储存在主油箱中的润滑油,通过去除油中的杂质颗粒和水分以提高润滑油系统的可靠性,增加系统部件和润滑油的寿命。

13. 润滑油系统有哪些监视信号和保护?

答:(1)液位监测。主油箱液位通过一个磁翻板液位计就地监测液位,并设置三个导波雷达液位变送器输出 4~20mA 控制信号供 DCS 监控用。

(2)温度监测。

1)主油箱设有温度计在线监测温度,并设有热敏电阻输出 4~20mA 信号供 DCS 监控用,并联锁启动主油箱加热器。

2)润滑油装置供油口设有温度计在线监测温度,并设有热敏电阻输出 4~20mA 信号供 DCS 监控。

(3)压力监测。在交流润滑油泵出口、润滑油供油口、过滤器两端、顶轴油泵入口、顶轴油泵的出口、顶轴油供油总管等处设置压力/压差测量变送器、压力/压差开关或压力表。

14. 润滑油系统储油箱作用是什么?

答:调相机厂房内设置一台储油箱,全站共用。储油箱是调相机润滑油系统的储油设备,主要用于存放调相机停机检修时润滑油液。

15. 润滑油集装装置有什么作用?

答:润滑油集装装置是润滑油液供给的动力源,包括主油箱、布置在主油箱上的润滑油系统、顶轴油系统、排油烟系统,可通过带走机组运转中产生的热量和烟雾,减少摩擦对机组的轴瓦和易磨损元件的损害,提高机组的使用寿命。

16. 主油箱元件具体包括哪些设备?

答:(1)加热器。4 台加热器通过铂热电阻输出油温,在油温低时加热,油温高时停止。

(2)磁翻板液位计。就地观察油液液位。

(3)导波雷达变送器。3 台液位变送器,输出 4~20mA 控制信号供 DCS 监控(三取二)。

(4)温度计。观察油箱内油液温度。

(5)铂热电阻。2 个铂热电阻测量油温,输出信号用于控制加热器启停。

(6)回油过滤装置。安装在油箱回油仓区域,滤网为方形篮式结构,通过手柄可以轻松取放和检修，滤网腔体内部设有磁棒，可以吸附回油油液中的微小的金属颗粒。

17. 润滑油泵有哪些启动特点？

答：润滑油泵的流量压力性能曲线为平方转矩的抛物线，能根据调相机用油量变化，快速自动调节供油量；离心转动惯量较小，可实现快速启动。

18. 润滑油过滤器的作用有哪些？

答：过滤器可滤去油中一定颗粒度的污物，保持油液的清洁。

19. 冷却器为什么设置两台板式冷却器？

答：设置两台板式冷却器，每台冷却器可承担调相机润滑油液所需的热交换功率。冷却器热侧介质为润滑油。在正常运行情况下，热油在一台冷却器内流通，另一台冷却器备用。两台冷却器可通过六通切换阀切换，可在不停机的状态下维护非工作状态的冷却器。冷却器采用板式水冷原理，利用水具有较大比热容的特点，达到高效冷却的性能。冷侧介质为水，通过在板式冷却器中的流动，和冷却器中的热油交换热量，达到冷却效果。

20. 润滑油排油烟装置的组成有哪些？

答：排油烟装置由油烟分离器、止回风门、蝶阀、电动机驱动的风机（一用一备）、负压表、防爆阻火器以及油箱与风机间的连接管道等组成。

21. 排油烟装置的作用有哪些？

答：排油烟装置可排出来自润滑的气体（油烟气和空气），并防止从转子油封排出的油雾进调相机机房。排油烟装置装于油箱顶部，运行时，风机在该区域和连接该区域到调相机轴承座的回油管中产生一个轻微的负压，同时把油箱内和轴承端的油雾吸出，经过滤芯把油凝结回油箱，空气经排烟管道排除。

22. 润滑油集装装置中电加热器的作用有哪些？

答：润滑油集油装置装有 4 根 8kW 浸入式管状电加热器，用于加热主油箱油温处于正常位置。

23. 润滑油系统输送泵的作用是什么？

答：调相机厂房内共设置两台输送泵，全站共用。输送泵采用螺杆泵，主要用于调相机停机检修时，将润滑油液从主油箱排至储油箱；或调相机重新投运时，将储油箱内油补充至主油箱。

24. 调相机润滑油系统首次启动及检修后如何启动？

答：（1）启动前的准备工作。清理管线以及油泵的四周；检查油箱油位是否在高高液位以上，油箱中介质是否满足技术参数表要求，通过手动旋转联轴器 2~3 次检测；点动电动机，检查泵的旋转方向是否与标示的箭头一致。

（2）启动电动机。检查泵的排泄压力和电流，油泵电动机振动要求为 0.05mm 以内，油泵出口压力正常。

25. 润滑油系统正常运行有哪些检查内容？

答：（1）检查泵组压力波动情况，应保证波动不超过正常范围内；

（2）检查泵组振动情况，运行时电机振动要求在 0.05mm 以内；

（3）检查泵组噪声情况，应平稳无杂音；

（4）检查油泵轴承温度，不超过 80℃；

（5）检查整个润滑油连接管路无渗漏情况；

（6）定期检查油箱内油液清洁度情况；

（7）正常运行后应定期对电动机轴承进行加注润滑油。

26. 润滑油系统不允许启动泵组的情况有哪些？

答：（1）油箱油温低于 10℃；

（2）油位低于低运行液位。

27. 润滑油系统在哪些条件下启动会对泵组产生破坏？

答：（1）泵组运行在低低液位以下，且时间超过 0.5h；

（2）泵组运行中油温过低（小于 10℃），且时间超过 2h；

（3）泵组运行中油温过高（大于 75℃），且时间超过 2h；

（4）油泵轴承温度超过 90℃，且时间超过 0.5h。

28. 润滑油的温度如何调节?

答:（1）润滑油的温度由板式冷却器调节，设有两台冷却器，正常运行工况下，一台运行，另一台备用。冷却器与主、辅交流润滑油泵出口管路连接，无论哪台泵运行，润滑油都流经冷却器调节油温。冷却器通过手动双联式三通球阀切换，该阀可把油通向两台冷却器中的任一台，并可在不中断供油的情况下切换冷却器。

（2）冷却器先启动一次侧（冷侧）循环，再启动二次侧（热侧）循环。

（3）首次启动应打开位于冷却器上部管路上的排气阀，运行 3min 后关闭。

（4）两台冷却器需要相互切换时，先把连接于冷却器间的旁通阀和排气阀打开，约 3min 后进行旋转双联式三通球阀手轮进行切换，切换完成后关闭旁通阀和排气阀。

第十二章
消防系统运检技术

CHAPTER TWELVE

| 第一节 |
消防系统介绍

1. 消防系统有哪些功能?

答: 消防系统具备火灾初期自动报警功能,并在消防主机上附设有直接通往消防部门的报警电话、自动灭火控制柜、消防广播系统等。一旦发生火灾,区域火灾报警器立即发出报警信号,同时在消防主机的报警设备上发出报警信号,并显示发生火灾的位置和区域代号,管理人员接到警情立即启动火警广播,组织人员安全疏散,联动启动消防电梯;报警联动信号驱动自动灭火控制柜工作,关闭防火门以封闭火灾区域,并在火灾区域自动喷洒水或灭火剂灭火,开动消防泵和自动排烟装置。

2. 换流变压器的防火要求有哪些?

答:(1)换流变压器及站用变压器采用线型感温电缆,共配置 30 套(每套均为双重化配置)。若其中一套感温电缆动作应报警,由运行人员确认后可手动启动灭火装置,两套感温电缆同时动作应能自动启动灭火装置。

(2)用于保护换流变压器的雨淋阀组布置在变压器附近的雨淋阀箱内。雨淋阀组(由雨淋阀、电磁阀、压力开关、水力警铃等组成)共 26 个,每个雨淋阀组对应一台换流变压器或站用变压器。雨淋阀由电磁阀控制开启,一旦确认换流变压器发生火灾后,自动或远方手动开启相应雨淋阀组上的电磁阀,开启雨淋阀,雨淋阀组上的压力开关可将压力信号传送至火灾探测控制联动报警系统屏并联动开启消防水泵。

(3)当换流变压器和站用变压器区域内的配置的感温电缆动作、感烟 / 感温探头报警或动作、手动启动报警按钮后,通过控制楼和辅控楼内的总输入 / 输出模块和总线向火灾报警主控屏发出相关信号。火灾报警主控屏收到换流变压器和站用变压器区域的探测器动作信号后,通过模块箱以无源触点方式将联动命令传递至相应的雨淋阀控制柜,同时,通过总线方式启动相关场地的报警器。雨淋阀控制柜接收到火灾报警主控屏的启动命令后启动雨淋阀,并将雨淋阀组的启闭状态、蝶阀的公共状态信号、压力开关的干触点信号转换为总线信号传送至火灾报警主控屏。

（4）考虑到雨淋阀的布置位置，每个阀组换流变压器的雨淋阀分为 2 处布置，每处 3 组雨淋阀，因此，应配置火灾报警系统的雨淋阀控制箱 3 面，4 个阀组共 24 面，均临近雨淋阀布置；每台 500kV 站用变压器附近布置 1 处雨淋阀，每处配置火灾报警系统的雨淋阀控制箱 1 面。控制柜均要求达到 IP54 防护要求，每个雨淋阀组控制柜均具有对每个雨淋阀的自动 / 手动控制方式和就地 / 远方控制方式。

3. 换流阀对阀厅的防火要求有哪些？

答：（1）阀厅内配置高可靠、低误报的工业级紫外火焰探测器（UV），重点保护阀厅内阀体及换流变压器高压套管。阀厅全部区域应在监控范围内，每个站 4 个阀厅，每个阀厅设置 14 只，共设置 56 只火焰探测器。火焰探测器需符合阀厅的特殊环境，外壳为金属材质制作，屏蔽性能应符合阀厅高压强磁场要求。为保证可靠接地，探测器必须有专用接地端子，外壳金属材料须为铝质或铜质；防护等级应为 IP66，并有国家防护等级检验证书；视角范围 110°～120°；环境温度应符合 50～60℃长期工作的要求。

（2）紫外火焰探测器应能满足在阀厅工艺设计对设备安装高度限制的情况下完全、可靠地保护整个阀厅，并且每个紫外火焰探测器总长应不超过 450mm。阀厅内还应提供光电感烟探测器等，形成附加探测区域，报警信号送火灾自动报警系统的集中报警控制器。

4. 消防控制系统的设计应注重什么？

答：（1）为确保电气系统消防控制的方便性，应在设计中遵守简约性原则，确保消防人员能够精准进行电气火灾控制，提升消防控制质量。

（2）优化消火栓的安装位置，一方面，消火栓需要安装在较隐蔽的位置，避免误操作现象发生；另一方面，应设置较明显的标识指引消火栓，确保电气火灾发生时能及时有效地按下消火栓开关，进行火灾控制。

（3）消火栓开关必须具有较高的灵敏性，即按下消火栓时，能快速启动消防水泵。

（4）注重灭火阀门保护装置设计，通过手动和自动两种方式，实现电气火灾的有效控制。

5. 电缆的防火巡视要点有哪些？

答：（1）检查电缆敷设的水平和竖向防火分隔是否密封严密，孔洞等处的密封必须使用防火材料；

（2）电缆沟洞是否有积水，是否堆放可燃杂物，是否通风良好；

（3）电缆管沟、竖井、夹层等设置的自动报警如缆式线型感温电缆是否完好，无断裂情况。

6. 电力生产企业防火责任制原则及第一责任人的具体责任有哪些？

答： 电力生产企业应按照"谁主管、谁负责"的原则，建立各级人员的防火责任制。

电力生产企业的厂（局）长是本企业的第一防火责任人，全面负责本企业的消防工作，其主要责任是：

（1）认真贯彻上级有关消防安全工作的方针、政策、指示、规定，将防火安全工作纳入重要议事日程；

（2）部署和组织本单位的防火宣传教育工作；

（3）组织制定和贯彻防火责任制和消防规定；

（4）组织防火检查、主持研究整改火险隐患；

（5）建立专职和义务消防组织，加强管理教育，给予必要的训练时间和工作条件；

（6）落实对消防设施的配制、维修、保养和管理工作；

（7）对本单位的火灾事故，积极组织扑救和保护现场，并负责调查处理；

（8）新投产设备要执行安全、卫生"三同时"规定，如未执行有权拒绝验收。

7. 电力生产部门的一般灭火规则包含哪些内容？

答：（1）电力生产场所的所有电话机近旁应悬挂火警电话号码。发现火灾，必须立即扑救并通知消防队和有关部门领导。设有火灾自动报警装置或固定灭火装置时，应立即启动报警或灭火。

火灾报警要点如下：

1）火灾地点；

2）燃烧物和大约数量；

3）报警人姓名及电话号码。

（2）电气设备发生火灾时应首先报告当值值长和有关调度，并立即将有关设备的电源切断，采取紧急隔停措施。电气设备灭火时，仅准许在熟悉该设备带电部分人员的指挥或带领下进行灭火。

（3）参加灭火的人员在灭火时应防止被火烧伤或燃烧物所产生的气体引起中毒、窒息，防止引起爆炸。电气设备上灭火时还应防止触电。

（4）消防队未到火灾现场前，临时灭火指挥人应由下列人员担任：

1）运行设备火灾时由当值值（班）长担任；

2）其他设备火灾时由现场负责人担任。

临时灭火指挥人应戴有明显标志。

（5）电力生产企业的领导、防火责任人，保卫、安监部门负责人在接到火灾报警后，必须立即奔赴火灾现场组织灭火并做好火场的保卫工作。

（6）消防队到达火场时，临时灭火指挥人应立即与消防队负责人取得联系并交代失火设备现状和运行设备状况，然后协助消防队负责人指挥灭火。

（7）电力生产设备火灾扑灭后必须保持火灾现场。

8. 消防给水一般规定有哪些？

答：（1）消防给水系统一般应独立。消防用水若与其他用水合用时，要保证在其他用水量达到最大流量时，仍能通过全部消防用水量，并符合消防水压力的要求。

（2）消防给水管道和消火栓的数量和布置应符合 GB 50016《建筑设计防火规范》的有关规定．

（3）消防给水应按不同的灭火对象所要求的消防用水的压力、流量，选用自流供水（水电厂、水塔）、水泵（消防泵）供水、消防水池供水等方式。当采用单一供水方式不能满足要求时，可采用混合供水方式。

（4）消防给水采用自流供水方式时，必须保证在任何情况下均能供给消防用水。水电厂取水口不应少于两个。

（5）消防给水采用水泵供水时，应设置备用泵，其工作能力不应小于一台主要泵。消防水泵应采用双电源或双回路供电，若采用双电源或双回路供电有困难，可采用内燃机作动力。

（6）消防水泵设备检修应分批进行，保证非检修的消防水泵等消防设备随时启动。

（7）寒冷地区的消防水系统应有防冻措施。

（8）变压器或高压电气设备设置水喷雾系统的喷头及消防水管均应接地，可与电厂、变电站的接地网连接。

（9）消防泵房与油罐之间最小距离应根据油罐的容积选择，且不得小于 $12 \sim 25m$。

9. 室外充油变压器有哪些重点防火要求?

答:(1)变压器容量在 120MVA 及以上时,宜设固定水喷雾灭火装置,缺水地区的变电站及一般变电站宜用固定的 1211、二氧化碳或排油充氮灭火装置。

(2)油量为 2500kg 及以上的室外变压器之间,如无防火墙,则防火距离不应小于下列规定:35kV 及以下,5m;63kV,6m;110kV,8m;220 ~ 500kV,10m。

油量在 2500kg 及以上的变压器与油量在 600kg 及以上的充油电气设备之间,其防火距离不应小于 5 m。

(3)若防火距离不能满足(2)的规定时,应设置防火隔墙。防火隔墙应符合以下要求:

1)防火隔墙高度宜高于变压器储油器顶端 0.3m,宽度大于储油坑两侧各 0.6m。防火隔墙高度与宽度,应考虑变压器火灾时对周围建筑物损坏的影响;

2)防火隔墙与变压器散热器外缘之间必须有不少于 1m 的散热空间;

3)防火隔墙应达到国家一级耐火等级。

(4)室外单台油量在 1000kg 以上的变压器及其他油浸式电气设备,应设置储油坑及排油设施;室内单台设备总油量在 100kg 以上的变压器及其他油浸式电气设备,应在距散热器或外壳 1m 周围砌防火堤(堰),以防止油品外溢。储油坑容积应按容纳 100% 设备油量或 20% 设备油量确定。当按 20% 设备油量设置储油坑,坑底应设有排油管,将事故油排入事故储油坑内。排油管内径不应小于 100mm,事故时应能迅速将油排出,管口应加装铁栅滤网。储油坑内应设有净距不大于 40mm 的栅格,栅格上部铺设卵石,其厚度不小于 250mm,卵石粒径应为 50 ~ 80mm。当设置总事故油坑时,其容积应按最大一台充油电气设备的全部油量确定。当装设固定水喷雾灭火装置时,总事故油坑的容积还应考虑水喷雾水量而留有一定裕度。应定期检查和清理储油坑卵石层,以不被淤泥、灰渣及积土所堵塞。

(5)变压器防爆筒的出口端应向下,并防止产生阻力,防爆膜宜采用脆性材料。

| 第二节 |
消防系统组成及功能原理

1. 换流站消防系统由哪些部分组成?

答:典型消防系统由火灾报警系统和水消防系统以及其他消防设施组成。火灾报警系统由火灾报警主控屏、火灾报警辅控屏、吸气式感烟探测器、智能点式感温探测器、智能光电感烟探测器、声光报警器、缆式感温探测器、红外光束感烟探测器、紫外火焰探测器。水消防系统即水喷雾灭火系统，由消防水池、消防泵、消防水管网和雨淋阀、柴油泵等组成，主要用于换流变压器的水喷雾灭火和给消防栓提供水源。

2. 换流站各主设备分别对应何种消防体系？

答： 典型换流站站内每台换流变压器和 500kV 变压器均配有一套消防水喷雾系统，每个阀厅分别配置了火灾探测报警与联动控制系统（包含阀厅紫外火焰探测器及其早期火灾报警探测系统 VESDA），GIS 室配置红外光束感烟探测器、手动报警按钮、声光报警器等；各设备小室分别配置了一定数量的防爆点式感温探测器、智能点式感温探测器、智能光电感烟探测器、吸气式感烟探测器、缆式感温探测器、手动报警按钮、声光报警器、消防报警电话等。

3. 什么是雨淋系统？其工作原理是什么？

答： 雨淋灭火系统是指由火灾自动报警系统或传动管控制，自动开启雨淋报警阀和启动供水泵后，向开式洒水喷头供水的开式自动喷水灭火系统，有系统灭火控制面积大、出水量大等特点。雨淋灭火系统通常由火灾探测传动控制系统、带雨淋报警阀组和开式喷头的自动喷水灭火系统组成。雨淋系统组件包括开式喷头、管道系统、雨淋阀、火灾探测器、报警控制装置、控制组件和供水设备等，适用于需要大面积洒水和快速灭火的特殊危险场所。另外，雨水阀也作为喷水灭火系统中的报警控制阀。

雨淋系统的工作原理如下：雨淋灭火系统由开式洒水喷头、雨淋报警阀组等组成，由配套设置的火灾自动报警系统或传动管联动雨淋阀，由雨淋阀控制配水管道上的全部开式喷头同时喷水。发生火灾时，被保护区域急速上升的热气流使感烟/感温探测器探测到火灾区的燃烧粒子，并立即向报警控制器发出报警信号；经报警控制器分析确认后发出声、光报警信号，同时开启雨淋阀的电磁阀，使高压腔压力水快速排出。高压腔水压快速下降，供水作用在阀瓣上的压力将迅速打开雨淋阀门，水流立即充满整个雨淋管网，使该雨淋阀控制的管网上所有开式喷头同时喷水，喷出大量的水覆盖火区，达到灭火的目的。

4. 什么是雨淋报警阀？

答： 雨淋报警阀是通过电动、机械或其他方法进行开启，使水能够自动单向流入喷水灭火系统同时进行报警的一种单向阀，其额定工作压力应不低于1.2MPa。雨淋报警阀与工作压力等级较低的设备配装使用时，允许将阀的进出口接头按承受较低压力等级加工，但在阀上必须对额定工作压力做相应的标记。

5. 雨淋报警阀的组成结构是怎样的?

答： 雨淋阀组结构见图12-1，主要由水源控制阀（蝶阀）、雨淋阀、手动应急装置、自动滴水阀、排水球阀、供水侧压力表、控制腔压力表等组成。

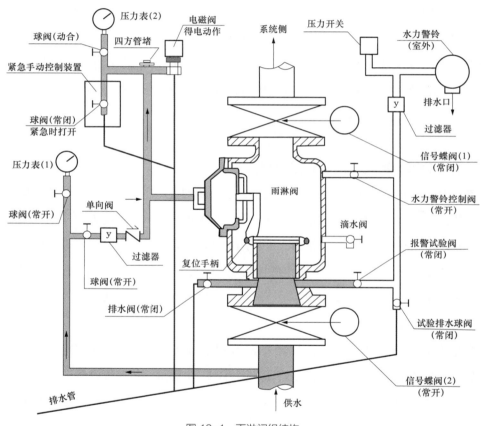

图 12-1　雨淋阀组结构

6. 雨淋报警阀工作原理是什么?

答： 雨淋报警阀可以根据火情控制楼房消防管道中的消防储水单向朝着喷水灭火喷头流动，是一种及时高效的消防阀门。雨淋报警阀一般都设计有水力警铃、球阀、针阀和压力开关等阀门部件。雨淋阀可以瞬间开启，使水进入阀室进入自动阀的配水网络。雨淋阀阀室分为上室、下室和控制室。控制室与供水管道连接，中间设置限流孔板。供水管道中的压力水推动控制室的隔膜，然后推动驱动杆拧紧阀瓣锁定杆，从而产生扭矩并将阀瓣锁定在阀座上。阀瓣防止压力水进入下阀室的上阀室。在消防中，由于控制室泄压，驱动杆作用在盘锁杆上的力矩小于作用在盘上的供水压力，因此盘打开，供水进入配水管道。

7. 雨淋阀组应具备哪些功能?

答：（1）有自动控制和手动控制两种操作方式。

（2）能监测供水、出水压力。

（3）能接通或关闭系统的供水。

（4）能接受电信号电动开启雨淋阀，能接受传动管信号液动或气动开启雨淋阀。

（5）能驱动水力警铃报警。

（6）能显示雨淋阀启动状态。

8. 信号蝶阀的作用有哪些?

答：信号蝶阀通常配置在消防水干网和通径大的支管上，用于监视阀门的开启状态，一旦发生部分或全部关闭时，向系统的报警控制器发出报警信号。信号蝶阀为常开状态，管网维修时通过关闭信号蝶阀实现故障隔离。

9. 阀厅火灾探测系统配置情况是怎样的?

答：由于各特高压换流站阀厅尺寸不尽相同，故阀厅火灾探测器的配置数量也略有差异。典型特高压换流站每个高端阀厅原配置 8 台极早期空气采样探测器、14 台紫外火焰探测器；每个低端阀厅配置台极早期空气采样探测器、14 台紫外火焰探测器。每台极早期空气采样探测器配置 3 个监视模块，即一个监视火警 2 信号、一个监视火警 1 信号、一个监视故障信号；每台紫外火焰探测器配置 2 个监视模块，即一个监视火警信号、一个监视探测器故障信号。

10. 典型换流站调相机消防系统有哪些部分组成?

答：典型换流站调相机消防系统由主变压器喷淋系统、气体灭火系统、竖井干粉灭火系统、调相机油系统喷淋系统组成。

11. 典型换流站调相机火灾报警系统的监控范围是什么？

答： 调相机火灾报警系统主要对全站房间和电气设备、关键设备进行全天候的火灾探测，控制、监视电动消防泵、电动稳压泵、消防栓灭火系统、主变压器水喷雾灭火系统雨淋阀、各雨淋阀进水管上的信号蝶阀、监视区域内的风机、防火阀、消防排烟窗、空调等设备。

12. 典型换流站调相机气体消防系统工作原理是什么？

答： 任何一个气体灭火区域发生火灾时（感烟探测器和感温探测器同时动作），由火灾报警系统发送火灾联动信号，开启相应的干粉灭火装置，并接收其反馈信号。一个防护区内的单一探测回路探测到火灾信号后，控制盘启动设在该防护区域内的警铃，同防护区内的控制部分在收到防护区内两种不同类型探测器的火灾报警信号后，控制盘启动设在该防护区域内外的蜂鸣器及闪灯，并进入延时状态（延时时间为 30s），30s 延时结束时，联动盘控制阀门打开以释放气体，气体通过管道输送到防护区，压力开关返回信号到联动盘，联动盘返回相应动作信号到火灾报警系统。

13. 变压器油乳化灭火系统在换流站中设备基本配置是怎样的？

答： 换流站每 3 台换流变压器安装 1 套变压器油乳化隔离带电灭火系统，共采用 8 套带电灭火系统，灭火系统采用预制舱式设计。同时，在换流站增设 1 台移动式带电灭火平台，在发生火灾时，可以远距离快速移动灭火，保障全站消防安全。

14. 新型油乳化灭火系统有哪些特点？

答： 换流站消防可采用变压器油乳化隔离带电灭火系统，将灭火水剂雾化至 200μm 以下，绝缘比普通消防水柱（电导率 200μS/cm）提升 29 倍，比干燥空气还高 10%。因此，在现有的安全距离下，系统可以带电灭火。同时，采用专门针对油火的绝缘型油乳化带电灭火液，通过将油乳化隔绝油与氧气，快速灭火，灭火快，性能强。30L 灭火液水雾即可快速扑灭 100L 变压器油火灾，灭火效率较纯水雾提升 4 倍以上，能够完成初始油火的灭火。

15. 变压器油乳化隔离带电灭火系统灭火原理是怎样的？

变压器油乳化隔离带电灭火系统灭火原理如图 12-2 所示。

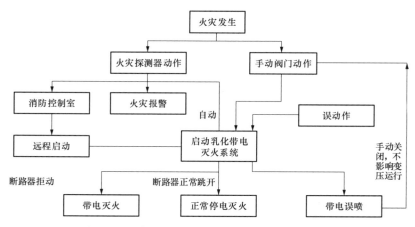

图 12-2　变压器油乳化隔离带电灭火系统灭火原理

16. 变压器灭火常采用水喷淋灭火系统和泡沫灭火系统，有何区别？

答：（1）变压器高温油火灭火难。变压器高温油火燃烧值大，温度高达 1200℃，泡沫灭火剂和水大部分在空中还未落到油表面就被蒸发，无法起到灭火作用。

（2）难以覆盖灭火。水喷雾灭火系统采用水灭火，水的比重比油大，与油接触后迅速沉降到油的下方，难以隔绝氧气，难以扑灭变压器油火灾，仅能起降温作用。泡沫灭火剂以覆盖原理灭火，而油浸式变压器体积大，外形结构复杂，泡沫灭火剂不能完全覆盖变压器，灭高温油火效果差，易复燃。

（3）不能带电灭火。变压器火灾 80% 以上发生在高压套管处，而套管电压高达 1000kV。消防水导电，泡沫灭火剂含有大量导电离子，导电能力更强，误喷到高压套管都将导致变压器短路跳闸、设备损坏。为了避免系统误喷对设备造成危害，GB 50898《细水雾灭火系统技术规范》规定喷头不应直接对准高压进线套管。因此，现有水喷雾和泡沫灭火系统不能保证变压器的火灾安全。

| 第三节 |
消防系统辅助设备

1. 消防用电的负荷等级分为哪些？

答：消防用电的负荷等级分为一级负荷、二级负荷、三级负荷。

2. 一级负荷应由几个电源供电，且电源要符合哪些条件?

答：一级负荷应由两个电源供电，且电源要符合下列条件：

（1）当一个电源发生故障时，另一个电源不应同时受到破坏。

（2）一级负荷中特别重要负荷，除两个电源供电外，还应增设应急电源、并严禁将其他负荷接入应急供电系统。应急电源可以是独立于正常电源的发电机组、供电网中独立于正常电源的专用馈电线路、蓄电池或干电池。

3. 结合消防用电设备的特点，哪些供电方式可视为一级负荷供电?

答：（1）电源来自一个区域变电站，同时另设一台自备发电机组；

（2）电源来自两个区域变电站（电压在 35kV 及以上）；

（3）电源来自两个不同的发电厂。

4. 二级负荷的供电方式需采用什么方式?

答：（1）二级负荷宜采用两回路供电；

（2）负荷较小或地区供电条件较困难的条件下，允许有一回路 6kV 以上专线架空线或电缆线供电。

5. 三级负荷的供电方式需采用什么方式?

答：（1）三级消防用电设备采用专用的单回路电源供电，并在其配电设备上设有明显标志。其配电线路和控制回路应按照防火分区进行划分。

（2）消防水泵、消防电梯、防排烟风机等消防设备，应急电源可采用第二路电源、带自启动的应急发电机组或由二者组成的系统供电方式。

（3）消防控制室、消防水泵、消防电梯、防排烟风机等的供电，要在最末一级配电箱处设置自动切换装置。

6. 消防备用电源通常有哪几种?

答：（1）独立于工作电源的带电回路；

（2）柴油发电机；

（3）应急供电电源。

7. 消防负荷的电源设计应注意什么?

答:(1)消防电源要在变压器的低压出线端设置单独的主断路器,不能与非消防负荷共用一路进线断路器和同一低压母线段。

(2)消防电源应独立设置,即从建筑物变电站低压侧封闭母线处或进线柜处就将消防电源分开而各自成独立系统。如果建筑物为低压电缆进线,则从进线隔离电器下端将消防电源分开,从而确保消防电源相对建筑物是独立的,提高消防负荷供电的可靠性。

(3)当建筑物双重电源中的备用电源为冷备用,且备用电源的投入时间不能满足消防负荷允许中断供电的时间时,要设置应急发电机组,机组的投入时间要满足消防负荷供电的要求。

 8. 消防备用电源的设计应注意什么?

答:(1)当消防电源由自备应急发电机组提供备用电源时,消防用电负荷分为一级或二级的要设置自动和手动启动装置,并在 30s 内供电;当采用中压柴油发电机组时,在火灾确认后要在 60s 内供电。

(2)工作电源与应急电源之间采用自动切换方式,同时按照负载容量由大到小的原则顺序启动。电动机类负载启动间隔宜为 10~20s。

(3)当采用柴油发电机组作消防设备用电源时,其电压等级要符合下列规定:

1)供电半径不大于 400m 时,宜采用低压柴油发电机组;

2)供电半径大于 400m 时,宜采用中压柴油发电机组;

3)线路电压降应不大于供电电压的 5%。

 9. 消防设备的配电设计应注意什么?

答:(1)消防水泵、喷淋水泵、水幕泵和消防电梯要由变配电站或主配电室直接出现,采用放射式供电;防烟风机、排烟风机、防火卷帘和疏散照明可采用放射式或树干式供电。消防水泵、防烟风机、排烟风机及消防电梯的两路低压电源应能在设备机房内自动切换,其他消防设备的电源应能在每个防火分区配电间内自动切换;消防控制室的两路低压电源应能在消防控制室内自动切换。

(2)消防水泵、防烟风机、排烟风机和正压送风机等设备不能采用变频调速器作为控制装置。电动机类的消防设备不能采用 EPS/UPS 作为备用电源。

（3）主消防泵为电动机水泵，备用消防泵为柴油机水泵，主消防泵可采用一路电源供电。消防设备的配电箱和控制箱宜安装在配电室、消防设备机房、配电小间或电气竖井内。

10. 消防负荷的配电线路设置应注意什么？

答： 消防负荷的配电线路所设置的保护电器要具有短路保护功能，但不宜设置过负荷保护装置；消防负荷的配电线路不能设置剩余电流动作保护和过电压、欠电压保护。

11. 消防设备的配电装置设计时应注意什么？

答： 消防设备的配电装置与非消防设备的配电装置宜分列安装；若必须并列安装，分界处应设防火隔断；消防设备应设有明显标志，专用消防配电柜宜采用红色柜体。

12. 消防用电设备的配电装置的设置应注意什么？

答： 消防用电设备的配电装置，应设置在建筑物的电源进线处或配、变电站处，应急电源配电装置要与主电源配电装置分开设置；如果由于地域所限，无法分开设置而需要并列布置时，其分界处要设置防火隔断。

13. 供配电系统的启动装置的设置应注意什么？

答： 当消防用电负荷为一级时，应设置自动启动装置，并在主电源断电后 30s 内供电；当消防用电负荷为二级且采用自动启动方式有困难时，可采用手动启动装置。

14. 供配电系统的自动切换装置的设置应注意什么？

答： 消防控制室、消防水泵、消防电梯、防烟及排烟风机等消防用电设备的两个供电回路，应在最末一级配电箱处进行自动切换。消防设备的控制回路不得采用变频调速器作为控制装置。除消防控制室、消防水泵、消防电梯、防烟及排烟风机等消防用电设备，各防火分区的其他消防用电设备应由消防电源中的双电源或双回路电源供电，末端配电箱要设置双电源自动切换装置，并将配电箱安装在所在防火分区内，再由末端配电箱配出引至相应的消防设备。

15. 什么是消防配电线路过负荷保护?

答：消防配电线路的过电流保护是建筑低压配电系统必不可少的保护，一般包括短路保护和过负荷保护。短路保护的作用是电线电缆绝缘损坏后，相与相之间或相与地（或中性线）之间发生非正常连接时，切断故障回路，以减少短路电流对已故障回路及附近设备的损害，确保其他回路不受影响正常运行。过负荷保护通过将回路电流限制在超过导体最大工作电流一定范围下，使导体温度限制在超过最高工作温度的一定范围内，减少电缆电线绝缘寿命老化的速度，减少电缆在下次维护检修前故障的概率。在某些特定情况下，由于设备的运行连续性十分重要，影响到安全，配电线路发生过负荷甚至短路不进行保护切断供电是允许的或者是强制的。

 16. 消防用电设备的种类及供电系统有哪些?

答：（1）火灾报警及联动系统，包括现场的各种信号探测器、接口以及设在消防控制室的火灾报警联动控制设备等。

（2）各种消防用水泵，包括喷淋泵、消火栓泵、消防增压泵。

（3）各种消防风机，包括防排烟风机、正压风机。

（4）应急照明。

（5）其他各种消防用电设备，如消防电梯、电动防火卷帘门等。

 17. 变压器油乳化灭火系统电气一次部分由哪些部分组成?

答：（1）极1高端换流变压器6台设置两套灭火系统，每套系统均设置双电源，分别取自两个配电箱，两个配电箱电源分别从极1高端400V配电室A段和B段交流屏引接。

（2）极1低端换流变压器6台设置两套灭火系统，每套系统均设置双电源，分别取自两个配电箱，两个配电箱电源分别从极1低端400V配电室A段和B段交流屏引接。

（3）极2高端换流变压器6台设置两套灭火系统，每套系统均设置双电源，分别取自两个配电箱，两个配电箱电源分别从极2高端400V配电室A段和B段交流屏引接。

（4）极2低端换流变压器6台设置两套灭火系统，每套系统均设置双电源，分别取自两个配电箱，两个配电箱电源分别从极2低端400V配电室A段和B段交流屏引接。

（5）接地：所有新上设备及支架、消防管道均可靠接地，接地引线采用 -80×6 热镀锌扁钢；消防水管所有法兰连接处均采用 $100mm^2$ 铜绞线跨接。

18. 变压器油乳化灭火系统二次系统如何配置?

答: 变压器油乳化灭火系统主机独立设置,主控室新增火灾报警主机 1 套、回路板 1 套和多线控制器 1 套。

极 1 高端、极 1 低端、极 2 高端、极 2 低端 6 台换流变压器设置两套灭火系统,新增换流变压器 A、B、C 相共 12 组套管感温电缆,感温电缆型号与一期一致,范围覆盖套管区域,各换流变压器模块箱内增加 2 个调制解调器和 2 个终端盒。

每套变压器油乳化隔离带电灭火系统预制舱内配置 1 个控制模块箱,每个模块箱内含 10 个监视模块(6 组感温电缆、3 个分区控制阀和 1 个泵组的监视)和 8 个控制模块(3 个分区控制阀和 1 个泵组共两组),相应配置电源模块、信号线、电源线。

| 第四节 |
消防系统运行操作

1. 阀厅火灾动作逻辑是怎样的?

答: 满足下述条件之一,阀厅火灾动作跳闸:

(1)阀厅新风口无极早期报警时,任一个阀厅极早期探测器报警加一个阀厅紫外火焰探测器报警。

(2)当阀厅新风口极早期报警加两个阀厅紫外火焰探测器火灾报警。

2. 阀厅火灾动作跳闸后如何与空调系统配合联动?

答: 阀厅火灾动作跳闸后联动阀厅空调系统跳开空调及通风系统电源开关,同时联动关闭相应防火阀。

3. 换流变压器等大型充油设备起火后,水消防系统如何动作?

答: 每台换流变压器均配有一套消防水喷雾系统,由感温电缆、雨淋阀、水雾喷头和相关控制装置组成。感温电缆为本体及储油器缠绕,当温度达到报警值时发报警信号到火灾报警控制器,控制器发出指令打开相应雨淋阀的电动阀门,联动启动消防泵,消防泵将消防水池的水通过消防管网送至换流变压器的水喷雾系统或消防栓,从而实施喷水灭火。

 4. 设备间起火时，消防系统如何动作？

答：由火灾报警系统发出火灾联动信号，跳开相应采暖及通风楼层配电箱内的电源开关，同时联动关闭相应的防火阀。

 5. 柴油泵的启停方法是什么？

答：（1）启动。

1）自动方式：当电动消防泵故障或断电后，而且消防管网压力低于 0.25MPa，柴油机自动启动。

2）现场手动：在综合水泵房柴油机泵控制柜上控制把手打至手动，按启动按钮进行启动。

（2）停运。按下综合水泵房内柴油机泵控制柜上的停机按钮，并将其控制电源把手打至断开位置。

 6. 电动消防泵和电动稳压泵的启、停方法是什么？

答：（1）启动。

1）自动方式：消防泵控制把手打至"自动"后，根据消防管网的压力，当消防管网压力低于 0.65MPa 时，稳压泵自动启动；当消防管网压力恢复至 0.80MPa 时，稳压泵自动停止；消防管网压力低于 0.55MPa 时，第一台电动消防泵自动启动，稳压泵自动停运；当消防管网压力低于 0.40MPa 时，第二台电动消防泵自动启动。

2）远方手动：在站及双极控制保护设备室多线联动控制屏上手动启动雨淋阀、稳压泵和电动消防泵。

3）现场手动：在综合水泵房消防泵控制柜控制屏上，泵控制把手打至"手动"，旋转泵的启停把手，手动启动相应的泵。

（2）停运。在综合水泵房消防泵控制柜控制屏上，泵控制把手打至"手动"，旋转泵的启停把手，手动停运相应的泵。

 7. 如何正确使用灭火器灭火（手提式干粉灭火器）？

答：（1）上下颠倒摇晃使干粉松动；

（2）拔去灭火器把手处的铅封及保险栓；

（3）灭火人站在上风口并与起火点保持一定的距离；

（4）一手握住灭火器喷管，一手握住灭火器把手，将灭火器喷头对准起火部位，用力按下灭火器压把即可进行灭火。

8. 消防主机常规操作主要有哪些?

答：（1）火警和故障信息的查询；

（2）消防主机复位操作；

（3）消防主机手动／自动方式切换操作；

（4）消音操作；

（5）消防泵的启／停操作；

（6）设备屏蔽与解除屏蔽操作；

（7）消防电话的使用；

（8）消防广播的使用。

9. 典型换流站调相机的消防启动系统控制逻辑是怎样的?

答：典型换流站调相机的消防启动系统采用独立配置，包括两台电动消防泵、一台柴油机泵和两台稳压泵（一用一备）。正常情况下，消防系统水压由稳压泵维持在0.65~0.8MPa；当消防管网压力低于0.65MPa时，稳压泵自动启动恢复管网压力；当消防管网压力恢复至0.8MPa时，稳压泵自动停止。当发生火灾动用水喷雾系统、消火栓等消防设施或消防水管网破裂时，消防管网压力迅速下降，稳压泵的运行不足以维持消防管网的压力要求，当消防管网压力低于0.55MPa时，1号电动消防泵自动启动，稳压泵自动停运；当消防管网压力低于0.4MPa时，第二台电动消防泵自动启动；若电动消防泵故障或断电，而且消防管网压力低于0.25MPa则柴油机自动启动。

10. 典型换流站调相机的消防水泵的控制方式如何?

答：调相机消防水泵采用自动控制方式，同时能实现就地手动和远程手动控制。远程手动控制能在消防控制室手动启动各消防水泵，且不受自动控制和就地手动控制模式的限制，但不能远程停泵，电动消防泵及柴油泵需手动停机。

| 第五节 |

消防系统常见故障分析及处理

 1. 消防系统有哪些常见故障?

答：消防系统常见故障有火灾报警控制主机内部故障（如主机电源故障等）、火灾探测器故障（阀厅紫外火焰探测器故障、极早期烟雾探测器故障等）、控制模块故障、设备接地故障，及柴油泵、消防泵、稳压泵、雨淋阀组、消防水管道漏水等故障。

 2. 阀厅设备着火应如何正确处理?

答：（1）阀厅设备起火后，当班值长应立即安排运行人员 A 查阅后台开关跳闸情况，视火情大小，在保证人员安全的前提下，安排运行人员 B、C 至现场检查，结合视频监控确认火灾详细情况。

（2）如起火设备保护未闭锁阀组，应立即安排运行人员 A 手动拍停相应阀组，并停用起火阀组阀厅空调及水冷系统。

（3）运行人员 D 迅速拨打"119"向消防部门报警，准确描述换流站地址、起火设备类别特点等火情信息。

（4）当班值长安排运行人员 A 将相关摄像头全部调整角度至正对着火部位。

（5）根据上级调度部门指令，当班值长将起火阀组转为检修。

（6）安排运行人员 B 迅速将驻站消防人员带至火灾现场。

（7）运行人员 C 联系保安 A 在路口等候公安消防队，保安 B 做好站门警戒防止无关人员进入，并打开换流变压器广场大门；联系其他运行、检修、保安、绿化等站内人员马上到达火灾现场，在驻站消防队长指挥下配合开展灭火工作。

（8）驻站消防队队长指挥驻站消防队员和站内人员开展现场灭火，在公安消防队到站前不间断进行火灾扑救。

（9）公安消防队到站后，由驻站消防队队长向公安消防队指挥人员汇报火情及前期扑救情况，并移交现场火灾扑救指挥权。驻站消防队员和站内人员配合继续灭火。

（10）对公安消防人员灭火作业进行全程安全监护，检查灭火现场安全风险，确保现场人员、设备安全。

 3. 阀厅紫外线探测器报警如何处理？

答：首先立即检查阀厅有无火情，若有则按阀厅着火处理；若属于误报警或探测器故障，则将该探测器隔离，防止消防误动作造成阀组闭锁，通知检修人员处理。

 4. 设备间发生火灾后应如何处置？

答：（1）首先确认相应火灾告警启动、火警灯亮，警笛声响，并及时消音；

（2）佩戴正压式空气呼吸器检查相应设备间着火情况；

（3）汇报上级调度部门及相关领导，必要时申请停运相应一次设备；

（4）隔离可能受影响的消防区域，组织人员灭火，并指定专人现场协调指挥；

（5）火灾扑灭后，应详细检查设备损坏情况，并保持空气畅通，将事故处理详细过程汇报上级调度部门及相关领导，并做好安措，通知检修人员处理。

 5. 换流变压器等充油设备火灾如何处理？

答：（1）当班值长应立即安排运行人员 A 通过工业电视检查相应换流变压器是否有明火，若有明火，应立即安排并监护运行人员 B 在主控室内按下相应阀组紧急停运按钮，安排运行人员 A 拨打 119（准确描述起火时间、换流站地址、起火设备情况、需要的消防车类型等信息）、安排运行人员 C 通知驻站消防队。

（2）若工业电视检查未发现明火，则立即安排运行人员 A、C 至现场检查换流变压器是否有着火、烟雾、异味和异响等。若现场检查有明火，则按（1）执行；若未发现明火，当班值长应立即汇报现场火灾应急处置工作小组、公司生产调度并通知检修人员，在现场火灾应急处置工作小组组织下进行后续处置。

（3）当班值长安排运行人员 A 确认着火换流变压器进线开关、直流极母线隔离开关（平波电抗器着火需查看）状态，若未断开则手动拉开；同时安排运行人员 C 现场检查水喷淋系统是否自动启动，若未启动则手动启动。

（4）当班值长安排运行人员 B 将相关摄像头全部调整角度至正对着火部位；安排运行人员 C 迅速将驻站消防人员带至火灾现场，指明相邻带电设备及安全距离，询问消防人员是否需停运其他相邻运行设备，视情况向调度申请拉停。

（5）当班值长安排运行人员 B 监盘并密切关注工业水池液位，并通知自来水厂保证供水压力满足要求，必要时提高压力。运行人员 B 联系保安 A 在路口等候公安消防队，保安 B 做好站门警戒防止无关人员进入，并打开换流变压器广场大门；联系其他运行、检修、保安、绿化等站内人员马上到达火灾现场，在驻站消防队长指挥下配合开展灭火工作。运行人员 B 完成以上任务后，现场检查工业水池自来水补水正常。

（6）驻站消防队队长指挥驻站消防队员和站内人员开展消防车灭火、消防栓取水灭火等工作，在公安消防队到站前不间断进行火灾扑救。

（7）为保证灭火安全，值长应尽快申请将故障换流变压器转检修，若本站为主控站时，应申请将主控站转移至对站。

（8）灭火期间，值长安排运行人员 A 通过工业电视系统检查换流变压器穿墙套管处是否有明火，必要时佩戴正压式空气呼吸器通过阀厅巡视走廊进行检查，发现火灾后，当班值长安排运行人员 A 通过后台将相应阀厅空调停运，通过广播系统通知现场火情并要求人员撤离到安全区域。

说明：若检查发现阀侧穿墙套管处无明火且换流变压器穿墙套管火情有危及阀侧套管隐患时，值长应立即安排运行人员 D 联系两名消防人员，穿戴消防防火服必要时佩戴正压式空气呼吸器，一同通过阀厅应急门进入阀厅内，开展消防栓、消防车取水对着火换流变压器穿墙套管封堵部分进行降温灭火工作，取水采用就近原则。

（9）灭火期间，值长安排运行人员 C 断开故障换流变压器冷却器 400V 交流电源 A、B 和直流 110V 电源 A、B。

（10）为确保火灾灭火用水，当班值长立即向调度申请停运该极的另一阀组，必要时申请停运另一极。

（11）公安消防队到站后，由驻站消防队队长向公安消防队指挥人员汇报火情及前期扑救情况，并移交现场火灾扑救指挥权。驻站消防队员和站内人员配合继续灭火。

（12）在消防队喷洒泡沫灭火剂或乳化灭火剂之前，与消防人员确认后，安排运行人员 C 关闭着火换流变压器雨淋阀主进水阀门，防止喷淋水稀释灭火剂。

（13）火势难以控制时，火灾扑救总指挥立即安排人员用细砂封堵电缆沟指定位置。在换流变压器广场砌 20～30cm 高的围堰，防止换流变压器油蔓延导致起火范围扩大。

（14）灭火期间，公司火灾应急处置领导小组组织联系政府相关部门，做好市政运水车调水准备。

6. 换流变压器消防系统误喷水如何处理?

答:(1)检查现场是否有火灾发生,若确实发现火情则按照换流变压器着火处理预案处理。

(2)若现场没有火灾发生,设备运行正常,则在综合水泵房内将所有电动消防泵电源断开,将柴油泵控制方式打至手动模式,关闭动作雨淋阀的进水阀和膜室供水阀。

(3)汇报相关领导。

(4)排出管道残余积水,恢复消防管网压力,恢复电动消防泵和柴油泵至正常运行方式。

7. 站用 10/0.4kV 干式变压器起火如何处理?

答:(1)检查事件记录发站用变压器报警信号,且火警灯亮,警笛声响,火灾报警盘有相应的报警信号。

(2)现场检查,确认站用变压器确已着火。

(3)现场检查气体消防有无启动,如未自动启动,则手动将之启动。

(4)如果站用变压器发生火灾,且另一台站用变压器运行正常,则检查着火站用变压器的进出线开关是否跳开,400V 开关是否联络运行正常;如果站用变压器的进出线开关未跳开,则将着火站用变压器隔离,将 400V 联络运行;检查相关负荷运行情况。

(5)如果站用变压器发生起火,危及另一台站用变压器的安全运行,则经分部主管生产领导批准,向上级调度部门申请将相应换流器停运,并将着火的站用变压器停电转检修。

(6)如果换流器停运,造成另一个换流器或另一极过负荷,立即向国调申请调整系统运行方式。

(7)汇报相关领导,隔离可能受影响的消防区域,组织人员灭火,灭火时注意防止触电。

(8)站用变压器火扑灭后,做好安全措施,通知检修人员处理。

8. 交流滤波器电抗器起火如何处理?

答:(1)现场检查确认电抗器确已着火,交流滤波器相关保护动作,滤波器小组开关跳闸并锁定;

（2）汇报上级调度部门及相关领导，通知驻站消防保卫人员协助灭火；

（3）立即将电抗器转检修，检查交流滤波器未停运，应先停电再转检修；

（4）组织人员进行灭火，现场设专人协调指挥；

（5）火扑灭后，做好安措，通知检修人员检查处理。

 9. 控制、保护系统屏柜着火如何应急处理?

答：（1）保护系统屏柜着火处理。

1）现场确认保护系统盘柜火情；

2）汇报上级调度部门及相关领导；

3）申请停运着火的保护装置，必要时先停运对应的一次设备；

4）若着火设备所在房间有气体消防，则检查消防有无启动，若没有启动，则手动启动；

5）隔离可能受影响的消防区域，组织人员灭火，灭火时注意戴好防毒面具；

6）做好安措，通知检修处理。

（2）控制系统盘柜着火处理。

1）现场确认控制系统盘柜着火；

2）汇报上级调度部门及相关领导；

3）立即向国调申请将相应控制系统打至"试验"位置，必要时申请停运对应的一次设备；

4）若着火设备所在房间有气体消防，则检查消防有无启动，若没有启动，则手动启动；

5）将相应的盘柜的电源断开，隔离可能受影响的消防区域，组织人员灭火，灭火时注意戴好防毒面具；

6）做好安措，通知检修人员处理。

（3）其他盘柜着火处理。

1）现场确认盘柜着火情况；

2）汇报相应调度及相关领导；

3）视着火设备采取必要的措施，必要时申请停运对应的一次设备；

4）若着火设备所在房间有气体消防，则检查消防有无启动，若没有启动，则手动启动；

5）将相应的盘柜的电源断开，隔离可能受影响的消防区域，组织人员灭火，灭火时注意戴好防毒面具；

6）做好安措，通知检修人员处理。

 10. 消防栓漏水如何处理？

答：（1）派人到现场检查消防栓漏水情况；

（2）使用消防扳手尽力拧紧消防栓；

（3）如消防栓仍漏水，则将漏水消防栓两侧的消防管道阀门关闭，通知检修人员处理；

（4）加强对该区域水消防设备的监视。

 11. 电动消防泵故障如何处理？

答：（1）现场检查消防泵有无异常，检查火灾监控盘上有无其他相关信号；

（2）检查其他消防泵备用正常；

（3）拉开故障消防泵的电源开关；

（4）关闭故障消防泵两侧进出水阀门；

（5）通知检修人员处理。

 12. 柴油泵故障如何处理？

答：（1）现场检查柴油泵有无异常，检查火灾监控盘上有无其他相关信号；

（2）检查电动消防泵备用正常；

（3）断开故障柴油泵的电源开关；

（4）将柴油机消防泵控制柜上的控制把手置"手动"；

（5）关闭故障柴油机消防泵两侧进出水阀门；

（6）通知检修人员处理。

 13. 稳压泵频繁启动如何检查处理？

答：（1）检查消防管网压力和稳压泵有无异常，若有异常，退出故障的稳压泵，通知检修处理；

（2）检查站内所有消防栓、雨淋阀有无漏水现象；

（3）沿站内消防管道布置路线检查是否有管道漏水现象；

（4）若发现漏水点，经相关领导同意关闭对应的阀门将漏水点隔离，通知检修处理。同时加强对水消防退出区域的监视，做好事故预想；

（5）若现场检查未发现漏水点，应通知检修人员做进一步的检测，同时应加强对稳压泵和消防管网的压力监视；

（6）汇报相关领导。

14. 消防主机误报警该如何处置?

答：当火灾探测器出现误报警时，应首先按下"警报器消音"键，停止现场警报器发出的报警音响，通知现场人员及相关人员取消报警状态。及时查明报警原因，采取相应措施，并认真做好记录。消防控制室值班人员在值班记录中对误报的时间、部位、原因及处理情况进行详细记录，并及时将系统误报警的原因及处理情况向上级领导汇报。

15. 同期调相机火灾时应如何处理?

答：电气设备发生火灾，应立即切断有关设备电源，然后进行灭火。对可能带电的电气设备以及发电机、电动机等，应使用干粉、二氧化碳、六氟丙烷等灭火器灭火；对油断路器、变压器在切断电源后使用干粉、六氟丙烷等灭火器灭火，不能扑灭时再用泡沫灭火器，不得已时可用干砂灭火；地面上的绝缘油着火，应用干砂灭火。

参考文献

[1] 赵畹君. 高压直流输电工程技术 [M]. 北京：中国电力出版社，2004.

[2] 詹奕，尹项根. 高压直流输电与特高压交流输电的比较研究 [J]. 高电压技术，2001，27（4）：65–70.

[3] 国家电网运行分公司. 特高压直流换流站岗位培训教材 [M]. 北京：中国电力出版社，2012.

[4] 张天，龚雁峰. 特高压交直流电网输电技术及运行特性综述 [J]. 技术交流，2018，46（2）：87–92.

[5] 袁清云. 特高压直流输电技术现状及在我国的应用前景 [J]. 电网技术，2005，29（14）：1–3.

[6] 徐政. 柔性直流输电系统. 2 版 [M]. 北京：机械工业出版社，2017.

[7] 赵畹君，曾南超. 中国直流输电发展历程 [M]. 北京：中国电力出版社，2017.

[8] 陈堃，宋宇，代维谦，等. 高压直流输电技术发展及其工程应用 [J]. 武汉：湖北电力技术，2018，42（4）：1–6.

[9] 许飞宇. 国际电网输电技术发展趋势及应用研究 [D]. 北京：华北电力大学，2017.

[10] 郭毅军. 高压直流输电系统的现状及发展概述 [J]. 中国西部科技，2008，7（15）：12–13.

[11] 黄清，单葆国. 巴西未来 10 年输电扩展计划及投资机会分析 [J]. 能源技术经济，2011，23（5）：4–9.

[12] 中村秋夫，冈本浩. 东京电力公司的特高压输电技术应用现状 [J]. 2005，29（6）：1–7.

[13] 钱庆林. 俄罗斯电力系统及电网技术介绍 [J]. 国外电力，2008（3）：13–19.

[14] 张干周. 日本电力工业概况 [J]. 国际电力, 2003, 7 (5): 4-10.

[15] 衣立东, 张琳. 俄罗斯 750kV 及特高压电网技术综述 [J]. 电网与水力发电进展, 2008, 24 (1): 14-20.

[16] 刘振亚. 美国和苏联特高压输电技术研究概况 [J]. 华东电力, 2006, 34 (7): 1-1.

[17] 刘振亚. 全球能源互联网 [M]. 北京: 中国电力出版社, 2015.

[18] 夏俊荣, 汪春, 许晓慧, 等. 中阿电网互联之未来新能源电力丝路 [J]. 电网技术, 2016, 40 (12): 3662-3670.

[19] 王璐璐, 曹野. 高压直流输电技术综述 [J]. 科技技术创新, 2018 (10): 60-51.

[20] 饶宏, 张东辉, 赵晓斌, 等. 特高压直流输电的实践和分析 [J]. 高电压技术, 2015, 41 (8): 2481-2488.

[21] 刘开利. 探索先进输电技术创新与特高压技术发展 [J]. 科技创新导报, 2017, (34), 24-25.

[22] 曹永东. 特高压直流输电发展分析 [J]. 科技与创新, 2018 (5): 63-64.

[23] 黄卫东. 特高压交直流输电的适用场合及其技术比较 [J]. 科技与管理, 2017, (12): 133-134.

[24] 周浩, 钟一俊. 特高压交直流输电的适用场合及其技术比较 [J]. 电力自动化设备, 2007, (5): 6-12.

[25] 肖思明. 电力电子技术在高压直流输电中的应用 [J]. 通信电源技术, 2017, 34 (4): 112-113.

[26] 陆地, 李玉, 武文广, 等. 大功率电力电子技术在我国直流输配电领域的应用 [J]. 智慧电力, 2017, 45 (8): 11-13.

[27] 李俄昌. 多直流馈入受端电网电压特性分析与控制策略研究 [D]. 济南: 山东大学, 2017.

[28] 曾庆禹. 特高压交直流输电系统技术经济分析 [J]. 电网技术, 2015, 39 (2): 341-348.

[29] 舒印彪. 1000kV 交流特高压输电技术的研究与应用 [J]. 电网技术, 2005, 29 (19): 1-6.

[30] 徐鹏飞. 对我国高压直流输电的探讨 [J]. 中国新技术新产品, 2012, 11.

[31] 周浩. 特高压交直流输电技术 [M]. 浙江: 浙江大学出版社, 2014.

[32] 袁清云. HVDC 换流阀及其触发与在线监测系统 [M]. 北京：中国电力出版社，1999.

[33] 王华锋，林志光，张海峰，等. ±800kV 特高压直流工程换流阀故障分析与优化设计方法 [J]. 高电压技术，2017，43（1）：67-73.

[34] 国家电网公司运维检修部组. 换流站运行 [M]. 北京：中国电力出版社，2012.

[35] 刘振亚. 特高压电网 [M]. 北京：中国经济出版社，2005.

[36] 国家电力调度控制中心. 电网调度运行实用技术问答 [M]. 北京：中国电力出版社，2000.

[37] 李立涅. 特高压直流输电的技术特点与工程应用 [J]. 电力设备，2006，7（3）：1-4.

[38] 国家电网公司运维检修部. 直流换流站运维技能培训教材（高澜技术阀冷却系统）[M]. 北京：中国电力出版社，2012.

[39] 山大电力研究院. 大型调相机运行维护培训教材 [M]. 北京：中国电力出版社，2018.

[40] 陈俊，司红建，等. 抽水蓄能机组 SFC 系统保护关键技术 [J]. 电力自动化设备，2013.8.

[41] 谢静茹. 润滑油抗乳化性能影响因素分析 [J]. 中国新技术新产品，2013.12.

[42] 聂时春. 润滑油的破乳及其影响因素 [J]. 润滑与密封，2000.5.